포티는 뛰어난 문학적 재주를 이용하여 우리 눈앞에서 인간과 삼엽충이 함께 춤을 추도록 한다……. 놀랍기 그지없다. 이 책은 일류 자연사 작가인 그의 명성을 재확인시켜준다.
—나일스 엘드리지, 「진화의 승리」 지은이

걸작 「생명: 40억 년의 비밀」을 쓴 자연사박물관의 전문가 포티가 더 열정적이고 더 개인적이면서 더 계몽적인 책을 내놓았다. 삼엽충은 포티의 주된 연구대상이다. 그는 그들의 이야기를 통해 다른 많은 이야기를 한다. 진화상의 새로운 발견들, 과학탐구가 이루어지는 과정, 그것에 매진하는 기인들의 이야기가 그렇다. 「경도」가 항해술의 발전과정을 탁월하게 설명했듯이, 이 책은 고생물학의 세계를 탁월하게 설명하고 있다.
— 팀 래드퍼드, 「가디언」

과거를 재창조하는 멋진 과학책이다.
— 브라이언 애플야드, 「선데이 타임스」

기백과 깊이가 느껴지는 걸작!
— 로저 하이필드, 「선데이 텔레그래프」

자서전, 철학과 고생물학을 혼합한 놀랍고 유쾌한 책이다. 이 책은 5억~6억 년 전, 다세포 생물의 폭발 이후 지구 역사상 중요한 시대를 두루 살펴보고 있다. 여기에 비과학자를 움찔하게 할 만한 내용은 전혀 없다. 해변이든 다른 어디에서든 읽기에 딱 좋은 책이다……. 이 책의 가장 탁월한 점 하나는 시간감각이다. 자신의 짧은 생애에 초점을 맞추고 살아가는 우리에게 삼엽충 이야기는 건강한 교정수단이 된다. 호미니드의 역사는 고작 500만~600만 년에 불과하며, 그 가운데 유일하게 살아남은 우리 인간 종의 역사는 50만 년을 넘지 못한다. 우리 자신의 눈에는 우리가 특별하게 보일지 모르겠지만, 삼엽충의 긴 역사에 비하면 초라하기 그지없다.
— 크리스핀 티켈, 「파이낸셜 타임스」

이 흔하지만 매혹적인 화석들과 함께한 포티의 평생에 걸친 경험과 애정이 가득하다……. 손에서 놓기 어려운 흥미진진한 책이다.
— 마이클 테일러, 「뉴사이언티스트」

리처드 포티는 책제목에 감탄사를 넣었다. 나는 처음에 그것이 어리석다고 생각했다. 감탄사는 외침에나 붙이는 것이니까. 하지만 이 책을 읽고 나자 감탄사를 붙인 이유를 깨달았다. 그것이 없었다면 독자들은 고대의 바다 밑을 기어 다니는 오래전에 멸종한 어떤 무척추동물에 관한 그저 그런 책이 또 한 권 나왔구나 하고 생각했을 테니 말이다. 삼엽충이 무엇인지 아는 사람이든 모르든 사람이든 다 읽어야 한다고 외치려면 감탄사가 필요하다. 삼엽충은 관절로 이어진 다리와 단단한 껍데기, 겹눈을 지닌 동물로서, 무려 3억 년의 세월을 살다가 공룡이 출현하기도 전에 사라졌다. 이 흥미로운 동물들이 어떻게 출현했는지는 진화의 큰 수수께끼 가운데 하나다. 현재 알려진 최초의 삼엽충은 5억 4,000만 년 전인 캄브리아기 초에 이미 완전한 형태로 출현했으며, 정교한 시각계를 갖고 있었다. 그것이 현재 역사상 최초의 눈이라고 알려져 있다...... 과학은 이런 식으로 써야 한다. 아주 푹 빠진 나머지 자신이 사실상 무언가를 배우고 있으며(사실, 많은 것을 배우고 있다), 자신도 모르게 빠르게 다음 장으로 넘어가고 있다는 것을 잊게끔 말이다. 주전자의 물이 끓든지 말든지 내버려둘 정도로. 마침내 책장을 덮을 때에야 당신은 포티가 사실상 삼엽충에 관한 모든 것을 읽고 그것을 당신을 위해 여기에 압축해놓았다는 것을 깨달으며, 너무 늦지 않았다면 자연사박물관에 있는 그에게 전화를 걸어 삼엽충 분야에 조수가 필요한지 알아보고 싶은 유혹을 느끼게 된다. 5,000단어 분량으로 쓰라고 해도 이 책을 제대로 평가할 수가 없을 것이다. 식견, 과학, 역사, 매력, 재치로 가득한 눈부신 책이라서 도저히 요약할 방법이 없을 정도다. 이 책은 처음부터 끝까지 멋진 말을 쏟아낸다. 직접 읽어보아야 한다.
— 리처드 엘리스, 「타임스」

자신의 세계를 보는 안목을 갖고 쓴 읽기 즐거운 책으로 여행작가들이 질투할 만하다. 흥미롭고 감동적이다.
— 존 그리빈, 「리터러리 리뷰」

매혹적이다...... 아마 화석에 관심을 가진 어린아이나 해당 분야의 학자가 아니면 삼엽충이라는 말조차 들어보지 못했을 것이다. 이 책을 읽고 나면 훨씬 더 많은 사람들이 삼엽충에 매료될 것이다.
— 더글러스 파머, 「글래스고 헤럴드」

리처드 포티의 능란한 손을 통해 초라한 회색 삼엽충은 고생대 전기의 E. T.로 변신한다. 이 탁월하고 매혹적인 책에 담길 정도의 열정과 애정을 받을 만한, 사랑스럽고 대단히 교훈적인 동물로 말이다.
― 사이먼 윈체스터, 『크루손의 외과의사』 지은이

찌는 도심에 있든 발 디딜 틈 없는 해변에 있든, 이 책은 당신을 그 감옥에서 벗어나게 해줄 것이다. 아득한 시간과 공간 너머에 있는 별빛을 받으며 헤엄을 치는 것처럼 상쾌하다.
― 매기 지, 『데일리 텔레그래프』

생생하고 시적이며 한눈을 팔지 못하게 만든다.
― 릴립 매캔, 『스펙테이터』

포티는 자신의 흥분, 지식, 열정을 고스란히 이 책에 옮겼다……. 꼭 읽어야 할 책이다.
― 휴 워윅, 〈BBC〉 '야생의 세계' 담당자

이 경이로운 책은 과학이 실제로 어떤 것인지를 일깨워준다……. 삼엽충은 3억 년 동안 존속했다(인간이 존속한 기간은 그것의 0.5퍼센트에 불과하다). 이 책은 그들의 독특한 겹눈을 통해 진화와 멸종을 전체적으로 조망한다. 포티는 감정을 드러내지 않는 실험복을 입은 과학자라는 진부한 이미지에 반발한다. 이론과 객관적인 관찰에 기반을 두고 있다 할지라도, 과학이 인간미를 지니고 있음을 보여주는 것이 우리를 일깨우는 더 나은 방법이라는 것이다.
― 로저 하이필드, 『선데이 텔레그래프』

포티의 책은 늘 큰 기쁨을 준다. 그것은 세심하게 잘 썼을 뿐 아니라 그의 관점이 대단히 인간적이기 때문이기도 하다.
― 매리너 벤자민, 『이브닝 스탠더드』

리처드 포티에게 삼엽충과 설 곳을 주면 그는 세계를 움직일 것이다……. 생생하고 품위가 있으면서도 방대한 의미를 함축하고 있는 이 책은 거의 찾아보기 어려운 탁월한 과학저술의 본보기다.
― 『스코츠맨』

삼엽충

고생대 3억 년을 누빈 진화의 산증인

국립중앙도서관 출판시도서목록(CIP)

삼엽충: 고생대 3억 년을 누빈 진화의 산증인 / 리처드 포티 지음 ; 이한음
옮김. —서울: 뿌리와이파리, 2007
    p. ;   cm. —(뿌리와이파리 오파비니아 ; 04)

원서명: Trilobite: eyewitness to evolution
원저자명: Fortey, Richard
참고문헌과 색인 수록
ISBN 978-89-90024-76-3 03450 : ₩22000

457.251-KDC4
565.39-DDC21   CIP2007003720

TRILOBITE

TRILOBITE: Eyewitness To Evolution by Richard Fortey.
Copyright ⓒ 2000 by Richard Fortey.
All rights reserved.

This Korean edition was published by Puriwa Ipari Publishing Company in 2007 by arrangement with Richard Fortey c/o David Godwin Associates Ltd, London through KCC(Korea Copyright Center Inc.), Seoul.

이 책의 한국어판 저작권은 (주)한국저작권센터(KCC)를 통한 저작권자와의 독점계약으로 도서출판 뿌리와이파리에 있습니다. 신저작권법에 의해 한국 내에서 보호를 받는 저작물이므로 무단전재와 복제를 금합니다.

삼엽충

고생대 3억 년을 누빈 진화의 산증인

리처드 포티 지음 | 이한음 옮김

뿌리와
이파리

차례

본문 그림과 별지화보 소개   10
들어가는 말   13

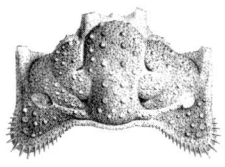

01   발견   15
02   껍데기   41
03   다리   69
04   결정 눈   105
05   삼엽충의 대번성   143

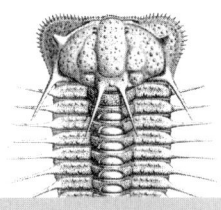

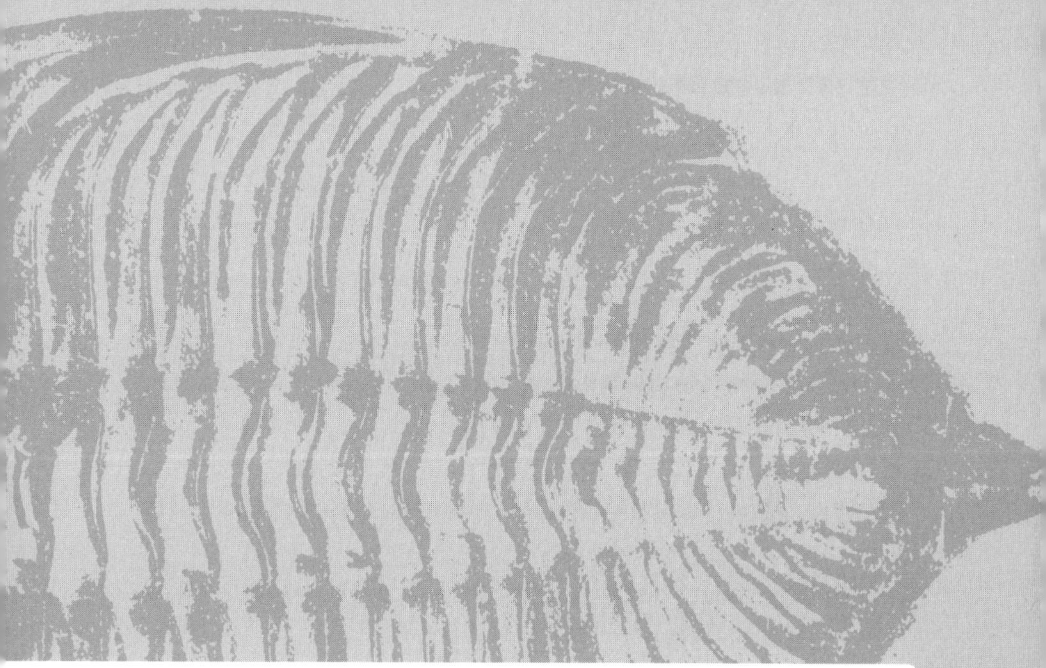

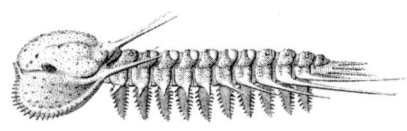

06	박물관	173
07	삶과 죽음	189
08	가능한 세계들	223
09	시간	253
10	눈이 있는 자, 보라!	293

감사의 말	307		옮긴이의 말	308
더 읽을거리	311		찾아보기	312

본문 그림과 별지화보 소개

〈본문 그림〉

1. 필립 레이크가 그린 대형삼엽충, 파라독시데스.
2. 삼엽충의 해부구조.
3. 휘팅턴 교수가 버지니아의 오르도비스기 지층에서 얻은 삼엽충의 가시.
4. 르위드 박사가 1679년 『왕립학회 철학회보』에 실은 '넙치'.
5. J. S. 슈뢰터(1774)가 그린 환상적인 삼엽충.
6. 찰스 둘리틀 월컷.
7. 케라우루스의 부속지를 처음으로 묘사한 월컷의 그림과 현대에 재구성한 트리아르트루스의 갈라진 부속지의 모습.
8. 비처 교수가 밑에서 본 트리아르트루스의 모습을 재구성한 그림과 존 아먼드의 트리아르트루스 배 쪽 사진. 갈라진 부속지와 더듬이가 보인다.
9. 파콥스의 다리.
10. 삼엽충 눈의 작용방식.
11. 삼엽충의 눈.
12. 파콥스의 수정체 안에 든 고굴절 그릇의 작동과정을 설명한 클락슨과 레비세티의 그림.
13. 큰 눈을 가진 오피페우테르의 모습.
14. 자유유영을 한 파라바란디아.
15. 최초의 삼엽충 가운데 하나인 올레넬루스.
16. 스티븐 제이 굴드의 『생명, 그 경이로움에 대하여』에 실린 아노말로카리스.
17. 캄브리아기 초 삼엽충과 여러 동물들의 출현시기.
18. 런던자연사박물관의 삼엽충 표본들.
19. 현생동물 가운데 삼엽충의 가장 가까운 친척이라고 여겨지는 투구게.
20. 루돌프 카우프만.
21. 가장 작은 삼엽충인 아칸토플레우렐라.
22. 발생시기 변화를 설명한 켄 맥나마라의 그림.
23. 무크로나스피스의 머리와 꼬리.
24. 게라스토스, 디토모피게, 몸을 만 심피수루스.
25. 삼엽충들이 보여주는 오르도비스기 초의 세계.

26. 곤드와나 오르도비스의 전형적인 삼엽충, 오기기누스.
27. 극지를 중심으로 투영한 오르도비스기의 곤드와나.
28. 삼엽충의 허물벗기. 파라독시데스.
29. 요아힘 바란데.
30. 캄브리아기 삼엽충, 사오 히르수타의 성장과정.
31. 키벨루루스의 프로타스피스 단계를 전자현미경으로 본 모습.
32. 슈마르디아의 개체발생.
33. 셰틀랜드와 오크니를 답사 중인 제임스 스터블필드 경.
34. 삼엽충의 흔적들.
35. 캄브리아기 중기의 피엘다스피스.
36. 엘라티아의 모습과 드레파누라의 꼬리.
37. 모로코 데본기 지층에서 나온 디크라누루스.
38. 삼지창을 지닌 삼엽충.
39. 가시투성이 삼엽충, 케트네라스피스.

〈별지화보〉

1. 르위드 박사의 '넙치'. 지금은 오기기오카렐라 데부키라고 불린다.
2. 규화한 삼엽충의 머리방패.
3. 부마스투스.
4. 라디아스피스. 모로코 데본기 지층에서 나온 가시투성이 삼엽충.
5. 달마니테스. 최초로 발견된 삼엽충 가운데 하나.
6. 파콥스의 X선 사진.
7. 올레노이데스 세라투스. 캄브리아기 버제스 셰일.
8. 히페르메카스피스. 작은 머리방패와 긴 가슴부가 보인다.
9. 렙토플라스티데스의 '무덤'.
10. 올레넬루스. 캄브리아기 전기 지층에서 나온 가장 오래된 삼엽충 가운데 하나.
11. 작고 눈먼 아그노스투스 피시포르미스.
12. 멋진 이소텔루스. 뉴욕 주 오르도비스기 지층.
13. 메달처럼 생긴 눈먼 삼엽충, 트리누클레우스 핌브리아투스.
14. 트리누클레우스의 친척인 프로톨로이돌리투스의 머리.

15. 큰 눈을 지닌 프리키클로피게.

16. 실루리아기 삼엽충 칼리메네. 스웨덴 고틀랜드.

17. 칼리메네 금 브로치.

18. 몸을 만 상태로 완벽하게 보존된 파콥스의 옆모습.

19. 크로탈로케팔루스.

20. 게만한 삼엽충, 아칸토피게.

21. 스쿠텔룸의 친척인 티사노펠티스.

22. 키파스피스 다섯 마리.

23. 그리피티데스. 인디아나 주 석탄기 지층.

24. 파라하르페스.

25. 암픽스의 가까운 친척인 크네미도피게.

26. 눈먼 삼엽충인 코노코리페 세 마리.

27. 머리가 딸기 모양인 실루리아기 삼엽충, 발리조마 바리올라리스.

28. 파게티아. 벼룩만한 작은 삼엽충.

29. 아주 긴 볼침을 지닌 셀레노펠티스.

30. 허물벗기를 한 레오나스피스의 외골격.

31. 사오 히르수타. 보헤미아 캄브리아기 지층.

32. 바란데의 보헤미아 삼엽충 연구서에 실린 도판.

33. 중국 산둥의 이른바 '연석'인 캄브리아기 삼엽충 화석.

34. 가시투성이 삼엽충 코무라. 모로코 데본기 지층.

들어가는 말

내가 삼엽충에 매료된 지도 어느덧 30여 년이 흘렀다. 이 책은 그들에게 바치는 내 경의자 그들을 연구하면서 내가 얻은 기쁨을 일부나마 남들에게 전하고자 하는 시도이기도 하다. 그 과정에서 과학적 방법에 관한 설명도 자연스럽게 하게 될 것이다. 나는 앞서 세균에서 인간에 이르기까지 모든 생물의 연대기를 다룬 책을 썼는데, 거기에서 삼엽충은 한두 쪽에 걸쳐 잠깐 언급하고 지나쳤다. 이제 초점을 바꾸어서 내가 애호하는 그들에게 하고 싶은 만큼 자신들의 이야기를 상세히 하도록 했다. 그렇긴 해도 나는 어떤 이야기는 포함시키고 어떤 이야기는 빼야 할지 선택을 해야 했다. 역사를 모두 다 이야기한다는 것은 불가능하며, 더구나 3억 년이라는 긴 역사를 책에 담는다는 것은 이야기라기보다는 요약이라고 말해야 할 것이다. 나는 독자들이 사라진 세계들을 재창조하고 삼엽충의 눈을 통해 고대 바다를 보는 흥분을 만끽하기를 바란다. 이 책은 학술서가 아니라 발견에 나서도록 유인하는 책이다.

— 1999년 10월 런던에서
리처드 포티

01

발견

이윽고 나는 삼엽충을 발견했다. 그 암석은 그 동물을 사이에 두고 쩍 갈라졌다. 나는 반으로 갈라진 암석 두 조각을 손에 들고 있었다. 왼손에는 그 동물 자체가 박힌 채 볼록 튀어나온 반쪽이 들려 있었고, 오른손에는 나머지 절반이 있었던 오목한 주형이 담긴 반쪽이 들려 있었다. 양쪽은 서로 꽉 껴안은 채 변화무쌍한 수억 년의 세월을 묻힌 상태로 살아남았다. 삼엽충의 길고 가느다란 눈이 나를 응시했고 나도 마주바라보았다. 그것은 5억 년이라는 세월을 뛰어넘어 전율을 느끼게 했다.

휴가철이 지난 보스캐슬의 커브웹 여관의 선술집은 선술집이 갖추어야 할 것들은 다 갖추고 있다. 육중한 들보의 윤곽이 그대로 드러나 있는 낮은 천장 아래 오래된 술병들이 죽 늘어서 있고, 바닥에는 판석들이 조각그림처럼 깔려 있다. 벽에는 동네 여성 다트 선수단의 사진들이 죽 걸려 있고, 여관의 미담들이 소개된 신문기사들을 오린 색 바랜 조각들도 나란히 붙어 있다. 통나무를 태우는 벽난로는 필요 이상의 열기를 내뿜고 있다. 낮게 웅웅거리는 사투리들이 배경음악 구실을 하고 있다. 런던 사람들은 11월에 노스콘월 해안에 올 생각을 아예 하지 않는다. 커브웹은 약간 지저분하고 안락하고 오래된 곳이다. 원한다면 얼마든지 대화를 나눌 수도 있고, 그저 말없이 벽난로의 불길을 바라보면서 있고 싶다면 그렇게 해도 좋다. 입가에 살짝 미소가 떠오른다고 해도 이상하게 생각할 사람은 아무도 없다. 어둑하고 안락하고 원기를 북돋아주는 여관에서 눈을 깜박거리며 밝은 바깥세계로 나가려면 의지력이 필요하다. 그러나 나는 나가야 한다. 날이 저물기 전에 비니 절벽을 찾아야 하기 때문이다. 날이 저문 뒤에 절벽 위를 서성거리는 것은 위험할 수 있다.

보스캐슬은 영국 남서부에 놓인 긴 반도의 황량한 북쪽 해안의 오목한 곳에 자리를 잡고 있으며, 밸런시 강이 바다와 만나는 좁은 항구를 중심으로 형성되어 있다. 아주 유서가 깊은 곳이다. 관광객을 끌기 위해 조성한 것들—마법 박물관, 기념품 상점들—이 있긴 하지만 석판과 힘든 환경에서 배태된 마을 고유의 특징은 그대로 남아 있다. 예전에 마을은 광부와 어부를 위한 여관촌이나 다름없었으며, 커브웹 여관은 그 시절의 유산이다. 지금도 항구로 이어지는 구불구불한 길을 따라 걸으면서 자기 여관의 장점을 광고하는 10여 개의 간판이 어디어디에 걸려 있었는지 충분히 상상할 수 있다. 길가의 집들은 예전에 여관이었으며, 좀 고치고 수선했어도 술에 절었던 본 모습을 다 감추지는 못한다. 그 지역의 거친 돌들은 건물에 지역 특색을 부여한다. 마법 박물관도 콘월 점판암의 무게에 짓눌려 기괴하게 가라앉은 오래된 지붕을 인 시골집이다. 오늘 항구는 거의 적막에 잠겨 있다. 나는 한 세기 남짓 앞서 젊은 시절에 시인이자 소설가인 토머스 하디가 찾았을 때 이곳이 어떤 모습이었을지 충분히 상상할 수 있다.

나는 마을을 떠나 항구 북쪽으로 간다. 길은 꼬불꼬불 가파른 계곡을 따라 위로 향해 있다. 이 시기에도 가시금작화 덤불들은 샛노란 꽃이 핀 잔가지들을 기분 좋게 흔들어대고 있다. 작은 새들이 마치 내게 따라오라는 듯이 살며시 스치듯 길을 가로질러 지나다닌다. 굴뚝새 한 마리와 검은딱새 몇 마리가 눈에 띈다. 여기서 항구의 길고 좁은 입구를 보호하는 방파제를 볼 수 있다. 엘리자베스 1세가 통치하던 시절부터 있었던 오래된 것이다. 차가운 미풍이 분다. 스웨터를 껴입고 올 것을 하는 생각이 든다. 하지만 소나기가 잠시 소강상태에 있는 때에 나왔으니 운이 좋은 편이다. 어느 순간 나는 바다가 한눈에 보이는 높이까지 올라와 있다. 멀리 수평선이 연무에 뿌옇게 가려져서 바다가 한없이 뻗어 있는 듯이 보이는 그런 날이다. 폭풍우가 이는 날씨는 아니지만, 파도가 으르렁대며 절벽에 부딪히는 소리를 들을 수 있다. 파도는 연달아 남쪽 바다에서 밀려왔다가 밀려나가곤 한다. 파도가 부딪히는 지점을 따라 하얀 물거품들이 길게 선을 그리고 있다.

철썩이는 긴 바다
옆구리를 부딪히는 절벽

하디는 이 해안을 그렇게 묘사했다. 절벽은 어둡고 거의 검은색이며, 후피동물의 피부마냥 주름이 진 바다는 기이하게 무거운 느낌을 준다. 게으르게 움직이는 하얀 파도선만이 경관에 생기를 불어넣고 있다. 비밀의 계곡에 자리한 마을은 시야에서 벗어나 있다. 절대적인 고독을 껴안은 곳이다. 나는 돌담 뒤에서 산들바람을 피한다. 돌담은 웃자란 실레네와 나도부추 덤불로 뒤덮여 있다. 담은 주로 점판암 돌덩어리들을 쌓아 만든 것이다.

희한하게도 점판암 석판들이 수직으로 놓여 있다. 마치 책등이 안 보이게 반대로 책들을 죽 꽂아놓은 듯하다. 나는 다른 방식으로, 다시 말해 돌들을 수평이 되도록 쌓아 만든 옥스퍼드 근방의 돌담들에 익숙해 있는지라 좀 낯설다. 이따금 거칠어 보이는 모난 하얀 석영맥 덩어리가 끼어들어서 패턴을 단절시킨다. 이 돌담을 쌓은 일꾼들은 돌의 특성을 잘 알고 있었다. 수직으로 쌓인 점판암들은 암석에 자연적으로 생긴 틈새들과 비슷하게 빗물이 빠르게 빠져나가게끔 할 것이다(콘월에는 비가 많이 내린다). 모난 석영은 어떤 날씨에도 둔감하며 완강하게 버티는 기둥 구실을 한다. 지금 이 두 종류의 암석에는 초록빛 지의류가 잎사귀 모양이나 주름장식처럼 덮여 있다. 지의류는 그런 축축한 기후에서는 모든 돌의 윤곽을 부드럽게 만든다.

절벽을 살펴보면 똑같은 검은 점판암으로 이루어져 있음을 알 수 있다. 그것이 바로 절벽이 그토록 험하고 거무스름하고 범접하기 어렵게 보이는 이유다. 절벽은 흔들거리는 튀어나온 부위, 갈라진 틈, 울퉁불퉁한 바위가 곳곳에 가득하다. 이 절벽은 현기증에 바치는 찬가다. '무시무시한 절벽, 어느 모로 보나 험난한 고지대의……' 나는 좁고 미끄러운 길에 정신을 집중한다. 최근에 비가 많이 내렸기에, 자칫 잘못 디디면 심각한 결과가 빚어질 수도 있다. 무너져가는 돌담들은 예전에 가파른 절벽 가장자리 아주 가까이까지 밭들이 있었음을 시사한다. 하지만 지금 도보여행자와 바람을 타고 허공을 선회하는 큰부리바다오리와 풀마갈매기 사이에는 풀로 덮인 가파른 비탈만 있을 뿐이다. 비탈에서 자란 얼마 안 되는 왜소한 나무들은 가장자리에서 굴러 떨어질까 겁을 먹은 양, 가지들이 모두 비탈 위쪽으로 기울어져 있다.

펜타곤 만의 정상에 도착할 때쯤 되자 이곳의 지질이 어떠한지 감이 잡힌다. 접근할 수 없는 절벽을 형성한 검은 암석은 지구운동이라는 거대한 죔쇠에 붙들려 있었던 것이 분명하다. 기울어지고 일그러져 있기 때문이다. 직선으로 뻗은 지층은 전혀 없고, 모두 올록볼록한 형태로 뻗어 있다. 만의 반대편 끝에 절벽 끝에서 바다까지 수직으로 길게 뻗은 열극이 보인다. 수천 년에 걸쳐 파인 것이다. 예전에 지구가 몸서리치고 부르르 떨 때 어긋난 부분, 곧 단층—검은 암석에 난 거대한 균열—이 분명하다. 단층은 지진의 가시적인 서명, 암석에 영구 봉인된 서명이다. 이 해안 전체는 지층을 금가게 하고 휘게 할 정도의 엄청난 격변에 사로잡혔던 것이 분명하다. 선사시대 지각발작의 증거가 이 높은 곳까지 새겨져 있다.

더 자세히 들여다보면 지각변동의 증거가 어디에나 있다. 그 단층에서 멀지 않은 곳에 좁은 계곡을 따라 개천이 흐르고 있다. 계곡도 암석의 약한 면을 따라 파인 곳이다. 개천이 바다와 만나는 곳에서 그 계곡은 갑자기 끊겨 낭떠러지가 되고, 개천은 폭포로 변해 60미터 아래 바다로 떨어진다. 바다와 만날 무렵, 폭포수는 미풍에 휘말리면서 물보라로 바뀐다. 해수면 가까이에는 바다가 헤집어 파낸 동굴들과 작은 틈들이 있다. 이런 고요한 날에도 나는 지층이 휘어질 때 금이 간 가장 약한 지점들을 찾아 단층의 작은 균열이나 구멍이 있는 곳마다 표시를 하면서 점판암을 공격하는 파도가 들이찼다 빠져나가는 소리를 들을 수 있다. 이따금 파도가 동굴로 들이치면서 안에 있던 공기를 압축했다가 펑 소리를 내면서 밀려나간다. 멀리서 쏘는 대포소리 같다. 조산운동이라는 전쟁에서 불규칙하게 일어나는 포격인 셈이다. 그러니 폭풍우 치는 날의 대규모 포격은 어떠할까. 이제 수만 년에 걸친 침식이 보스캐슬 항구 앞바다의 미처드 섬 같은 고립된 바위섬들과 섬들을 어떻게 만들어냈는지 이해할 수 있다. 얼마 지나지 않아 이 육지의 전초기지들은 다 닳아 없어져서 바다로 돌아갈 것이다. 나는 칠판에 분필로 쓴 글씨처럼 뚜렷하게, 거무스름한 절벽에 박힌 하얀 석영들을 볼 수 있다. 심지어 석영 흔적이 지층이 완전히 휘어졌음을, 다시 말해 위아래가 뒤집혔음을 보여주는 곳도 있다. 나는 단단한 암석을 그렇게 별 것 아닌 양 다루는 엄청난 힘이 어떠한 것인지 실감하지 못한다. 더 두꺼운 석영 덩어리들은 단층을 따라 늘어서 있다. 상처에서 나오는 혈청처럼 암석에서 짜

내겨서 틈새에 엉겨 붙은 것들이다. 돌담에 낀 큰 돌덩어리들은 거기에서 나왔을 것이다. 다른 곳에서는 석영 덩어리가 마구 뒤엉킨 스파게티 같은 뒤틀린 암석의 빈 틈새들을 채우고 있다. 석영은 점판암보다 더 단단하며, 그 지역의 암석이 다 닳아서 없어진 뒤에도 오랫동안 자갈의 형태로 남아 있다. 나는 저 아래쪽 접근 불가능한 펜타곤 해안의 둥근 자갈들 가운데 석영으로 이루어진 것들도 있다고 장담할 수 있다. 그 자갈들은 이 절벽들보다도 더 오래 남아 있을 것이며, 인류보다도 더 오래 살아남을 것이다.

거무스름한 셰일과 점판암은 원래 깊은 바다 밑에 쌓인 부드러운 진흙—퇴적물—이었다. 세월이 그것들을 변모시켰다. 단단히 만든 뒤 현재의 해수면보다 수십 미터 높은 곳으로 올려놓고 휘어놓았다. 그런데 얼마나 많은 세월이 흘러야 했을까?

지금 내가 서 있는 절벽 가장자리에는 붉은 글자가 적힌 경고판이 하나 서 있다. "주의! 절벽이 부서지기 쉬움. 특별한 주의 요." 그 말은 사실이다. 납작한 셰일 덩어리가 허공으로 튀어나와 있다. 그 덩어리가 아래로 떨어져 저 아래에서 산산조각이 나는 상상이 절로 떠올라 몸에 소름이 쫙 돋는다. 해안을 따라 더 올라간 다음 항구의 이름은 크래킹턴Crackington이다. 침식이 빚어내는 위험을 고스란히 담은 명칭이다.

내 재킷주머니에는 보스캐슬 지역의 지질을 연구한 논문이 들어 있다. 거기에 실린 지질도에는 절벽에 새겨진 지각변동의 고통을 뚜렷이 볼 수 있는 이곳 암석 노두의 양상이 개략적으로 그려져 있다. 비틀리고 뒤집히고 단층이 이리저리 나 있는 암층들이 그려져 있다. 나는 내가 정확히 어디에 서 있는지 안다. 바로 보스캐슬층의 노두 위다. 무미건조한 과학용어를 쓰자면, 이 점판암은 석탄기 초(미국에서라면 미시시피기라고 부를 시대)의 것이다. 이 지역은 대단히 오래된 곳이다. 포유류보다도, 심지어 공룡보다도 오래되었다. 이 검은 점판암은 티라노사우루스가 이 언덕지대의 왕일 때 이미 더 오래되었음을 보증하는 일그러진 서명을 간직하고 있었을 것이다.

이 지층이 처음 형성될 때에 육지에는 나무고사리와 바퀴와 굼뜬 양서류밖에 없었을 것이다. 지질학적 시간의 광막함을 생각하기에 이보다 더 좋은 장소가 또 있을까?

내가 보고 들을 수 있는 이 침식은 이루 말할 수 없이 느리게 진행된다. 내가 여기에서 평생을 지켜본들 절벽은 거의 변화가 없을 것이다. 단층을 따라 파인 틈새의 가장자리가 유달리 강력한 폭풍우가 지난 뒤에 약간 검어질지는 모르겠다. 아마 바위가 떨어져나가면서 실레네나 풀이 없는 흉터가 드러날지도 모른다. 하지만 나는 토머스 하디가 이곳에 섰을 때 본 풍경도 지금과 그리 다르지 않았으리라고 확신한다. 지금 내가 보는 것이나 그가 보았던 것이나 매한가지다. 식생은 분명히 달라졌겠지만, 절벽에 담긴 지질학적 서명은 그때와 거의 마찬가지로 지금도 충분히 알아볼 수 있을 것이다. 이 절벽이 무로 돌아가는 데, 다시 말해 모든 커다란 점판암들이 미세한 실트로, 석영맥이 자갈로, 처음에는 모난 돌이었다가 바다 밑에서 계속 구르고 또 구르면서 닳아 달걀과 색깔이나 모양이 비슷한 둥근 자갈로 바뀔 때까지 걸리는 기간을 우리는 어떻게 상상할 수 있을까? 수천 년은 어림도 없다. 생물 종들은 오고 가겠지만 절벽은 시간의 침략에 맞서 완고하게 버티고 있을 것이다. 하지만 **충분한** 시간이 흐르면 파도 앞에 난공불락으로 버티고 있는 듯한 이 성벽도 무로 돌아갈 것이고, 커브웹 여관의 바닥에 깔린 판석도 퇴적물로 돌아가서 인류의 다른 모든 건축물의 잔해들에 합류할 것이다. 그것들은 다시 한번 거대한 변화의 주기에 휘말린다. 암석은 침식되어 퇴적물이 된다. 퇴적물은 단단해져 암석이 된다. 암석은 지구조 운동으로 변형되고 지구의 운동으로 해수면 위로 높이 솟아오른다. 솟아오른 뒤에는 다시 자연력의 공격을 받는다. 이것은 지구의 거대한 윤회다. 구스타프 말러가 지질학에 일가견이 있었다면, 〈대지의 노래〉는 아마 침식과 재구성의 주기를 끝없이 되풀이하는 것이었을지도 모른다. 가장 심오한 교향곡을 찬미하는 사람들조차도 인내심을 시험당했을 만큼.

예전에 콘월은 거대한 산계의 일부였다. 현재 유럽 남부에 놓여 있는 알 프스 산맥처럼 유럽을 구불구불 가로질렀던 헤르시니아 산계의 한쪽 끝이 었다. 그 암석의 독특한 습곡형태는 점판암들이 자애로움이라고는 전혀 없는 거대한 지구조 죔쇠에 붙들린 결과다. 암석들은 거역할 수 없는 힘에 순응하고자 구부러졌다. 펜타곤 만의 절벽에 있는 모든 작은 주름들은 어떤 암석도 버틸 수 없을 정도로 장엄한 지각의 강압적인 명령인 지구조 운동의 법칙에 따른 유산이다. 암석이 구부러질 때, 구조에 구조가 층층이 쌓이면서 산맥이 만들어진다. 엑스터 대학의 E. B. 셀우드Selwood 같은 뛰어난 지질학자들은 그 구부러진 것들을 풀어내려고 시도하면서 오랜 세월을 보냈다. 그들은 이 길게 뻗은 해안이 그냥 구부러지기만 한 것이 아니라 서로 맞닿은 채 미끄러지고 지나친 거대한 지각조각들로 나뉘어 있다고 해석한다. 짓눌리는 암석은 일그러지는 것만으로는 그 힘을 흡수할 수 없었기에 끊겨야 했다. 평형을 유지하기 위해 한 교구보다 더 큰 드넓은 암석판들은 힘의 중심으로부터 낮은 각도를 이루며 미끄러졌다. 가시 달린 나뭇가지들이 해풍을 맞지 않는 쪽으로 휘어져 자라는 것처럼. 이 미끄러지는 덩어리들의 바닥에서 약한 암석들은 타락한 도박사의 손에서 주물러지는 카드들처럼 구부러지고 또 구부러지면서 쭈글쭈글해졌다. 지구조 바퀴의 밑에 놓인 이곳처럼 벌어지는 틈새들은 모두 석영맥으로 채워졌을 것이다. 지금 이 산맥의 침식된 잔해들이 내 앞에 놓여 있다. 지의류로 덮인 돌담은 고대 알프스의 잔해로 만들어졌다. 점판암 석판들의 방향을 신중하게 정한 그 농민은 모르는 상태에서 지구조의 힘과 공모를 하고 있었던 것이다.

남쪽으로 그리 멀지 않은 보드민 근처에 화강암으로 된 바위산 하나가 넓게 펼쳐진 평원 위로 우뚝 솟아 있다. 특히 규모를 보면 마야의 계단식 피라미드를 떠올리게 하지만, 순전히 자연적인 것이다. 그 기이하고 거대한 돌무더기는 화강암이 오랜 세월에 걸쳐 풍화되어 남은 것이다. 화강암도 결국은 비, 바람, 서리 같은 자연력의 맹습에 굴복한다. 하지만 내가 그리 멀지 않은 세인트줄리엇 성당묘지에서 보았던 비석들처럼, 화강암은 셰일보다 더 오래 견딘다. 화강암도 사라진 산계 이야기의 일부다. 비록 콘월 절벽의 셰일들과 출처는 전혀 다르지만. 화강암은 예전 산계의 깊숙한 중앙에 자리한 뜨겁고 스며드는 액체 마그마가 굳어서 생긴 것이다. 자세히 들여다보면 커다란 장석결정들을 볼 수 있으며 아마 반짝거리는 운모결정들도 보일 것이다. 이 결정들은 산계가 지각의 깊숙한 곳으로 암석을 구부려 넣어 녹여서 뜨거운 액체 광물 죽을 끓였다가 다시 지각을 뚫고 솟아오르게 하여 화강암 저반과 심성암으로 결정화시키고 굳힌 과정을 말해준다. 화강암은 콘월 반도의 깊숙한 곳에 놓여 있으며, 다트무어와 보드민에 넓게 펼쳐진 소택지의 바닥도 화강암이다.

   화강암이 형성될 때, 일부 결정들은 방사성 시계가 되어 째깍거리기 시작한다. 현대의 정밀장치들은 그런 결정에 든 우라늄이나 칼륨(그리고 그 밖의 몇몇 원소들)의 방사성 동위원소들이 붕괴하면서 기록한 지질학적 시간을 파악할 수 있다. 이 방법은 '얼마나 오랜 시간이 흘렀을까?'라는 어려운 질문에 해답을 제공한다. 붕괴속도는 알려져 있다. 그저 정확히 측정을 하고 세심하게 계산을 하면 된다. 그러면 광물의 형성연대를 알 수 있다. 보드민 화강암이 구부러진 암석 속으로 침입했다면, 화강암은 습곡이 일어난 뒤에 들어온 것이 분명하다. 그 결정들은 과거를 들여다보고 가늠하고 시야를 고정시키는 눈처럼 작용한다. 따라서 화강암 결정의 연대가 3억 년 전이라면, 그것은 이 절벽의 연대를 그 이전으로 고정시킨다. 다시 말해 검은 점판암들은 화강암이 관입하기 이전에 이미 구부러져 있었던 것이 분명하다.

   나중에 단단해지고 일그러진 검은 점판암이 될 부드러운 진흙은 원래 3억 4,000만 년 전 석탄기의 바다 밑에 쌓였던 것이다. 세월은 그것을 단단하게 굳혔고, 지구조 운동은 그것을 일그러뜨렸으며, 화강암은 그것에 지옥 같은 열기를 가했다. 그런 일들을 겪고 오랜 세월이 흐른 뒤인 지금 그것은 풀마갈매기와 세가락갈매기만이 둥지를 트는, 접근할 수 없는 험난한 절벽을 형성하고 있다. 그러나 그것은 고대 바다의 메시지를 우리에게 전할 수 있다. 그 메시지는 화석의 형태를 취하고 있다. 현재의 해안에 조개 껍데기들이 널려 있듯이, 옛날 그 고대 바다 밑에도 개흙과 모래 사이에 수많은 동물의 껍데기들이 뒹굴고 있었을 것이다. 대개 고둥류와 완족류 같은 평범한 작은 동물들이었다. 그 껍데기들은 비처럼 쏟아지는 고운 진흙들에 덮여서 퇴적물에 묻혔다. 진흙은 고대의 땅덩어리가 침식되어 생긴 것이고, 그 고대 땅덩어리 자체는 지구 역사의 더 이전 주기에 형성된 것이었다. 이렇게 세상은 돌고 또 돌면서 이야기를 펼친다. 시간—훨씬 더 많은 시간—이 흐르면서, 껍데기들은 진흙에 더욱더 깊숙이 묻혔고, 물이 빠져나가면서 굳어서 셰일로 변했다. 아마 이때 광물질들이 스며들면서 껍데기에 물질이 보강되었을 것이다. 원래 있던 색깔은 사라졌다. 세월은 껍데기의 화려한 색깔을 없애고 칙칙한 화석색깔을 띠게 했다. 그것은 한때 살았던 생물의 모습을 띤 돌로 변했다.

하지만 그들의 여행은 이제 막 시작되었을 뿐이다. 그 동물들이 한때 번성했고 자신들의 껍데기를 유물로 남긴 석탄기 바다는 판구조 운동이라는 엔진에 휘말려들어 사라졌다. 그 바다에 쌓였던 유산인 암석과 화석은 기나긴 여행에 나선 승객들이었다. 많은 화석들은 망각 속에 묻히는 운명을 맞이했다. 점점 자라는 헤르시니아 산계의 중앙으로 끌려 들어가 짓눌리고 구워져서 형체를 알아볼 수 없게 된 것들도 있었다. 녹아 사라진 것들도 있었다. 그것들을 담은 암석이 재결정화할 때 조각조각 해체되었을 수도 있다. 영국 남서쪽에서 산맥이 자라났고, 그 와중에 그 지역의 드넓은 땅덩어리가 옆으로 들썩거렸다. 그리고 화강암들이 그 땅덩어리의 깊숙한 곳으로 스며들었다. 산맥은 형성되자마자 침식으로 스러질 운명에 처했고, 다른 거의 모든 것들과 마찬가지로 화석들도 이미 다음 지구주기로 여행을 하면서 알아볼 수 없게 산산이 바스러졌을 수도 있었다. 그러니 우리는 조산운동이라는 적에 당당히 맞선 살아남은 화석들을 볼 때 놀라지 않을 수 없다.

지구조 운동을 거치면서 봉인된 것이 끝이 아니었다. 화석들은 그 뒤에 이어진 세월도 견뎌내야 했다. 산계가 다시 바다로 돌아가는 과정이었다. 2억여 년에 걸쳐 헤르니시아 산계는 뿌리까지 깎여나갔다. 공룡들이 영국 월드 지방과 유럽 서부를 활보하던 시절에 이미 화강암들이 지상에 노출되었을 것이 분명하다. 약 1억 년 전 백악기에 쌓인 암석들에서 처음으로 이 화강암에서 유래한 신기하고 독특한 광물들이 섞여 나오기 때문이다. 지질학적 스트립쇼처럼 암석의 베일들이 서서히 벗겨지면서 고대 산계의 속살이 점점 드러났다. 마침내 가장 안쪽이 드러나면서 쇼가 끝났다. 펜타곤 절벽에서 내가 보고 있던 것은 망각에 빠지지 않은 안쪽 베일들 가운데 하나, 버려진 시폰처럼 쭈글쭈글한 지층들이었다.

검은 점판암에서 어떤 화석들이 살아남을 수 있을까? 기적 같은 인내력을, 우연의 법칙을 회피하는 경이로운 능력을 보여주는 화석들은 어떤 것들일까? 계속 존재해온 바다 위로 높이 솟은 이 미끄러운 길을 따라 걷는 방랑자는 증거가 사방에 널려 있다고 한들 지질시대의 그 광막함이 의미하는 바를 과연 진정으로 이해할 수 있을까? 보스캐슬 위에서 내려다보면서 나는 과거 역사를 그럭저럭 포착할 수 있었다. 다시 말해 반쯤 기억하고 있는 영화의 일화들을 떠올리듯이 그 역사를 '볼' 수 있었다. 이 길에 서 있는 하디의 모습을 상상하는 것은 그리 어렵지 않다. 한 세기보다 더 이전에 점판암을 캐는 지저분한 몰골의 광부들이 마음에 드는 여관을 향해 비틀거리며 걸어가고 그 옆으로 이륜마차를 탄 신사가 지나가는 광경도 쉽게 떠올릴 수 있다. 사나운 바다를 피해 안전한 항구를 찾아 정박한 무거운 돛들을 매단 배들이 가득하고, 함대의 출정과 홀바인 그림에 실린 최신 유행복장이 어쩌고저쩌고 하는 이야기로 부산스러운 튜더왕조 시대의 항구를 상상하는 것도 어렵지 않다. 심지어 나는 철기시대 농부의 경작과 가내생활, 지금과 같은 11월에 불쾌한 연기가 자욱한 볼품없는 집안의 정경까지도 상상할 수 있다. 내 상상은 기억 속에서 그럴듯하게 배열한 옛 유물들, 인류가 공유한 특성에 뿌리를 둔 세세한 사항들로 가득하다. 하지만 콘월이 형성되는 데 걸린 지질학적 시간을 헤아리려면, 그 세월에 1,000을 곱하고, 다시 1,000을 더 곱할 필요가 있다. 나는 스위스 은행가처럼 백만이라는 단위를 쓰는 데 익숙하다. 비록 그가 쓰는 것은 화폐단위고 내가 쓰는 것은 햇수지만. 하지만 0의 개수가 늘어남에 따라 우리의 이해력은 떨어진다. 평범한 노동자가 50달러가 지닌 구매력은 정확히 알 것이고, 5만 달러의 구매력도 그럭저럭 이해하지만, 5,000만 달러의 구매력은 어렴풋이 감만 잡을 수 있는 것처럼 말이다. 500만 달러는 큰 재산이긴 한데 그것이 대체 무슨 뜻이란 말인가? 500만 달러 복권에 당첨되는 것은 큰 행운이지만, 2,200만 달러 복권도 그렇다. 우리는 그런 현기증 나는 숫자를 접하면 비틀거리며, 산더미처럼 쌓인 돈다발, 천장까지 닿은 지폐더미를 상상할 수는 있지만, 그것의 진정한 규모를 이해하지는 못한다. 우리 의도가 수백만 년, 수억 년 전의 과거를 들여다보는 것이라면, 우리는 특수한 시각보조도구, 곧 과거세계를 보는 데 알맞은 쌍안경을 개발할 필요가 있다. 우리는 규모에 개의치 않는 습관을 들일 필요가 있다. 백만 년이 아주 긴 시간이라는 느낌을 받지 않도록 말이다. 우리는 암석과 절벽을 마치 책인 양, 아찔한 높이에 떨지 않고 읽을 필요가 있다.

  나는 펜타곤 절벽의 가파른 한쪽으로 올라간다. 친절하게도 누군가가 기어오르기 쉽게 계단을 깎아놓았지만, 그래도 길이 평탄해지는 지점에 도달할 때쯤에는 숨이 턱에 차오른다. 이제 길은 풀이 가득한 가파른 비탈의 한가운데로 나 있다. 아주 미끄럽다. 신기하게 붕 떠 있는 듯한 느낌이다. 바다는 저 아래에 보이지만, 거기 있는 것이 분명한 깎아지른 절벽은 비탈에 가려져 보이지 않기 때문이다. 바다가 내는 소리가 여전히 뚜렷이 들려온다. 바닷물이 보이지 않는 해안선을 따라 나 있는 동굴들에 밀려들면서 불규칙하게 나는 텅텅거리는 소리! 하지만 이 높은 곳에 올라와 있으니 마치 바다와 하늘 사이의 어떤 층을 산보하고 있는 것 같은 환각에 빠져든다. 이윽고 비니 절벽에 다다른다. 햇빛이 아직 약해지지 않아 마음이 편하다. 빗방울 몇 개가 목을 강하게 때린다. 갑자기 갈매기 떼가 절벽 가장자리 너머에서 솟아올라 상승기류를 타고 떠돌면서 히스테리를 부리듯이 울어댄다. 다 올라온 나는 옷깃을 여민다. 추위에 몸이 후들후들 떨린다.

삼엽충의 지질시대		
대	기	연대(100만 년)
고생대	페름기	250
고생대 후기		--------- 290
	석탄기	
		--------- 354
	데본기	
		--------- 417
	실루리아기	
		--------- 443
고생대 전기	오르도비스기	
		--------- 491
	캄브리아기	
		--------- 545
	선캄브리아대(벤드기)	

비니 절벽은 하디의 소설 『푸른 눈동자 A Pair of Blue Eyes』에 나오는 한 아찔한 일화의 배경이다. 스티븐 나이트는 하디의 소설 여주인공 가운데 처음으로 세밀한 관찰을 토대로 창조한 복잡한 인물인 엘프라이드와 함께 내가 방금 걸었던 길을 걸었다. 나이트는 과학에 관심이 많은 인물이다. 자신의 지식을 과시하려고 했는지 아니면 호기심을 충족하려고 했는지, 그는 절벽 끝에서 솟아오르는 기류순환을 설명하고자 시도한다. "나이아가라 폭포처럼 완벽한 뒤집힌 폭포지요. 떨어지는 대신 솟아오르고 물 대신에 공기인 것." 그는 길 아래쪽 비탈로 뛰어내린다. 모자가 역류에 휘말린다. 그는 모자를 잡으려다가 그만 아찔한 비탈로 미끄러지고 만다. 그는 절벽 가장자리에 아슬아슬하게 매달린다. 하디는 그가 매달려 있는 검은 점판암을 꼼꼼하게 묘사하고 있다. 그 순간에 나이트는 이 책의 주인공과 마주한다.

"매달린 채 잠시 숨을 돌리면서 정신을 차릴 때 주변세계의 익숙한 것들이 서서히 머릿속에 들어오는 순간, 나이트의 눈에 암석에서 약간 튀어나와 있는 박힌 화석 하나가 보였다. 눈이 달린 생물이었다. 죽어서 돌로 변했음에도 그 눈은 그를 응시하고 있었다. 삼엽충이라고 하는 초기 갑각류의 일종이었다. 서로 전혀 다른 시대에 살았던 나이트와 이 하등생물은 죽음의 장소에서 마주친 듯했다. 마치 지금 그 자신이 그러하듯이, 손이 닿는 곳에 한때 살아 있었고 구해야 할 몸을 지니고 있었던 무언가가 있었음을 보여주는 한 사례였다."

이 황량한 곳, 내가 아래로 주름진 바다와 위로 어두워지는 하늘 사이에 놓인 낭떠러지를 향해 시선을 두고 있는 이곳에서, 삼엽충은 영국 문학에 잠시 등장했다. 비니 절벽 위쪽 길은 나의 두 가지 인생길—삼엽충과 저술—이 교차하는 특별한 곳이다. 나는 이곳에 와야 한다는 압박감을 받았다. 이곳은 나를 실망시키지 않았다. '돌로 변한' 삼엽충의 눈은 내가 독자를 이 책으로 안내하는 데 필요한 이미지를 제공했다. 이 책은 과거에 생기를 불어넣는 수단인 화석의 눈을 통해 세계를 보려고 시도할 것이다. 또 나는 검증 가능성과 무관하고 오로지 마음과 감정에 작용하는 소설가의 진실과, 검증 가능성과 관련 있으면서 발견의 감흥—자주 소설의 소재가 되곤 한다—과도 관련이 있는 과학적 진실의 차이에도 흥미를 갖고 있었다.

그렇다면 하디는 어느 정도까지 진실을 말한 것일까? 하디는 원래 연재 형식으로 소설을 썼다. 독자들을 몰입시키기 위해 일화를 잇달아 배치할 필요가 있었다. 나이트의 곤경은 말 그대로 클리프행어cliffhanger(긴장감을 불러일으키는 사건)이다. 주인공이 공중에 매달렸을 때만큼 조마조마한 상황이 또 어디 있겠는가? 삼엽충의 눈은 나이트의 임박한 죽음을 바라보는 초점을 제공한다. 반면 인간의 눈—푸른 눈—은 소설의 제목과 정서적 원동력을 제공한다. 평론가 파멜라 댈질은 양쪽의 시선이 엇갈리면서 이야기가 꼬여가는 양상을 파악했다. 그 책은 시선이 지닌 의미에 골몰한다.

나는 하디의 절벽 매달리기 일화의 배경이 얼마나 세심한 관찰 끝에 나온 것인지 흥미가 동했다. 학자들은 그의 초기 행적을 추적하여 그곳이 어디인지 알아냈다. 그는 1870년 세인트줄리엇 성당을 복원하는 건축가 일을 할 때 아내가 될 엠마 기퍼드를 만났다. 엠마는 그곳 주임 신부의 처제였다. 소설은 그 지역의 경관을 거의 바꾸지 않은 채 등장시키고 있으며, 그 고장이 하디가 설정한 무대인 웨섹스의 다른 지역들보다 더 서쪽에 놓여 있었던 것이 분명하다. 『푸른 눈동자』에는 다른 소설들보다 자전적인 요소가 더 많이 담겨 있으며, 그가 그 소설에 두드러진 애착심을 보인 것도 그 때문인 듯하다(그는 오랜 세월이 흐른 뒤에 그 소설의 여러 부분을 고쳐 썼다). 가여운 나이트가 발버둥을 치고 있는 상황에서도 절벽의 높이는 다소 현학적으로 묘사되고 있다. 그것은 그 젊은 작가가 지명사전을 펼치고 통계수치를 들여다보면서 연필을 깎고 있었음을 시사한다. "실제 높이는 194.7미터로서…… 플램버로보다 3배 높고, 비치 갑보다 30미터 더 높으며…… 리저드보다 3배 더 높았다." (이런 식의 서술이 계속된다.) 하지만 내가 볼 때 소설 속의 현장은 내가 걸었던 바로 그 길이 분명하다. 소설에 나온 특징들이 고스란히 나타나고 있기 때문이다. 하디는 내가 펜타곤 만에서 보았던, 떨어지면서 부옇게 흐려지는 폭포를 보았던 것이 분명하다. "절벽 아래로 쏟아지면서 절반도 채 가기 전에 비산되어 튀어나온 바위 턱에 빗방울처럼 뿌려지면서 작은 풀밭을 조성하는……." 그는 내가 걸으면서 지나친 바로 그 지점에서 위험한 절벽과 '무시무시한 분위기'를 묘사했다. 여러 가지 측면에서 그 소설에는 보고문학이라고 볼 수 있는 구절들이 많다. 그는 석영과 점판암을 알아볼 수 있었고, 길을 따라 차례로 나타나는 자연적인 특징들을 상세히 묘사했으며, 지역의 지질과 날씨도 알고 있었다. 나이트가 절벽에 매달려 있을 때 그의 정신은 지질시대를 죽 훑었다. 그의 절망적인 머릿속에서 삼엽충이 살던 고대 시대까지 과거의 모습들이 주마등처럼 스쳐 지나갔다. 과학적으로 말해서 1860년경에 알려져 있던 생명의 변화양상을 설명한 그 내용은 그리 나쁘지 않다.

이제 우리는 허구와 묘사가 서로 다른 길로 나아가는 지점에 와 있다. 아마 그 소설의 매력은 이렇게 어긋나는 사항들 때문일지도 모른다. 왜 하디는 비니 절벽을 아무 이름도 붙이지 않고 그냥 절벽이라고 했을까? 옛 지도에는 비니라는 마을이 분명히 나와 있으며, 하디는 캐멀포드를 캐멀튼으로, 틴터걸을 던더걸로 바꾸는 식으로 지명을 비슷한 이름으로 변형시키곤 했다. 나는 '이름 없음'이 장소가 주는 두려움과 신비감을 더한다고 믿는다. 영화감독인 세르지오 레오네도 그 점을 잘 알고 있었다. 그의 서부영화 〈이름 없는 사나이〉에서 클린트 이스트우드가 맡은 이름 없는 사나이는 반영웅이었다. 이름 짓기는 우리의 주위환경을 길들이는 첫 번째 방식이다. 우리는 해안에 있는 가장 높은 절벽에 당연히 이름이 있을 것이라고 기대한다. 익명은 공포다. 연쇄살인이 주는 공포는 범인의 정체를 모를 때 가장 심하다. 그것은 무명의 공포다. 소설 창작자는 그 점을 잘 알고 있었다. 그 부분에서 창작자의 기교가 개입한다. 하디는 사실을 선호했지만, 그것을 언제 보류시켜야 할지도 알고 있었다. 그 삼엽충 자체는 편의상 등장시킨 허구다. 콘월 해안의 이 지역에 있는 석탄기 암석에서는 삼엽충이 나오지 않는다. 암석의 시대는 맞으므로, 이론상 삼엽충이 발견되지 말라는 법은 없다. 하지만 그렇게 지구조 운동에 심하게 휘말린 암석에 화석이 남아 있는 경우는 거의 없다. 어느 지질시대에 속하는지를 알려줄 만한 화석들—암모나이트의 선조, 조개류, 미시화석—은 발견되었지만, 삼엽충은 발견된 적이 없다. 나는 이 가망 없는 지층을 망치로 두드리는 어느 채집가가 운 좋게 삼엽충을 발견했다는 소식을 들으면 정말로 기쁠 것이다. 그것은 과학적으로 아주 중요한 의미가 있을 것이기 때문이다. 하디는 지질학적으로 적합한 배경에 그 화석을 배치시켰지만, 삼엽충의 등장은 창작의 산물이다. 그는 삼엽충이 스티븐 나이트를 응시하도록 할 필요가 있었다. 소설의 독자인 우리는 그가 상황을 극적으로 고조시키기 위해서 이 특별한 화석, '하지만 하등한 종류의 동물'을 활용하는 것을 음미한다. 그 화석의 등장이 허구일지라도 그것은 중요하지 않다. 하디의 나머지 설명은 실제 장면을 거의 사진처럼 재현하고 있긴 하지만 말이다. 과학자는 동료 한 명이 그런 존재를 창조했다면 아마 질겁할 것이다. 과학은 진실만을, 객관적인 사실만을 다루기 때문이다. 예술가는 창작을 위해 사실들을 조합할 수 있지만, 과학자는 다른 의무를 지닌다. 겉모습의 이면에 놓인 진실을 발견하는 것이다. 말할 나위 없이 두 과정은 똑같이 상상력을 필요로 할 수도 있다.

나이트는 밧줄 덕분에 곤경에서 벗어나는데, 그 밧줄은 엘프라이드가 속옷을 찢어서 다급하게 만든 것이었다. 그 일은 소설에서 모자란 남자와 비범한 여자의 관계에 변화가 일어났음을 상징하는 전환점이다. 그리고 우리는 그 일화가 사실인지 아닌지 궁금해 할 필요성을 느끼지 않는다. 그것은 소설의 일부니까.

나는 비니 절벽을 떠나 가파른 계단을 올라서 파이어비컨(봉화대) 곳으로 간다. 헤르시니아 해안 전체가 한눈에 내려다보이는 험한 곳이다. 적의 함대가 접근하는 것을 경고하기 위해 불을 밝혔던 많은 봉화대들 가운데 단 한 곳만 그 이름이 붙어 있는지도 모른다. 현재 정상에는 폴 허드를 기념하는 긴 의자만 하나 달랑 놓여 있지만, 나는 앉아서 숨을 돌릴 수 있는 기회를 준 허드 씨의 친척들에게 감사했다. 나는 돌담이 쳐진 오래된 길을 따라서 내륙으로 향했다. 하디가 일했던 세인트줄리엇 성당을 보고 싶었다. 성당은 아늑한 산허리에 자리를 잡고 있으며, 그 뒤로 양들이 느긋하게 풀을 뜯는 벌판으로 쭉 뻗은 길이 나 있다. 이런 목가적인 풍경에도 불구하고, 세인트줄리엇 성당에는 불필요하게 쌓은 다소 평퍼짐한 탑을 포함해 좀 밋밋하고 침울한 빅토리아 시대 분위기가 풍긴다. 하디가 제대로 복원하지 못했을 수도 있다. 마치 성당이 주변보다 훨씬 더 주목을 받을 만하다는 듯하다. 아무튼 하디는 "내 인생의 많은 실마리를 풀 열쇠가 그곳에 있다고 할 수 있다"고 썼다. 그곳이 오래된 성지임은 분명하지만, 성당은 그에 걸맞은 대접을 못 받고 있다. 성당묘지에는 바람에 실려 온 가시금작화처럼 그 지역 토양에서 나왔던 것이 분명한 묘비들이 있다. 성당 안에는 성당의 식기들이 이미 거의 다 도둑맞았다고 방문객들에게 알리는 안내판이 서 있다. 더는 내 관심을 끌 만한 것이 없었다.

성당을 떠나려 할 때 성당 자체보다 훨씬 더 오래된 켈트 족의 십자가들이 눈에 들어왔다. 출입구 옆에 있는 것은 보초만한 키의 둔탁한 모양의 기둥이었다. 꼭대기에는 원반이 하나 조각되어 있다. 일종의 얼굴이 새겨져 있을 거라고 기대할지 모르지만, 그 대신에 십자도형이 새겨져 있다. 점판암 묘비들과 달리, 이 곧추선 십자가들은 화강암이다. 그것들은 유골이 흙으로 돌아가고 묘비에 새겨져 있던 기록들도 모두 흙으로 돌아간 뒤에도 계속 버티고 있을 것이다. 그 화강암은 헤르니시아 산맥의 중심으로 관입한 화성암에서 유래했다. 아마 그 덩어리들은 보드민이나 다트무어에서 가져왔겠지만, 출처가 어떻든 그것을 깎은 사람들은 그 돌의 항구성을 알고 있었을 것이다. 각 기념물은 방대한 지질학적 시간을 알려준다. 인간의 수명과 비교한 돌의 항구성을 말이다. 각 기념비는 인간의 의도와 지구조운동의 역사가 교차함을 보여주는 상징이다. 비니 절벽에 들어 있던 하디의 그럴듯한 허구적인 삼엽충도 같은 역사를 보여준다. 십자가의 원반 모양의 꼭대기는 나무고사리와 폐어肺魚의 시대를 선명하게 보여주는 접안경과 같다. 결국 추운 11월에 보스캐슬에서 내가 찾고자 한 것이 바로 이것이었는지도 모른다. 나는 신기하게 고양되는 느낌을 받았다. 얼음 같은 빗방울들이 난공불락 같은 화강암의 인내심을 따라갈 수 있는 유일한 존재인 지의류를 축축하게 적시기 시작했어도. 삼엽충이 사라진 바다의 얕은 곳을 휘젓고 다녔을 때부터 단단했던 화강암을 말이다.

첫눈에 사랑에 빠질 수 있다고 한다면, 나는 열네 살 때 삼엽충을 보고 사랑에 빠졌다.

　세인트데이비스 반도는 하디가 사랑하는 사람을 만났던 콘월 반도의 축소판처럼 서쪽으로 뻗어서 남웨일스 갑의 남서부를 형성한다. 콘월처럼 그곳에도 장엄한 고대 절벽들이 있으며, 내륙 쪽 경관은 편평하고 별 특징이 없이 밋밋하다. 예전에 이곳의 후미진 작은 만들에는 솔바나 애버캐슬 같은 황량한 오지의 어촌들이 자리를 잡고 있었지만, 지금은 거친 돌 위를 가문비나무들이 뒤덮고 있다. 그러나 절벽은 예전과 마찬가지로 황량하며, 콘월처럼 뒤틀리고 주름진 암석들이 드러나 있다. 해안을 따라 죽 걸으면 색깔과 질감이 서로 대비를 이루는 지층들이 차례로 나타난다. 노란색이나 자주색을 띤 거대한 사암들이 마치 갈빗대가 그대로 드러난 양 물거품에 잠겨 있고, 일그러진 검은 셰일들이 마구 일그러진 콘서티나처럼 갈지자를 보이면서 절벽 꼭대기까지 뻗어 올라간다. 캐페이 만에는 칙칙한 지질의 세계에 전혀 어울리지 않을 정도로 멋진 새빨간 셰일이 있다. 이 암석들은 콘월의 것들보다 훨씬 더 오래된 것이다. 연대는 캄브리아기까지 올라가며, 가장 오래된 셰일은 지금부터 5억 4,500만 년 전의 바다 밑에 깔린 진흙에서 유래했다. 무언가가 존재하기 시작한 순간으로, 육지에 식물이 있기 이전 시대, 등뼈를 가진 동물들이 등장하기 이전 시대까지 거슬러 올라간다. 하지만 이미 그 초기 세계에는 지켜보는 삼엽충들이 있었다. 이 삼엽충들은 토머스 하디가 창조한 화석(아니 그것의 실제 대응물이라고 해야겠다)보다 2억 년 더 오래된 것들이다. 인류가 이 행성에 살기 시작한 때보다 100배는 더 오래된 시기다. 내 목소리가 가성으로 변했다가 바리톤으로 굳어지던 변성기에 지질망치를 들고 탐사하던 지층이 바로 그 시대의 것이었다. 남들이 여자친구를 찾던 시기에, 나는 삼엽충을 찾았다.

　나는 삼엽충들이 나타난 곳을 지도에 표시했다. 삼엽충은 영국 제도에서 가장 오래된 화석이라고 여겨졌다. 그보다 더 흥미로운 것이 어디 있겠는가? 그런 선사시대를 추적하는 일에는 가슴을 두근거리게 하는 무언가가 있었다. 나는 상상 속에서 인간이 거주하는 경관이라는 맨 위층을 벗겨내고 더 깊이 자리한 현실을 찾아 지질시대를 한 층씩 파고들었다. 인내심이 많은 내 모친이 뜨개질을 하거나 책을 읽는 동안, 나는 나인웰스와 포스이로의 암석들을 두드리며 다녔다.* 걸어서 암석에 다가가 근력을 써서 깨뜨릴 수 있는 장소들이었다. 나는 제대로 된 지질망치도 갖고 있지 않았다. 나를 부추긴 것은 발견의 열정이었다. 나는 과거의 해저와 같은 방향으로 쪼개지도록 단단한 암석을 깨는 법을 터득했다. 그래야 알아볼 만한 화석을 얻을 가능성이 높았다. 판구조의 힘이 지층에 수직으로 가해진 것이 분명했다. 나는 깨기에 적당한 크기의 돌들을 찾아 곳곳을 뒤적거려야 했다. 가시금작화의 날카로운 가시가 손등을 찔러대도 무시했다. 시간은 암석을 단단하게 하면서 동시에 무르게 한다. 다시 말해 암석은 오직 제 방향으로만 깨지고 싶어하는 듯했다. 깨진 표면에는 과거 생명체의 잔해일 수도 있고 아닐 수도 있는 것의 조각들과 파편들이 있었다. 다른 부위들에 비해 약간 윤이 나는 검은 얼룩들이었다. 이윽고 나는 삼엽충을 발견했다. 그 암석은 그 동물을 사이에 두고 쩍 갈라졌다. 마치 일종의 계시인 듯했지만, 사실은 화석 자체가 암석을 약하게 만든 것이다. 다시 말해 마치 폭로되고 싶어하는 양 스스로를 드러내려는 경향을 지니고 있었다. 나는 반으로 갈라진 암석 두 조각을 손에 들고 있었다. 왼손에는 그 동물 자체가 박힌 채 볼록 튀어나온 반쪽이 들려 있었고, 오른손에는 나머지 절반이 있었던 오목한 주형이 담긴 반쪽이 들려 있었다. 양쪽은 서로 꽉 껴안은 채 변화무쌍한 수억 년의 세월을 묻힌 상태로 살아남았다. 화석에는 갈색 얼룩이 하나 있었지만, 내게는 결코 흠이 아니었다. 내 손에 쥔 것은 살아 있는 교과서였으니까. 그림과 사진은 오로지 혼자만의 것인 양 자기 본위의 충만감을 불

---

* 이 두 곳은 지금은 법적으로 망치질을 못하게 보호되고 있다. 하지만 내가 어릴 적에 돌아다닐 시대에는 그렇지 않았다.

러일으키는 소년시절의 발견의 기쁨에 비할 바가 못 되었다. 그것이 내 인생을 바꾸게 된 동물을 처음 발견한 순간이었다. 삼엽충의 길고 가느다란 눈이 나를 응시했고 나도 마주 바라보았다. 그것은 그 어떤 푸른 눈동자보다 더 압도적인 인상을 심어주었고, 5억 년이라는 세월을 뛰어넘어 전율을 느끼게 했다.

나중에 그 삼엽충이 이름을 지니고 있음을 알게 된다. 파라독시데스*Paradoxides*. 우리가 처음 시선을 교환했을 때, 나는 분류나 명명법을 전혀 몰랐고 그것이 내게 중요하지 않았다. 배울 시간은 충분했으니까. 내 표본은 내 손바닥에 딱 들어맞는 크기였다. 그것은 몸길이를 따라 세 열편으로 뚜렷이 나뉘어 있었다. 볼록한 중심부와 그 양쪽으로 약간 더 편평한 똑같이 생긴 부분이 있었다. **삼엽충**이라는 명칭은 이 세 열편을 의미했다. 그 동물의 몸은 전체적으로 한쪽 끝이 뭉툭했다. 나는 명확히 설명할 수 없는 어떤 원리에 따라, 더 넓은 쪽 끝이 그 동물의 머리라는 것을 알았다. 그리고 당연히 눈은 그 머리에 붙어 있었다. 화석의 형태는 낯설었지만, 그래도 나는 눈이 반드시 머리에 달려 있어야 한다는 것을 알았다. 따라서 그 화석이 이질적이긴 했어도 나와 그 삼엽충 사이에는 이미 공통의 유대관계가 하나 마련된 셈이었다. 우리는 둘 다 제대로 된 머리를 갖고 있었던 것이다. 나는 그 몸이 많은 작은 부분들로 나뉘어 있는 것을 알 수 있었다. 나중에 그것이 몸마디(체절)라고 배웠다. 그리고 몸을 따라 죽 균열들이 가 있었다. 그 금들은 그 동물의 원래 구조와 무관한 것이었다. 그 캄브리아기 생물이 내 망치에 쪼개지기 전에 얼마나 긴 지질시대를 거쳐 왔는지를 증언하는 것이었다. 그것은 암석 자체의 조직에 난 것이었다. 삼엽충이 침식되거나 1,000가지 판구조 사건들의 죔쇠에 물려 사라졌을 수도 있었음을 보여주는 모험의 흔적이었다.

이 책은 그 첫 만남의 산물이다. 나는 공룡만큼 매력이 넘치고 존속한 기간이 공룡보다 두 배나 더 긴 삼엽충에 그에 걸맞은 영광을 부여하고 싶다.

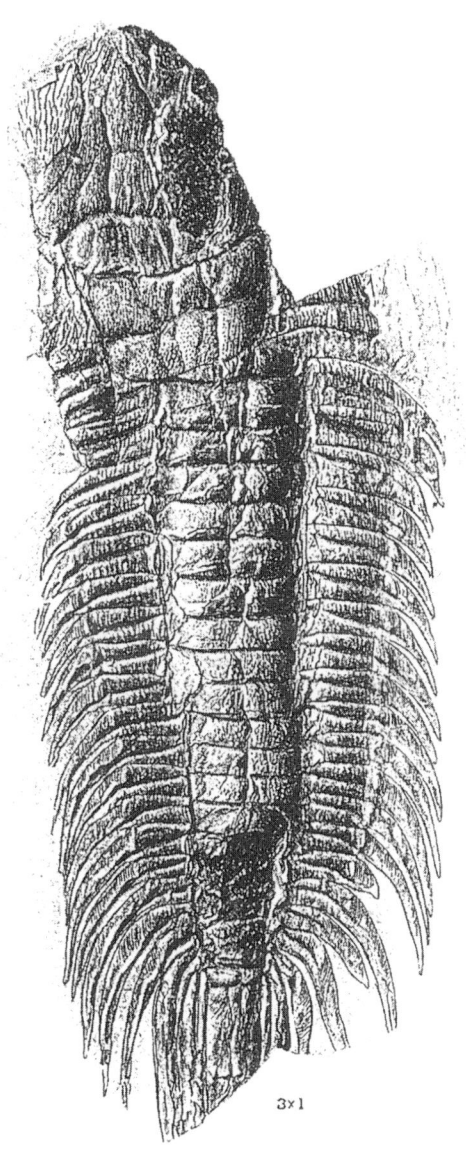

그림 1 필립 레이크가 1935년에 발표한 거대한 삼엽충, 파라독시데스의 그림. 내가 학창시절에 웨일스 서부에서 지질망치로 발견한 첫 표본들과 같은 캄브리아기 중기 암석에서 나온 것이다. 파라독시데스 사진은 그림 28 참조.

나는 독자가 삼엽충의 눈을 통해 세상을 보도록 하고 수억 년 전으로 거슬러 올라가는 여행을 하도록 돕고 싶다. 나는 '하지만 하등한 종류의 동물'이라는 하디의 삼엽충 묘사가 정당하지 않지만, 생사가 갈리는 극적인 순간에 그 동물을 중심에 놓은 것은 아주 적절한 선택이었음을 보여주고자 한다. 이 책은 삼엽충 중심의 세계관을 노골적으로 보여줄 것이다.

삼엽충은 대규모 사건들의 목격자였기 때문이다. 스티븐 나이트는 삼엽충의 돌이 된 눈에서 한 개체의 곤경이 아무 의미도 없다는 것을 읽었을지도 모른다. 삼엽충은 대륙이 이동하고 산맥이 솟아올랐다가 중심에 있는 화강암이 드러날 때까지 침식되는 광경을 지켜보았고, 여러 차례의 빙하기와 대규모 화산폭발을 견뎌냈다. 어떤 생물도 생물권과 분리시켜 생각할 수 없으며, 삼엽충도 마찬가지다. 삼엽충의 역사도 그들이 목격한 사건들을 통해 형성되었다. 문외한들이 멸종한 '벌레'를 연구하는 일에 평생을 바친다는 것이 가능하구나라고 놀라움을 드러낼 때, 나는 그들에게 지난 수천 년 동안 얼마나 많은 일들이 일어났는지 생각해보고, 수천만 년을 다루는 역사가는 어떠할지 상상해보라고 한다. 미끼를 끼운 낚싯줄을 몇 번 던지면서 바다 전체를 이해하려고 애쓰는 낚시꾼들처럼, 우리가 얻을 지식은 미미한 수준에 그칠 것이다. 오래전에 사라져서 아무도 자세히 모를 그런 생물집단을 평생 연구하는 것이 어떻게 가능한지 궁금해 할 사람에게 내놓을 확실한 답이 하나 있다. 삼엽충은 무려 3억 년 동안, 거의 고생대 내내 존속했다. 늦깎이로 등장한 우리가 어떻게 감히 그들에게 '원시적'이나 '성공하지 못한'이라는 꼬리표를 붙일 수 있단 말인가? 인류가 산 기간은 그들이 산 기간의 0.5퍼센트에 불과한데.

발견 이야기를 가장 강인한 지식인이 받아야 할 반짝이는 메달들의 형태로 설명하는 방식도 있다. 결투하여 승리를 쟁취하는 식의 과학 이야기다. 그와 달리 미지의 영역을 여행하는 비유형식으로 과학탐구를 설명하는 이야기도 있다. 로버트 루이스 스티븐슨Robert Louis Stevenson(『먼지와 티끌Pulvis et *umbra*』에서)이 말했듯이, "과학은 인간의 정신이 거주할 만한 도시가 전혀 없는 사변의 세계로 우리를 데려간다." 과학에서 첫 번째가 되기 위한 투쟁이 벌어지고 '사변의 세계'로 뛰어든 모험을 감행한 몇몇 엄청난 정신의 소유자들이 가장 주목을 받는다는 것은 사실이다. 그리고 그들은 그런 주목을 받아 마땅하다. 그러한 과학발전 모형들은 수학자나 물리학자에게서 흔히 볼 수 있으며, 카를 포퍼의『추측과 논박*Conjectures and Refutations*』은 그것을 멋지게 다듬었다. 그렇긴 해도 과학탐구 활동을 투쟁으로 보는 견해와 모험-사변으로 보는 견해는 둘 다 결함을 지니고 있다. 많은 과학자들—아마도 대다수—은 발견의 기쁨을 적어도 목표의 크기만큼이나 중요하게 여기는 신기한 종족이다. 그들은 타고난 능력을 기꺼이 활용하면서 편안함을 느끼는 협력하는 동물이기도 하며, 뜻밖의 유산처럼 중대한 발견이 예기치 않게 그들을 찾아오기도 한다. 과학탐구 활동의 독특한 점은 아주 많은 정규군 보병들이 승리에 기여한다는 점이다. 키츠의 작품들은 살아남고 엉터리 시인들의 헛소리들은 잊혀지는 것과 달리, 과학에서는 미미한 과학자의 활동도 유명한 전쟁에 영구적인 기여를 할 수 있다. 이름 없는 일병의 죽음도 헛된 것이 아니다.

가장 특이한 과학탐구 분야들도 미묘하거나 의외의 방식으로 더 큰 질문들과 관련을 맺는다. 우리는 삼엽충 연구 같은 자족적이고 비의적인 듯이 보이는 분야가 새로운 종의 기원이나 진화의 주요 특징들의 본질이나 고대 대륙의 분포 같은 중요한 논쟁에 기여해왔음을 알게 될 것이다. 사라진 동물들의 상세한 생활습성을 더 알고자 하는 깊은 욕망—진정한 호기심에서 비롯된—이 발단이 되어 연구를 시작한 사람들은 점점 쌓여가는 상세한 지식이 다른 더 일반적인 것과 관련이 있음을 문득 깨달을 수 있다. 고대 바다의 원대한 구조나 소행성의 충돌 같은 무언가와 말이다.

나는 상호 연결되는 일련의 길들이 과학탐구가 이루어지는 과정을 더 정확히 보여주는 그림이라고 믿는다. 각 길은 그 나름의 흥미와 기쁨을 지닌

다. 때로 우리는 어느 한 길이 어디로 이어지는지 알고, 때로는 길이 꼬이고 돌고 하는 데 놀라기도 한다. 길이 다른 길과 교차하는 곳에는 전혀 의외의 견해로 이어지는 예기치 않은 새로운 방향의 길이 나타날 수 있다. 이름 없는 절벽 위에 선 스티븐과 엘프라이드처럼, 모든 것이 바뀌고, 삼엽충 같은 작고 오래된 무언가가 그 변화의 촉매가 되는 중요한 상황들의 접점이 있을 수도 있다.

 이 책은 학창시절에 처음 발견한 것에서 출발하는 몇몇 길들을 따라갈 것이다. 삼엽충을 추적하면서 나는 놀라운 장소들을 방문하고 놀라운 사람들과 시간을 함께할 것이다. 내 지식은 힘들게 얻은 것들이며, 거기에는 나와 내 몇몇 친구들에게만 이름이 알려진 영웅들이 있다. 그들의 이름은 더 널리 알려져야 마땅하다. 또 이 삼엽충 이야기에 영향을 미친 개인적인 비극 이야기도 있다. 발견은 '계속 진행되고 발전하는' 식의 단순한 문제가 아니다. 거기에는 인간 삶의 천박하고 숭고한 모든 것들이 담겨 있다. 내게 중요한 이 작은 과학 분야의 이야기는 이 특징적인 인간활동이 이루어지는 방식을 더 원대한 모험을 통해 설명하는 다른 방식들보다 더 잘 보여줄 것이다. 이를테면 상대성 이론이나 우주 탄생의 첫 몇 나노초를 설명하는 식보다 말이다. 때로는 거대한 초상화보다 세밀화가 실물을 더 잘 표현할 수 있다.

 이제 한때 삼엽충의 수정 같은 눈을 통해 보였던 세상을 살펴보자. 삼엽충이 진화의 양상을 어떻게 말해주는지, 그것을 암석에서 어떻게 읽어낼 수 있는지를 알게 되리라. 삼엽충에 대한 믿음이 그저 산을 움직일 정도가 아니라 대륙 전체를 이동시킨다는 것을 알게 되리라. 껍데기들이 어떻게 살아 있는 동물로 부활하는지 알게 되리라. 동물계의 풍요로움이 어떻게 기원했는지 이해하게 되리라. 삼엽충을 통해 우리는 지질학적 과거를 소유하게 되리라.

02

껍데기

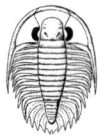

고생물학은 전적으로 화석 껍데기들의 말에 귀를 기울이는 분야라고 할 수 있다. 우리는 껍데기들에 초점을 맞추어야 한다. 화석이 되는 것은 거의 언제나 내구성 있는 광물질로 된 단단한 뼈대뿐이기 때문이다. 화석 껍데기들은 생명의 버려진 잔해, 단단한 파편, 먹을 수 없는 찌꺼기다. 살아 있는 다른 생물들에게 가장 관심 없는 부위가 세월이 흘러 화석으로 변해 여러 학자들과 지질학자들의 관심을 불러일으킨다니 아주 역설적이다. 삼엽충을 이해하려면 먼저 그들의 껍데기에 관해 알아야 한다.

1698년 르위드Revd Edward Lhwyd 박사는 마틴 리스터Martin Lister에게 남웨일스의 란데일로 마을의 석회암에서 화석을 발견했다는 내용의 편지를 보냈다. "8월 15일에 우리는 그곳에서 꽤 많은 화석을 발견했는데, 넙치류의 뼈대가 분명한 것 같소." 르위드의 '넙치'는 바로 삼엽충이었다.

내 아이들은 어렸을 때 조개껍데기를 갖고 놀곤 했다. 커다란 쇠고둥 껍데기를 한쪽 귀에 대고 바다의 '소리를 듣는' 척하기도 했다. 멀리 해변에 파도가 부서지는 소리나 잔잔한 바다에 미풍이 부는 소리가 들린다고 했다. 나중에 고둥이 단지 주위에서 웅얼거리는 소리를 증폭시킬 뿐임을 이해했지만, 아이들은 껍데기와 바다를 연결한 상상의 도약을 결코 잊지 않았다.

고생물학은 전적으로 화석 껍데기들의 말에 귀를 기울이는 분야라고 할 수 있다. 우리는 껍데기들에 초점을 맞추어야 한다. 화석이 되는 것은 거의 언제나 내구성 있는 광물질로 된 단단한 뼈대뿐이기 때문이다. 드물게 예외가 있긴 하지만, 부드러운 해부구조는 거의 남지 않는다. 체조직은 포식자나 분해자의 먹이가 된다. 해변에서 게 껍데기를 집어 들었다가 썩는 냄새에 경악하여 웩 소리를 내면서 집어던진 경험이 있지 않은지? 세균은 어디에나 있으면서 해당 생물이 생전에 아주 중요한 에너지를 동원하여 만든 유기분자들을 마구 분해하면서 게걸스럽게 먹어치운다. 그리고 그 생명의 에너지는 다시 작은 만찬자들, 1,000분의 몇 밀리미터에 불과한 작은 생물들을 만드는 데 쓰인다. "오, 너무나 단단한 살"(『햄릿』에 나온 대사: 옮긴이)은 진짜로 녹아 없어진다. 남은 것, 곧 껍데기와 뼈는 세균들을 먹여 살리는 데 별 기여를 하지 않는다. 삼엽충 껍데기는 해양동물 10여 종류의 껍데기들처럼 단단한 방해석 광물로 만들어졌다. 게 껍데기는 방해석으로 되어 있고, 조개류의 껍데기도 그렇다. 삼엽충이 단단한 껍데기를 지니고 있지 않았다면, 그들은 사실상 우리의 눈에 띄지도 못했을 것이다. 존재했다는 흔적조차 거의 없어졌을 테니. 그들이 포리지(귀리죽)에 든 귀리 알갱이들처럼 바다에 우글거렸다고 해도, 우리는 그들의 풍부한 다양성을 알 수가 없었을 것이다. 화석 껍데기들은 생명의 버려진 잔해, 단단한 파편, 먹을 수 없는 찌꺼기다. 살아 있는 다른 생물들에게 가장 관심 없는 부위가 세월이 흘러 화석으로 변해 여러 학자들과 지질학자들의 관심을 불러일으킨다니 아주 역설적이다. 삼엽충을 이해하려면 먼저 그들의 껍데기에 관해 알아야 한다.

죽으면 삼엽충의 껍데기에서도 사라지는 것이 있다. 색깔은 가장 덧없는 특징 가운데 하나다. 우리는 현재의 해양생물들이 온갖 다채로운 색깔의 교향악임을 안다. 경고를 발할 때의 선명한 색깔, 위장할 때의 미묘한 색깔, 화려함 자체를 보여주는 듯한 색깔 같은. 수억 년 전의 바다도 그렇게 다채로웠을 가능성이 높다. 그러나 색깔은 화석화 과정에서 사라지는 첫 번째 특징이다. 화석세계는 창백한 세계, 오로지 상상을 통해서만 부활시킬 수 있는 세계다. 내가 웨일스 서부에서 본 거무스름한 삼엽충들의 색깔은 그들이 박혀 있던 암석의 색깔이었으며, 원래 동물의 색깔이 어떠했는지 시사하는 단서는 전혀 없었다. 우리는 원하는 대로 그들의 몸에 색깔을 입힐 수 있다.

내가 삼엽충 껍데기의 해부구조를 배운 것은 학생 때였다. 내가 들은 용어들은 내게 힘을 부여했다. 다시 말해 그 덕분에 이 기이한 동물들을 내 이해력의 범위 안에 포함시킬 수 있게 되었다. 삼엽충의 머리를 머리부(cephalon)라고 한다는 것을 알고 나자 신기하게도 삼엽충 애호가들의 특수한 세계에 나 자신이 받아들여진 듯한 기분을 느꼈다. 케팔로스 *Cephalos*는 '머리'를 뜻하는 그리스어이며, 따라서 그 영어용어는 사실 그저 머리(head)를 달리 표현한 것에 불과하다. 나는 삼엽충은 모두 몸길이를 따라 세 부분―세 엽, 그래서 삼엽충이다―으로 나뉠 뿐 아니라, 가로로도 세 부분으로 나뉜다는 것도 배웠다. 내가 세인트데이비드 반도에서 삼엽충을 처음 보자마자 본능적으로 알아차렸듯이, 앞쪽, 곧 나를 바라보고 있는 쪽이 머리부였다. 반대쪽 끝은 꼬리였고, 그것을 꼬리부(pygidium)라고 한다는 것도 배웠다. 마찬가지로 그리스어에서 유래한 낱말이다.

고전어를 쓰는 것은 전혀 놀랄 일이 아니다. 자연사 분야의 초창기에는 라틴어가 서로 다른 국가에 사는 과학자들끼리 의사소통을 할 때 쓰던 주된 언어였으니까. 고전어는 지식계급의 필수조건이자 공용어였고, 그저 저자의 학식을 독자에게 자랑하기 위해 멋진 고전문장을 쓰는 차원과 달랐다(공용어는 라틴어가 아닐 수도 있다). 식물학자들은 지금도 신종을 기재할 때 의무적으로 라틴어를 쓴다(비록 조만간 바뀔 수도 있지만). 동물학자들은 약 100년 전에 그 관습을 버렸다. 동물이든 식물이든 해부학에서는 고전어에서 빌린 용어들의 수명이 더 길다. 의대생들은 비록 외우고 있다고 해도 그런 용어들을 저주하며, 일반인들은 그런 용어에 당혹스러워한다. 그런 용어들은 윌리엄 하비가 혈액순환을 규명한 시대까지 죽 이어지는 연결고리 구실을 한다. 비록 개념에는 변화가 있었을지라도 용어 자체는 그대로 남아 있다. 이런 보수주의는 전문가들이 정확하게 대화를 나눌 수 있도록 언어를 보존하는 유용한 기능을 한다. 초심자가 해야 할 첫 번째 과제는 전문용어들을 달달 외우는 것이다. 징후로 볼 때 초심자가 전문가들의 비밀집단에 합류했다고 볼 수 있는 시기는 자신 있게 전문용어를 써가면서 대화를 주고받을 수 있을 때다. 또 전문용어 구사는 그 이상의 구실을 한다. 적절한 용어를 구사하는 능력은 전문가로서 인정을 받는 데 중요하다. 자연물을 더 샅샅이 뜯어보려면 더 자세히 들여다봐야 하며, 더 많은 용어들에 통달해야 한다. 라틴어냐 그리스어냐는 중요하지 않다. 중요한 것은 전문용어가 학습을 위한 속기식 표현이라는 것이다. 명칭은 이해의 전제조건이다.

나는 머리부와 꼬리부 사이에 있는 것이 가슴부(thorax)라는 것도 알았다. 그 용어는 사람에게 쓰일 때는 전혀 다른 의미를 지니지만, 아무튼 친숙한 편이다. 삼엽충의 몸에서는 가슴부가 가장 길었다. 적어도 내가 처음 살펴본 삼엽충들은 그랬다. 가슴부는 몸마디(체절), 곧 가슴마디로 더 세분되었다(스티븐 스필버그의 명성이 하늘을 찌르던 시기에 나는 삼엽충을 생명의 역사에서 그들이 본래 누려야 할 중심에 복권시키는 영화를 만들자고 제안해볼까 하는 생각을 한 적이 있다. 어느 미친 고생물학자가 어떤 그럴듯한 과학기술을 써서 그들을 죽음에서 부활시켰는데, 그들이 뉴욕을 마구 휘젓고 다니면서 벌거벗은 미녀들을 공격하고 건물들을 무너뜨리는 등 난장판을 벌인다. 제목은 〈쥐라기 공원〉과 비슷하게 〈서래식Thoracic 공원〉으로 하고).

각 가슴마디는 앞뒤에 있는 가슴마디와 약한 관절을 통해 서로 연결되어 있었다. 몸마디들은 한 줄로 늘어선 철도차량들과 비슷한 연결체계를 이룬다. 몸마디들은 모두 서로 비슷한 모양이며, 연결기를 통해 이어져 있다. 우리가 싱싱한 삼엽충을 반으로 꺾으려 한다면, 몸마디 사이가 뚝 끊어질 것이 거의 확실하다. 바닷가재의 껍데기가 목 뒤쪽에서 뚝 끊어지는 것도 같은 원리다. 거북이 그렇게 난공불락인 이유는 그런 몸마디가 없기 때문이다. 그래서 몸의 유연성이 떨어지긴 하지만, 거북은 장애물을 넘을 때 기우뚱하다가 굴러서 등으로 떨어지면 몸을 바로 하지 못하고 그냥 죽는 경우도 있다. 몸을 바로 하겠다고 다리를 허공에 대고 버둥거리는 거북보다 무력한 존재는 아마 없을 것이다. 몸마디를 지닌 동물은 그렇지 않다. 장애물을 만나면 몸마디들이 그에 맞추어 조정됨으로써 유연하게 대처할 수 있다. 다시 말해 각 몸마디가 연결부위를 중심으로 따로따로 움직인다. 몸마디 사이의 움직임은 역학법칙의 지배를 받는다. 공상과학영화에 등장하는 철판을 두른 외계의 벌레들이 역학적이면서 납득이 갈 만한 움직임을 보이는 것도 그 때문이다. 몸마디들은 사실 관절로 연결된 보호장갑이다. 몸마디를 지닌 동물들은 뒤집어진다고 해도 버둥거리면서 몸을 바로 할 수 있다. 삼엽충은 유연성을 얻기 위해 어떤 취약성을 얻는 대가를 치렀고, 그 대가는 지불할 만했다. 삼엽충은 궤도 없이 달릴 수 있는 열차처럼 좌우로 구부리고 돌면서 장애물을 넘을 수 있었다.

꼬리부를 더 자세히 살펴보면 몇 개의 몸마디가 자유롭게 움직이는 대신 서로 융합되어 일종의 방패를 만들었다는 것이 뚜렷이 드러난다. 몇몇 삼

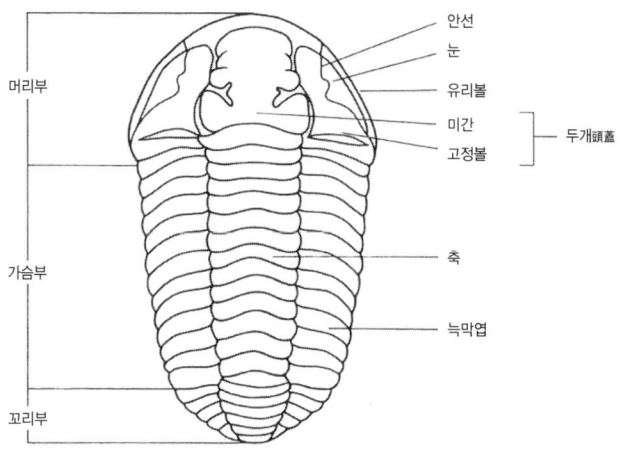

그림 2 삼엽충의 해부구조. 그림은 칼리메네*Calymene*지만, 이 기본용어들은 모든 삼엽충에 적용된다.

엽충들은 꼬리부가 머리보다 더 길며, 많은 몸마디로 이루어져 있다. 반면에 꼬리부가 아주 작은 삼엽충도 있다. 나중에 나는 이 차이들이 삼엽충을 구분하는 데 쓸모가 많다는 것을 배웠다. 가슴부와 꼬리부는 중앙 부분—중앙엽—이 뚜렷하게 볼록했으며, 그 부위는 명명법상으로 볼 때 유달리 단순하게 그냥 축(axis)이라고 불린다. 축과 측면, 곧 늑막 부분 사이에는 주름이 나 있다. 나중에 나는 그래서 삼엽충의 세 엽에 각기 다른 명칭이 붙어 있다는 것을 알았다. 가운데는 축엽, 양쪽은 늑막엽이라고 했다. 각 가슴마디의 양쪽에는 늑막이 하나씩 달려 있었다. 내가 처음 얻은 삼엽충은 늑막 끝이 뾰족한 가시처럼 되어 있었다. 그래서 나는 그것이 살아 있을 때 집었다면 작은 새우를 쥐었을 때 같은 따끔거리는 느낌을 받았을 것임을 알았다.

내가 세인트데이비드의 검은 캄브리아기 셰일을 쪼갰을 때 삼엽충의 머리에서 맨 처음 내 시선을 끈 부분은 축이 부풀어 오른 듯한 곳이었다. 가슴부에서 올라오는 축 부분이 뭉툭하게 부풀어 올라 있었다. 우리 교수는 말했다. "여기가 삼엽충의 가장 중요하고 독특한 부위야. 미간(glabella) 부분이지." 그 단어와 비슷한 느낌을 주는 친숙한 용어는 없었다. 그냥 외워야 하는 용어였다. 우산(umbrella)이라는 영어단어가 발음이 좀 비슷할까. 대학생들은 그런 연상기억법을 주로 쓴다. 원래 단어보다 그 방식이 외우기가 더 어려울 때에도 말이다. 미간은 주름들을 가로지르며, 가슴부와 꼬리부와 마찬가지로 머리부도 하나 이상의 몸마디로 되어 있음을 시사했다. 그러나 그 몸마디들도 융합되어 머리끝을 가슴부보다, 꼬리부보다도 더 단단하게 만들었을 것이 분명했다. 미간의 양쪽에는 눈이 있고, 믿거나 말거나 그냥 눈(eye)이라고 부른다. 그런 단순한 용어를 씀으로써, 우리는 관찰하는 연구자와 관찰당하는 대상이 연관되어 있음을 인정한다. 하디의 '눈, 죽어서 돌로 변한 눈'은 기나긴 세월을 건너 뛰어 서로가 닮았음을 진정으로 인식했다.

따라서 단지 8개의 전문용어—머리부, 가슴부, 꼬리부, 몸마디, 축, 늑막, 미간, 눈—만으로 우리는 이 기이한 동물의 형태를 파악하는 일을 시작할 수 있다. 이름을 붙이는 행위는 해당 부위를 친숙하게 만드는 구실을 한다. 게다가 미간을 알아볼 능력을 갖춘다는 것은 곧 미간이 서로 전혀 다르게 생긴 것을 보고 삼엽충을 구분할 능력을 갖게 됨을 뜻한다. 언어는 차이를 빚어낸다. 그리고 이름이 붙은 항목들은 모두 종의 차이점을 드러낼 수 있다는 것도 분명하다. 눈이 큰 것과 작은 것, 가슴부가 긴 것과 짧은 것, 꼬리부가 넓은 것과 좁은 것 등, 나는 곧 수많은 삼엽충들을 식별하는 법을 터득했고, 결국에는 새로운 이름을 붙이는 사람이 되었다.

그러나 지금 상태에서 삼엽충은 그저 한때 살았던 동물의 버려진 껍데기에 불과했다. 그 껍데기의 메시지에 귀를 기울인다는 것은 어린 시절에 들었던 것보다 훨씬 더 멀리 있는 바다의 소리를 들으려고 애쓰는 것과 비슷했다. 나는 내가 듣고 있는 것을 묘사할 언어를 이제 막 습득하기 시작했을 뿐이다. 독자도 삼엽충의 나머지 이야기를 따라가려면 똑같은 짧은 용어목록을 갖추어야 할 필요가 있다. 그 용어들은 그다지 외우기 어렵지 않다. 내가 처음 배운 삼엽충의 부위들은 일찍이 18세기에 이 삼엽충 화석들을 처음 알아보았던 최초의 발견자들이 눈여겨보았던 부위들과 별다를 바 없었다! 그 선구자들은 삼엽충을 보고 흥분하는 한편으로 당황했다. 그들은 발견한 화석의 정체를 파악하기가 어려웠기에, 아예 아그노스투스*Agnostus*나 파라독시데스처럼 모르겠다는 의미를 담은 이름들을 붙였다. 심지어 파라독시데스 파라독시무스*Paradoxides paradoxissimus*라는 이름이 붙은 캄브리아기의 종도 있다. 라틴어로 '역설 중의 역설'이라는 뜻이다. 그보다 더 역설적인 이름은 없을 것이다.

이 초기 관찰자들은 곧 암석에서 얻은 껍데기들이 동물의 전체 모습이 아니라 그저 등딱지뿐임을 알아차렸다. 그들이 아는 삼엽충은 복잡한 생물의 등딱지 부분에 불과했다. 그 껍데기는 위에 덮여 있던 방패나 다름없었다. 등은 험난한 세상에 가장 많이 노출되어 있는 부위였다. 방패는 몸을 보호한다. 옛 문헌에는 머리부를 머리방패(headshield), 꼬리부를 꼬리방패(tailshield)라고 기재한 사례들이 아주 많으며, 그런 용어들은 지금 보아도 적절하다. 단단한 방해석은 삼엽충 등 쪽의 취약성을 줄이는 구실을 했지만, 그 아래의 배 쪽에 놓여 있던 부드러운 해부구조들은 거의 남아 있지 않다. 삼엽충의 밑쪽은 딱할 정도로 거의 보호를 받지 못한 듯하다. 껍데기가 삼엽충 몸의 가장자리를 다 덮은 뒤에 선반처럼 조금 더 뻗어나간 뒤에 갑작스럽게 끊기기 때문이다. 이 선반처럼 뻗어나간 부분을 도블러doublure라고 한다. 도블러 너머에는 아무것도 없다. 거북은 전혀 다르다. 거북은 몸 아래쪽도 배딱지(plastron)라는 방패로 덮여 있다. 진정한 탱크인 셈이다. 삼엽충은 반쪽짜리 탱크다. 현재 살아 있는 생물들 가운데에서 삼엽충에 비견될 만한 종은 없다. 비록 쥐며느리를 뒤집어놓으면 작은 다리를 쳐대며 발버둥치는 모습이 삼엽충의 배 쪽 모습과 비슷하긴 하지만. 삼엽충의 도블러 너머에 무엇이 놓여 있었는지는 오랫동안 수수께끼였다. 다시 말해 삼엽충은 성체성사 때 빵이 놓이지 않은 접시와 같다. 본래의 의미를 잃은 그릇에 불과하다. 그 아래 있던 다리의 수수께끼가 풀린 과정은 다음 장에서 다루기로 하자.

나는 강사들과 교수들을 통해 삼엽충에 관한 여러 사실을 처음으로 알게 되었다. 내가 학생이었을 때는 원한다면 교과서에서 대부분의 기초지식들을 얻는 것이 가능했으며, 지금은 웹사이트에서 대량의 정보를 불러낼 수 있지만, 진짜 학자에게서 직접 배우는 것과는 여전히 차이가 있다. 이 경험은 구술전통이 유일한 학습방식이던 시절로 거슬러 올라간다. 젊은이가 연장자에게서 호의로 지혜를 얻던 시절 말이다. 중국에서는 문화혁명을 거쳤어도 노인의 지혜를 존중하는 태도는 여전히 남아 있다. 1983년 난징南京에 있을 때, 나는 20세기 초 중국에 현대 지질학 원리들을 소개하는 일에 매진했던 서양 고생물학자 그레이보 교수의 무덤을 가본 적이 있다. 안내한 측은 그가 '위대한 스승'이었다고 내게 말했다. 한자로 그렇게 새겨놓을 만큼 중국인들은 그에게 경의를 표했다. 무덤은 초라했지만, 정기적으로 정성껏 돌보고 있었다. 내게도 한때나마 '위대한 스승'이라는 지위를 준 사람이 있었다. 러디어드 키플링과 라이더 해거드에게서 영어를 배운 것이 분명한 듯한 먼 동양의 한 학생이 보낸 편지를 받았던 때였다. 편지는 이런 말로 시작되었다. "오, 위대한 고생물학자시여, 제가 발치에 무릎을 꿇고 앉아도 될까요?" 내 발의 상태를 아는 사람들은 현명하지 못한 일이라고 여겼을 테지만, 나는 구술전통을 떠올리게 하는 그 태도에 깊은 감명을 받았다.

나의 정신적 스승은 해리 휘팅턴Harry Whittington 교수였다. 그는 삼엽충학계의 원로, 그 종족의 족장이다. 그는 내게 껍데기의 메시지를 듣는 법을 가르쳤다. 그의 영향을 받아 내 취미는 직업으로 바뀌었다.

나는 북위 80도의 북극권 너머에 있는 스피츠베르겐이라는 얼어붙은 땅에서 하늘의 경계선을 그리는 발할포나 빙원과 빙산으로 뒤덮인 바다를 바라보면서 내 생업이 될 일을 배웠다. 스피츠베르겐 북쪽 지역의 오르도비스기(4억 7,000만 년 전) 석회암에서 놀라울 정도로 다양한 새로운 삼엽충 화석들이 발견되었고, 그것들이 발견될 때 나는 운 좋게 그 자리에 있었다. 나는 해안을 따라 제 순서대로 드러나 있는 지층들을 따라가면서 화석들을 채집했다. 지질시대 전체 중에서 미미한 기간이긴 하지만(고작 1,000만 년 정도였다), 돌로 된 삼엽충들의 일기를 순서대로 들춰보는 것과 같았다. 들춰보는 일은 주로 지질망치로 단단한 암석을 깨서 조각에 담긴 삼엽충 파편을 찾아내는 식으로 이루어졌다. 지금은 그런 행위가 금지되어 있지만, 당시에 지질학자들은 무자비할 정도로 지질망치를 두드려대곤 했다. 나는 그 일을 사랑했다. 혹독한 기후의 온갖 불편한 점들은 마음을 들뜨게 하는 발견의 열기 앞에 무색해졌다. 다음 망치에 무엇이 나타날지 전혀 알 수가 없었으며, 때로 놀라운 것들이 나타나곤 했다. 채집물들은 논리적인 순서로 정리했다. 노출된 맨 아래 지층에서 나온 가장 오래된 표본들을 꼼꼼히 싸고 꼬리표를 붙인 뒤 더 젊은 표본을 싸는 식으로 정리했다. 정리한 표본들은 배편으로 케임브리지의 세지윅박물관으로 보냈다. 내가 나중에 돌아간 곳이었다.

나는 거의 3년 동안 즐겁게 세지윅박물관에서 살다시피 했다. 그 시절에 연구원생들은 초라한 그 박물관의 다락방들을 공동으로 썼다. 다우닝 가에 있는 그 박물관은 19세기 고딕양식을 흉내낸 건물이었는데, 지구과학과는 지금도 그 건물에 있다. 같은 방을 쓰는 존 버스널은 강박적일 정도로 삼엽충을 애지중지하는 내게 질려서 거의 미칠 지경이 되었다. 그는 기회가 생기자마자 미국으로 달아나버렸고, 나는 삼엽충 껍데기의 메시지를 듣는 법을 계속 배웠다.

삼엽충에 관한 정보는 대부분 묻혀 있었다. 내가 완수해야 하는 첫 번째 과제는 그들이 박혀 있는 암석에서 표본을 발굴하는 일이었고, 나는 그 일에만 몇 달을 소비했다. 세인트데이비드에서 만난 '행운'은 정말 특별한 것이었다. 쪼개진 돌에 삼엽충이 다소 온전한 상태로 드러나 있었다는 점에서 그랬다. 그런 일은 흔치 않다. 대개는 미간의 위쪽이나 눈만 드러나 있다. 그럴 때는 감싸고 있는 암석을 갈아서 숨겨진 진실을 드러내야 하며, 그 일은 나중에 따뜻한 실험실에서 이루어진다. 그것은 숙련을 요하는 일이며, 비통한 심정을 수없이 겪어야 솜씨가 는다. 작은 기계식 진동바늘이 표준도구다. 그 장치는 성난 말벌이 내는 것과 같은 윙윙거리는 소음을 끊임없이 낸다. 자칫 바늘을 잘못 놀리면, 깎아내면서 점점 더 애착을 갖게 된 그 삼엽충의 얼굴에 끔찍하게 움푹 상처가 나고 만다. 화석을 드러내는 과정은 암석이 자연적으로 화석을 가로지르기보다는 화석 가장자리를 따라 쪼개지는 경향이 있다는 사실에 의존한다. 때로는 소중한 화석조각이 방 저편으로 튀어 날아가기도 한다. 그러면 확대경을 들고 그 떨어진 파편을 찾아 바닥을 엉금엉금 기어 다녀야 한다. 나는 현미경을 들여다보면서 해부바늘로 그 동물의 아래쪽을 드러내기 위해 아주 조금씩 긁어내는 일을 몇 시간 동안 하곤 했다. 존 버스널은 내가 스스로 도안한 모양에 따라 화석을 깎아내고 있다고 비아냥대곤 했다.

가장 좋은 바늘은 분당 회전수가 78회인 구식축음기에 쓰이던 것인데, 1970년대 초에는 이미 희귀한 물건이 되어 있었다. 나는 동료학생인 필 레인과 함께 이 날카롭게 다듬을 수 있는 단단한 강철바늘을 찾아 잡화점들을 뒤지곤 했다. 보물을 발견하면 우리는 재빨리 동전 몇 개를 내놓고 그것을 샀다. 판매원은 으레 의아하다는 표정을 지었다. "그 바늘에 쓸 만한 오래된 음반들이 있는데 보실래요?" 판매원이 그렇게 물으면 우리는 "아니오, 바늘만 필요해요"라고 내뱉고는 마약실험에 쓰려는 듯이 보이지 않도록 애쓰면서 서둘러 문을 나서곤 했다.

곧 내 삼엽충들의 대부분이 몸의 일부만 지니고 있다는 것이 뚜렷해졌다. 처음에 운 좋게 발견한 것처럼 몸 전체가 온전히 들어 있는 것은 정말로 드물었다. 그 동물이 죽고 나면 등딱지는 갑옷이 연결부를 따라 해체되는 식으로 산산이 흩어지곤 했다. 그 동물은 오랫동안 온전한 모습을 유지하지 못한다. 꼬리방패는 좀 튼튼하다. 암석을 쪼갰을 때 맨 처음 발견되는 것이 떨어진 꼬리부일 때가 많다. 가장 덧없이 흩어지는 부위는 가슴부다. 몸마디별로 해체되었다가 부서지거나 흩어져버리곤 한다. 머리방패도 서너 조각으로 부서지곤 한다. 그런 파편 가운데 하나는 미간이 포함된 중앙부다. 그 부분을 **두개**頭蓋(cranidium)라고 한다. 두개의 양쪽에는 **유리볼**(free cheek, librigena)이 있다. 좌우 유리볼은 서로 거울상이다. 많은 삼엽충들은 각 유리볼의 끝에 가시가 나 있다. 가시는 머리 양쪽에서 뒤로 길게 뻗어 있다. 그것을 **볼침**(genal spine)이라고 한다. 대다수 삼엽충들은 유리볼에 눈 표면이 붙어 있다. 사실 머리부는 볼과 두개를 비롯한 서너 조각으로 갈라지게끔 **설계되어** 있는 셈이다. 유리볼은 봉합선(suture line)이라는 아주 약한 면을 따라 두개에서 분리된다. 이 안선(facial suture)은 이 동물이 허물벗기를 할 때 도움을 준다. 아마 눈 표면은 삼엽충의 몸에서 가장 취약한 부분이자, 제대로 허물벗기를 하기가 어려운 부분일 것이다. 삼엽충은 앞뒤로 뻗으면서 눈 표면 한가운데로 나 있는 봉합선을 따라 머리방패가 갈라지는 방식을 채택함으로써, 등딱지의 나머지 부분들의 허물을 벗기 전에 눈 표면을 먼저 벗을 수 있었을 것이다. 또 그럼으로써 허물을 벗는 속도가 빨라지고 '부드러운 껍데기' 상태로 있는 기간을 줄일 수 있었다. 양 볼이 먼저 떨어져서 몸의 나머지 부분들과 분리된다. 그래서 '유리'볼이라고 한다. **고정볼**(fixed cheek)은 두개의 미간 옆에 붙은 채 그대로 남았다.

따라서 일반적인 삼엽충은 해체될 때 꽤 많은 조각들을 만든다. 볼, 가슴마디, 두개, 꼬리부 등. 그리고 현재의 게와 가재가 낡은 껍데기를 벗고 새 껍데기를 만드는 것처럼, 삼엽충도 평생에 걸쳐 자라면서 몇 차례 허물벗기를 하므로, 커다란 삼엽충은 성숙한 크기에 도달하면서 서서히 이전의 껍데기를 벗어야 했을 것이다. 그 이전 조각들도 모두 화석이 될 가능성이 있었다. 따라서 삼엽충은 진정한 화석공장이었다.

하지만 바로 그 점이 문제를 낳는다. 당신이 조각들을 갖고 있다면, 맨 처음 할 일은 그 조각들을 조합하여 살아 있을 때의 삼엽충 모습을 재구성하는 것이다. 그것은 불분명한 도안의 조각그림 퍼즐을 맞추는 것과 비슷하다. 설상가상으로 10여 종의 삼엽충들이 뒤엉켜 있고 모두 조각이 나 있다면, 그것은 상자 바깥에 천연색 그림이 찍혀 있지 않은 조각그림 퍼즐 10여 개를 동시에 맞추는 것과 비슷한 일이 되고 만다. 나는 그 일을 배우면서 작은 조각들을 끼워 맞추는 일에 점점 능숙해져갔다. 단서들이 있었다. 유리볼의 봉합선 가장자리의 모양은 상응하는 두개의 가장자리와 들어맞아야 했다. 그리고 내 선배들이 논문에 삼엽충의 온전한 모습을 담은 그림을 싣곤 했으므로, 머리부가 어느 종류의 삼엽충의 것인지 알면 그 도판들을 참조하여 머리부에 맞는 꼬리부가 어떤 모양인지 알아낼 수 있었다. 곧 내 연구실은 암석조각들, 바늘들, 오래된 논문들로 난장판이 되었다. 그리고 모두 미세한 석회석 가루를 뒤집어썼다. 나는 지금도 같은 연구실에서 일하고 있다. 깔끔한 사람들은 이곳에 들어오면 희한하다는 표정으로 사방을 둘러본다. 나는 그들이 현기증을 일으켜서 쓰러질 때를 대비하여 특별히 푹신한 작은 방석을 준비해놓고 있다.

그것은 하얀 실험복을 입고 하는 과학보다는 질그릇 파편들을 붙이는 고고학자의 일과 더 가까운 흥미로운 일이었다. 이따금 해리 휘팅턴이 찾아와서 격려의 말을 하거나 머리와 꼬리를 잘못 붙인 것을 보고 옳은 조합을 알려주곤 했다. 그는 미국용어로 박사과정 '조언자'라는 말이 딱 어울리는 가장 신사다운 지도교수였다. 그의 조언은 언제라도 환영이었다. 그의 논문과 종속지는 내가 가장 자주 들추는 것들이었고, 너무 오랜 세월 쓰다보니 지금 그 문헌들은 표지가 떨어져나가고 귀퉁이가 다 접혀 있다.

해리 휘팅턴은 아마도 삼엽충에 관한 상세한 지식을 가장 많이 제공한 사람일 것이다. 1950년대에 그는 놀라울 정도로 보존상태가 좋은 껍데기들을 발견했다. 버지니아 주의 몇몇 길가에 노출되어 있는 오르도비스기의 석회암인 에든버그 석회암에서는 세세한 구조가 온전히 보존된 채 삼엽충 껍데기가 단단한 규산광물로 거의 전부 대체되었다. 모암인 석회암 덩어리는 묽은 염산에 넣으면 녹아서 용액이 된다. 그 석회암은 종종 짙은 색을 띠기도 하는데, 염산에 조각을 넣으면 마치 물에 넣을 때 부글부글 거품을 내는 소화제 알약처럼 격렬하게 거품을 낸다. 그러다가 서서히 잦아들어 사이다처럼 규칙적으로 거품을 내게 된다. 그러면서 덩어리에서 작은 능선들이 드러나기 시작한다. 녹지 않는 부분들이다. 그것이 바로 암석에 식각 蝕刻한 규화삼엽충이다. 식각과정이 끝나면 체로 걸러서 고운 진흙을 씻어 낸다. 그러면 삼엽충이 남는다.

그것은 쓸 만한 살아 있는 껍데기들을 갑자기 수중에 넣는 것과 같다. 그것도 한 움큼 말이다. 마치 4억 년 이전으로 시간여행을 하여 오르도비스기의 해안을 산책할 자유를 얻은 것과 같다. 삼엽충 조각을 뒤집어서 껍데기의 아래쪽을 처음으로 볼 수 있는 기회를 얻은 셈이다. 도블러를 자세히 살펴볼 수도 있다. 모암을 일일이 손을 써서 떼어내고 갉아내면서 몇 주 동안 해야 할 일이 식각처리를 거치면 단 며칠 만에 끝날 수 있다. 큰 조각들은 작은 족집게로 집어내고, 작은 조각들은 축축한 붓에 찍어서 슬라이드에 올려놓는다. 당신이 발견한 것은 유리볼, 꼬리부, 두개, 가슴마디 따위의 여러 부위로 이루어진 더미, 다시 말해 바스라진 고생물학적 노다지다. 다음 일은 그것들을 하나씩 집어서 현미경으로 들여다보며 끼워 맞추는 것이다. 나눔 장터에서 집은 멋진 골동품 상자를 열 때의 기대감 어린 흥분 같은 것을 맛보면서 말이다.

해리 휘팅턴이 얻은 표본들은 이 삼엽충들의 환상적인 세부구조들을 고스란히 보여주었다. 가시와 돌기—사실상 다른 가시에 다닥다닥 붙은 돌기들—가 대체된 규산광물을 통해 완벽하게 재현되어 있었다. 아무리 꼼꼼한 표본 담당자도 이 놀라운 가시를 그 정도까지 복원할 수 없었다. 이 삼엽충들 가운데에는 고슴도치보다 더 털북숭이 같은 것들도 있었다. 돌기

껍데기 55

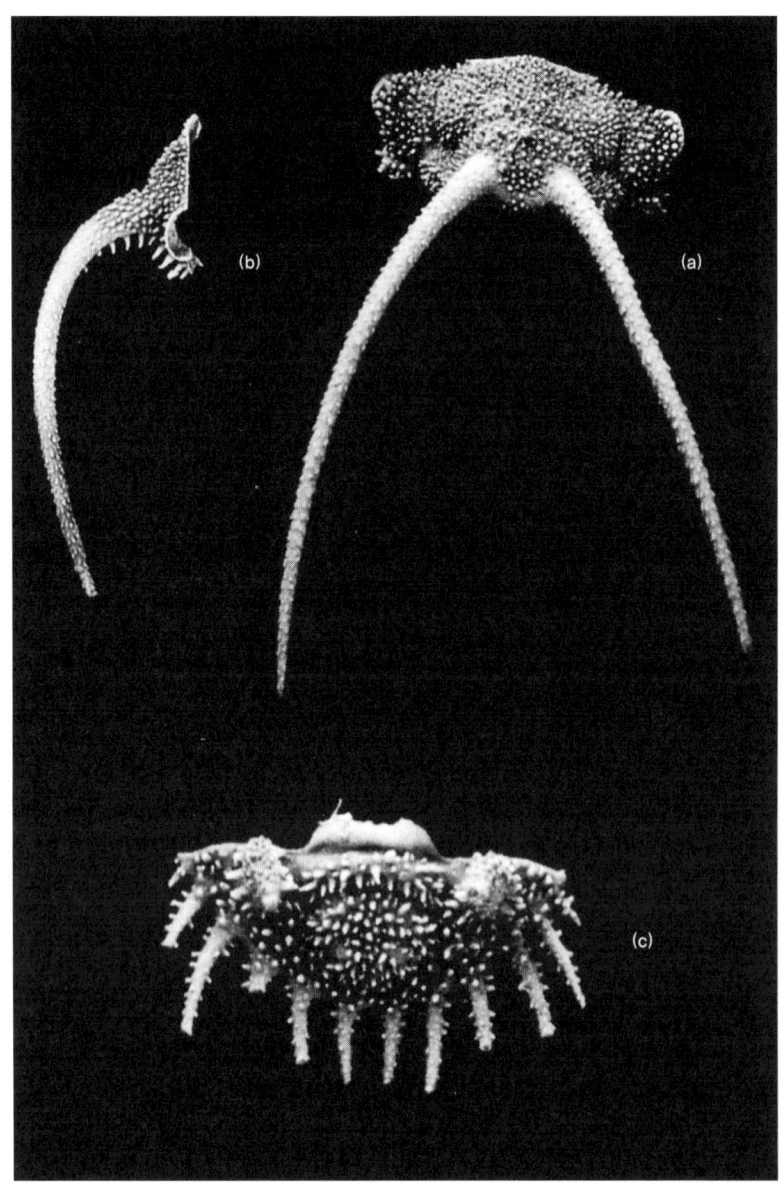

그림 3 미국 버지니아 주의 오르도비스기 지층에서 나온, 완벽한 규화작용을 거친 삼엽충의 놀라운 가시들. 오돈토플레우라*Odontopleura*의 친척인 아피아누루스*Apianurus*라는 삼엽충의 두개(a), 유리볼(b), 꼬리부(c)의 모습이다. 가시에 가시가 달려 있기도 하다! 손으로 일일이 떼어낼 때는 그런 세세한 특징들을 복원하기가 거의 불가능하다.

들은 머리를 뒤덮고, 가슴마디마다 뻗어 나오고—가느다란 칼들을 방어용으로 촘촘히 꽂아놓은 양 바깥쪽으로 벌어진 것들도 있었다—꼬리부에도 나 있었다. 꼬리부에서는 가시 한 쌍이 몸통 너머까지 뒤로 쭉 뻗어나가 여분의 부속지처럼 보였다. 이 동물들이 해마나 거미게처럼 기이한 존재들이었을까? 더 놀라운 점은 표면의 미세한 기관들까지 보존되어 있다는 것이다. 많은 가시들의 끝에 작은 구멍들이 나 있다는 것을 알아볼 수 있었다. 아마 살아 있었을 때에는 그 작은 구멍들에서 더 작은 감각모들이 뻗어 나와서 냄새에 떨어대고 시시때때로 진동하면서 고대의 바다세계를 감지했을지도 모른다.

잭슨 폴록의 그림에서 볼 수 있듯, 화려하게 동심원상의 호들을 그리는 지문처럼 복잡한 이랑들이 표면에 가득 나 있는 삼엽충들도 있었다. 이슬이 방울방울 맺힌 것처럼 껍데기의 표면에 작고 둥근 혹들이 나 있는 것들도 있었다. 표면에 돌기들이 없고 그 대신에 작은 구멍들이 점점이 나 있는 삼엽충들도 있었다. 나중에 좀더 자세히 살펴보게 될 한 종류는 머리부 가장자리를 따라 술처럼 구멍이 송송 난 판 같은 것이 달려 있었다. 해리 휘팅턴은 산이 담긴 통을 열어 오랜 세월 동안 그 껍데기들이 묻혀 있었던 오르도비스기의 진흙을 쏟아버린 뒤에 이 모든 삼엽충 조각들을 찾아 끼워 맞출 수 있었다.

체에 남은 껍데기 파편들 중에는 머리, 가슴, 꼬리라는 이제 익숙해진 범주에 속하지 않는 것들도 있었다. 가장 눈에 띄는 것은 대개 한쪽 끝에 긴 돌기가 한 쌍 나 있고 테두리가 있는 다양한 타원형 판들이다. 온전한 삼엽충들을 보면 이 판은 머리방패 중앙의 아래쪽에 붙어 있었다. 이 판은 뒤쪽으로 삼엽충 뼈대의 가장자리에 있는 밑쪽 선반인 도블러와 이어져 있었다. 이 판을 **히포스톰**hypostome이라고 한다. 미간의 앞쪽과 거의 같은 위치에 놓여 있지만, 삼엽충의 위가 아니라 밑에 붙어 있다. 따라서 미간 속에 무엇이 있었든 그것은 위아래 양쪽의 방해석 골격으로 잘 보호되어 있었다. 따라서 거기에는 분명히 그 동물에게 중요한 것이 들어 있었다. 사실 그 부위에는 생체기관들 중에서 가장 중요한 기관이라고 할 뇌와 위장이 들어 있었다.

삼엽충의 이 껍데기 조각들은 모두 겉뼈대(외골격)의 일부였다. 삼엽충의 부드러운 해부구조들의 바깥에 놓여 있기에 겉뼈대라고 한다. 겉뼈대는 물기 많은 기관들을 감싸고 있는 빳빳한 구조물이다. 호모 사피엔스와 그의 척추동물 친척들은 정반대다. 그들은 뼈 바깥에 살이 붙어 있으며, 부드러운 조직들이 바깥으로 드러나 있다. 따라서 사람은 등에 칼침을 맞을 수 있게끔 설계되어 있다. 삼엽충과 여러 절지동물들은 성장하면서 겉뼈대를 바꾸어야 하는 식으로, 다시 말해 작은 가시와 혹 같은 앞서 지니고 있던 모든 것들을 버리고 새로운 방해석 옷 한 벌을 전부 다시 해 입어야 하는 식으로 대가를 치르고 배신을 방어할 수단을 얻었다. 히포스톰은 다른 껍데기 부위들을 벗을 때 함께 내버렸다.

해리 휘팅턴은 자신이 연구하는 규화삼엽충처럼 세월의 흐름에 맞서왔다. 남들 같으면 이미 은퇴했을 나이지만, 그는 여전히 지친 기색 없이 자신이 사랑하는 화석연구를 계속하고 있다. 나는 그것이 쇠퇴하지 않는 애정과 인내를 보여주는 그의 미덕이라고 생각하고 싶다. 83세라는 나이에도 그의 머리카락과 수염은 여전히 본래의 색을 유지하고 있다. 그는 영국 중부 버밍엄 출신이지만, 하버드 대학에서 오랜 기간 지냈다. 그 기간에 그의 말투는 뭐라고 말하기 어려운 형태로 변했다. 미국인 말투도 아니고 어디의 것이라고 콕 찍어 말하기가 어렵다. 내 스승이 될 무렵, 그는 미국에서 돌아와 케임브리지 대학 우드위디언 지질학 석좌교수로 있었다. 학업의 자리를 대물림하는 옛 전통을 아주 잘 드러내는 자리 중 하나다. 반세기가 넘는 세월 동안 우드위디언 석좌교수를 거쳐 간 인물들이 있었던 오래된 교수실의 문에 걸린 반질반질한 명판은 그 점을 뚜렷이 보여준다. 케케묵은 소리처럼 들릴 수도 있지만, 내게는 늘 그곳이 이전 세대의 학자들과 이어지는 하나의 연결고리처럼 여겨졌다. 삼엽충의 시대까지 무수한 세월을 거슬러 올라갈 수 있는 곳이라고 말이다. 그곳에서 캄브리아기라는 용어를 만든 19세기의 케임브리지 지질학자 애덤 세지윅Adam Sedgwick 경의 유령을 본다고 해도 그리 놀랄 일은 아닐 것이다. 내가 처음으로 얻은 삼엽충이 바로 그 지층에서 나온 것이었다.

해리 휘팅턴은 현장조사를 나갈 때 가끔 부인인 도로시를 데리고 갔다. 그는 과묵한 반면 그녀는 활기가 넘치는 사람이었다. 그녀는 놀라운 발견의 원리 하나를 생생하게 보여주곤 했다. 가장 좋은 표본을 찾아내는 사람은 으레 배우자라는 원리다. 휘팅턴과 학생들은 으레 지질망치를 들고 회색의 단단한 석회암을 부수면서 채석장 바닥을 헤집고 돌아다니곤 했다. 가끔 실수로 망치가 엄지손가락을 때리는 바람에 욕설이 터져 나올 때도 있었다. 이따금 감질나게 파편이 하나 발견되면, 모두가 눈을 빛내며 달려들어 주변의 암석을 마구 두드려댔다. 그동안 도로시는 봄날의 햇살을 만끽하면서 한가로이 돌아다니다가 좀 이상해 보이는 돌 조각을 집어 들곤 했다. 그러다가 남편에게 질문을 한다. "해리, 이게 뭐죠?" 그녀의 손바닥에는 그날의 보석이 들어 있곤 했다.

해리 휘팅턴은 삼엽충의 권위자다. 권위와 권위주의는 큰 차이가 있다. 둘 다에 해당하는 교수들도 일부 있지만, 가장 나은 쪽은 동료들에게 존중을 받아 권위자가 된 사람이다. 곧, 동년배 가운데 최고인 사람을 말한다. 나는 권위주의를 대변하는 인물도 만난 적이 있다. 독일 괴팅겐 대학에 초청자로 갔을 때, 늘 그렇듯이 휴식을 취하고자 휴게실로 갔다. 한 탁자 옆에 빈자리가 보여서 거기에 앉아 커피를 홀짝이기 시작했다. 그러자 휴게실 전체가 갑자기 섬뜩하게 조용해졌다. 원인이 나에게 있는 듯했다. 나는 당황해서 옷매무새를 바로 하면서 남에게 눈총을 받을 만한 점이 있는지 살펴보았다. 내가 앉아 있는 나무의자는 큰 탁자 옆에 놓인 12개의 다른 나무의자들과 똑같아 보였다. 몹시 당황스러운 순간이 1분쯤 이어진 뒤, 그

학과의 젊은 교수 한 명이 내게 오더니 이렇게 속삭였다. "그 자리는 누구누구 선생님의 전용의자입니다!" 맙소사! 나는 화들짝 놀라서 벌떡 일어나 목까지 새빨개진 채로 재빨리 다른 의자로 옮겼다. 별다를 바 없어 보이는 의자로 말이다. 그것이 바로 권위주의다.

나는 1972년 스피츠베르겐 섬으로 돌아갔다. 내가 그곳에서 발견한 삼엽충들이 대단히 흥미로운 것들이었기에, 노르웨이 정부는 더 많은 화석을 채집하고 탐사되지 않은 빈 틈새를 채우고자 그 섬의 북쪽 끝 지역을 철저히 조사하겠다는 탐사대에 예산을 지원했다. 달랑 두 명이 텐트 하나와 작은 보트 하나, 식량으로 포리지 분말을 가득 들고 갔던 때에 비하면 아주 대규모 계획이었다. 돌아가니 그 외진 해안은 어느 모로 보나 황량했다. 매서운 바람이 몰아치는 자갈밭만이 끝없이 펼쳐져 있었으니. 나는 섬의 이쪽의 중앙에 자리한 거대한 빙하에서 녹은 물이 개울이 되어 흐르고 있다는 것을 알고 있었다. 예전에 우리는 그 옆에 텐트를 쳤다. 북극갈매기들이 환영한다는 듯이 새된 소리를 질러대고 있었다. 현재 탐사대는 인원이 8명 정도였고, 텐트도 아주 컸다. 거의 야유회 때 쓰는 천막만했다. 눈보라 속에서도 함께 모여서 저녁을 먹을 수 있는 공간이었다. 내부는 아늑할 정도까지 온도를 높일 수 있었다. 천장에는 햄 덩어리를 살라미와 함께 죽 매달아 놓았다. 정교한 무선장치도 갖추어져 있었고, 그것을 조작할 아마추어 무선사도 있었다. 우리는 저녁에 탁자 주위에 앉아서 탐사의 긴장을 풀어주는 온갖 농담을 주고받았다. 가끔 서로 충돌하는 경우도 있었다. 나는 모두의 친구가 되기 위해 몹시 애썼다.

탐사대에는 아주 인정 많은 교수가 있었다. 오슬로 출신의 군나르 헤닝 스모엔Gunnar Henningsmoen이었다. 그는 휘팅턴에 맞먹을 만한 관대한 품성을 지니고 있었다. 그는 언제나 뛰어난 농담으로 저녁식사를 주재했다. 나는 작은 텐트를 데이비드 브러튼David Bruton과 함께 썼다. 탐사대에서 영국인은 그와 나뿐이었다. 그는 노르웨이에서 오래 산 사람이었고, 노르웨이

어를 구사하면서 모두와 즐겁게 지냈다. 구시대적인 애국심이 끓어올라서 우리는 우리 텐트 앞에는 영국 국기를 꽂아야 한다고 고집했다. 몇 주가 지나기도 전에 국기는 올이 풀어지고 해져서 넝마나 다름없어졌다. 영국 자체가 그렇듯이 말이다. 내가 외국인으로서 겪은 가장 낯선 경험은 식탁에서 떠들어대는 농담을 알아들을 수 없다는 것이었다. 농담은 번역이 안 되며, 아무튼 당시 상황에서 불쑥 나오는 것이기에 그때가 아니면 다시 들어보았자 별 재미가 없다. 당신은 남들이 왜 웃는지 모를지라도 유머감각이 있는 양 보이기 위해서 입가에 웃음을 머금은 채 앉아 있어야 한다(당신은 그 농담이 당신 자신에 관한 것이 아니기를 바라지만, 설령 자신이 농담의 대상이라고 해도 똑같이 어리석은 웃음을 머금은 채 앉아 있을 것이다). 노르웨이 말은 일종의 청각적 삼투과정을 통해 조금씩 들리기 시작했다. 내가 깨달은 가장 놀라운 언어학적 사실은 그 말에 욕이 거의 없다는 점이었다. 사실상 '파른fam'이라는 한 단어밖에 없다. 의미로 보면 그저 '빌어먹을!'에 해당하지만, 교양 있는 바이킹에게는 아주 무례한 말이다. 그 단어는 탐사에 배어 있는 일상적인 비극 대부분에 적용되는 듯하다. 망치로 손가락을 찧으면, 펄쩍펄쩍 뛰면서 '파른'이라고 소리 지른다. 특이한 화석을 되찾을 길 없는 바다에 빠뜨리면, 잠시 흥분해서 설치다가 한숨을 내쉬면서 '파른'이라고 중얼거린다. 태풍이 식량을 모두 쓸어가서 죽음을 기다리는 수밖에 없을 때, 가여운 노르웨이인들이 할 수 있는 일은 그저 해안에 서서 바람을 향해 '파른'이라고 외치는 것밖에 없다. 그 상황에서는 좀 어울리지 않는 것 같지만.

우리는 여러 상자들을 가득 채울 만큼 표본들을 채집했다. 조만간 그것들은 영국으로 건너가 내 현미경 아래에서 세밀하게 검사를 받게 될 터였다. 내가 다루는 역사의 한 조각—약 1,000만 년—은 내 삼엽충들을 가둔 암석들이 쌓였던 먼 옛 시대다. 나는 역사가가 튜더왕조나 스튜어트왕조 시대를 활보하는 것처럼 편안하게 마음속에서 그 시대를 돌아다닐 수 있었다. 나는 다양한 삼엽충 조각들을 어느 누구보다도 빨리 끼워 맞출 수 있었다. 두개와 유리볼을 맞추고, 꼬리부와 두개를 맞추는 등. 조각그림 퍼즐의 전체 그림이 찍힌 상자 뚜껑이 갑자기 발견되는 것처럼, 간혹 누군가가 완전한 표본을 발견하곤 한다. 그것은 어느 조각과 어느 조각이 끼워질 것이라고 판단했던 이전의 추론들을 검증하는 방식이기도 했다. 나는 물안경을 쓴 듯한 특이한 삼엽충을 발견하고는 오피페우테르 인코니부스*Opipeuter inconnivus*라는 이름을 붙였다. '잠을 잊은 채 응시하는 자'라는 뜻이다. 그것은 나 자신을 묘사한 것일 수도 있었다. 사라진 오르도비스기 바다의 윤곽이 마음속에 서서히 떠오르고 있었다. 내 황량한 해안이 있던 곳에 과거에는 지금보다 훨씬 더 많은 종들이 살 수 있었을 것이다! 오르도비스기의 바다는 풍요로운 곳이었다. 고대라는 말이 빈약하다는 의미는 아니다. 당시 육지에는 생물이 거의 없었지만, 바다는 해파리, 삼엽충, 조개, 고둥, 절지동물이 우글거렸다. 현재 살아 있는 앵무조개의 친척인 사나운 포식자들도 있었다. 바닷말들은 숲을 이루고 있었다. 언뜻 보면 은빛으로 반짝이는 물고기 떼로 착각할 수 있을 만한 작고 유연한 동물들도 우글거렸다. 고생물학자들은 이런저런 화석동물들의 메시지를 듣기만 하는 것이 아니다. 그들은 사라진 세계를 복원시키는 일을 한다.

나는 누구나 회원이 되기를 바랄 만한 권위 있는 기관인 노르웨이 과학아카데미로부터 스피츠베르겐 섬에서 발견한 새로운 것들에 관해 강연을 해달라는 초청을 받았다. 노르웨이는 북극권의 그 지역에 대한 특별주권을 지니고 있으므로, 그 초청은 어느 정도 정치적 색채를 띠고 있었다. 노르웨이의 저명한 과학자들이 대부분인 100여 명의 청중과 많은 현자들 앞에 서는 일은 진땀나는 경험이었다. 고작 25세의 나이에 오슬로의 유서 깊은 장엄한 건물의 연단에 섬으로써 학생에서 교사로 변신했음을 알리다니, 손쉬운 방식은 아니다. 위대한 북극 탐험가 난센과 아문센도 그 연단에 선 적이 있었고, 벽에 걸린 저명한 인물들의 초상화가 나를 쳐다보고 있었다. 이야기할 내용이 많아서 다행이었다. 힌로펜 해협의 외진 해안에서 세계에서 가장 풍요로운 축에 속한 화석동물상이 발견되었다는 놀라운 이야기, 앞서 다른 사람들이 그 암석을 알아차리지 못한 이유, 삼엽충이 스피츠베르겐 섬이 로렌시아라는 고대 대륙과 연관되어 있다는 것을 어떻게 증명하는가 하는 이야기, 오르도비스기의 기후가 한대가 아니라 열대였다는 이야기 등등. 내 평생 처음으로 대중 앞에서 흥분 가득한 먼 선사시대의 이야기를 열정적으로 떠들어댄 순간이었다. 일단 아드레날린이 솟구치자, 청중은 그저 100쌍의 귀나 다름없이 느껴졌다.

강연이 끝나자 품위 있는 한 키 큰 노인이 일어나더니 나무랄 데 없는 영어로 질문을 했다. 그는 20세기 초 수십 년 동안 노바야젬랴를 탐험한 일을 언급했다. 그는 올라프 홀테달Olaf Holtedahl이라고 자신을 소개했다. 나는 깜짝 놀랐다. 프리드쇼프 난센 자신이 일어나서 내 북극 탐사 경험에 관해 질문을 했다고 해도 그보다 놀라지는 않았을 것이다. 홀테달은 북극권 탐사가 진정한 미지의 세계로 떠나는 여행을 의미했던 영웅시대, 에스키모개들이 주요 이동수단이었고 페미칸이 주된 단백질 공급원이었던 시대의 인물이었다. 20대에 그는 북극권의 지질을 다룬 선구적인 논문들을 썼다. 특히 러시아 해안 중 북극해로 굽은 손가락 모양처럼 뻗어나간 곳이 가리키는 노바야젬랴라는 외딴 섬의 지질을 깊이 분석한 바 있었다. 그가 선구적인 연구를 한 뒤로 그 섬에 관한 문헌은 거의 나오지 않았다. 그곳은 러시아 영토였고, 냉전시대에 비밀군사기지가 있었기 때문이다. 그러니 그 순간 낭만과 용감하기 그지없는 과학적 탐구심의 상징인 인물이 내 상상의 세계에서 갑자기 멋지게 차려 입은 모습으로 현실로 걸어 나온 셈이었다.

그 일화를 통해 나는 껍데기의 메시지에 귀를 기울임으로써 도달한 외딴 곳이 또 다른 과거와 연관되어 있음을 깨달았다. 바로 내 과학적 선배들의 과거였다. 탐사라는 자기 본위의 활동에 열중하다보면 지금도 우리 해석의 토대가 되고 있는 발견들을 한 선배 학자들이 있었다는 사실을 잊기 쉽다. 과학은 협동적이면서 경쟁적인 기이한 탐구활동이다. 경쟁자들을 물리치고 발견자라는 영예를 얻고자 하는 욕망이 주된 동기가 될 때도 종종 있다. 그러나 장기적으로 보면 그런 인간의 경쟁은 뒤로 물러나고, 처음에는 경쟁이었던 것이 발견자들의 명단을 통해 죽 연결되는 일련의 논리적 발전에 더 가까운 것으로 비치게 된다.

삼엽충 발견자들의 명단에 맨 처음 이름이 적힌 것은 내가 이 글을 쓰는 지금부터 정확히 300년 전이었다. 이 장의 첫머리에 썼듯이 르위드 박사가 마틴 리스터에게 '넙치류의 뼈대'를 발견했다는 편지를 쓴 시점이었다. 그 편지는 1699년 영어로 발간되는 학술지 중 가장 역사가 깊은 『왕립학회 철학회보』에 실렸다. 제목은 '최근 발견된 규칙적인 형상이 찍힌 돌과 고대 언어의 관찰에 관하여'였다. 나는 이 오인된 '넙치'가 실린 바로 그 호에 적혈구, 미생물, 기타 중요한 것들을 발견했다는 선구적인 현미경학자 반 레벤후크의 논문이 함께 실려 있다는 사실을 자주 떠올리곤 한다. 삼엽충은 놀라운 것들이 관찰되는 그 무렵부터 옆에서 지켜본 셈이었다. 당연하겠지만 『철학회보』의 초기 호들은 귀중하게 다루어졌다. 또 그에 걸맞게 최고의 가죽으로 장정을 했다.

란데일로 주변의 지질을 아는 사람들은 당연히 '넙치'의 정체도 알고 있다. 그것은 오기기오카렐라 데부키 Ogygiocarella debuchii라는 삼엽충이다(그림 4 참조). 란데일로 바로 외곽, 다이너포 공원의 성곽 주위 여러 곳에는 납작한 석회암 포석더미가 쌓인 구덩이들이 있다. 그것들은 다각형 접시를 끄집어내듯이 생울타리 사이로 끄집어낼 수 있는데, 그중에 넙치가 담겨 나오는 것들도 있다. 크기는 작은 가자미만하며 거의 납작한데, 두 눈을 희번덕거리면서 놀라는 채집자를 쳐다보고 있다. 현대의 관찰자는 그 삼엽충의 가슴부가 8개의 몸마디로 이루어져 있고, 꼬리부가 아주 크다는 것을 알아볼 수 있다. 물고기와는 전혀 딴판이다. 하지만 당신은 르위드 박사가 착각을 한 이유를 알아차릴 수 있다. 그는 지느러미가 가장자리를 둘러싸고 있는 양 보이도록 그림을 약간 손보았다. 그가 제대로 그린 부분은 눈뿐이었다.

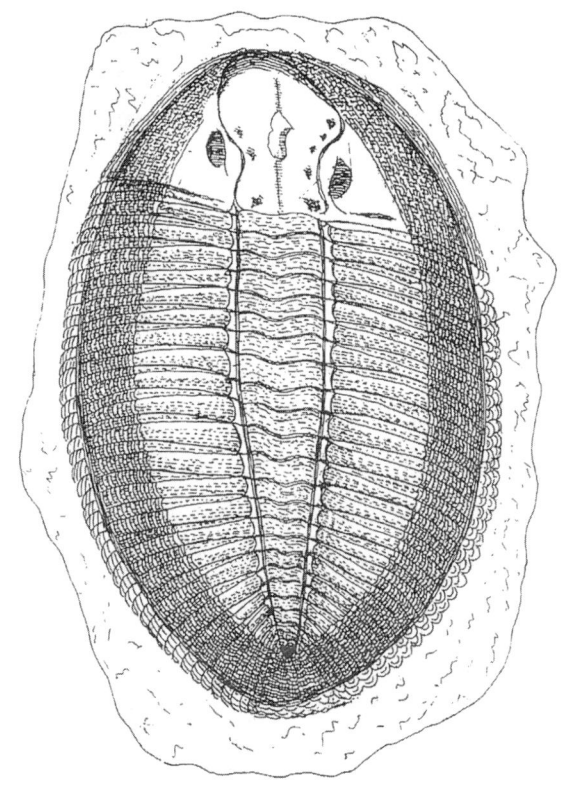

그림 4　르위드 박사가 『왕립학회 철학회보』에 발표한 '넙치' 그림(1679). 사실은 남웨일스의 란데일로(오르도비스기) 지층에서 나온 삼엽충인 오기기오카렐라 데부키다. 별지화보 1에 이 삼엽충의 실제 사진이 있다.

    1771년 발히라는 독일 동물학자가 삼엽충을 독자적인 동물집단으로 분류했다. 모호한 저서에서였는데, 나는 영국 도서관을 다 뒤졌지만 우리가 제 판본을 찾은 것인지 아직도 확신하지 못하고 있다. 하지만 그로부터 10년이 지나기 전에 M. T. 브루니히Brunnich 같은 학자들이 '삼엽충'이라는 단어를 논문 제목에 쓰고 있었으므로, 그 용어가 널리 쓰이게 된 것은 분명하다. 아무튼 발음했을 때 듣기 좋고 묘사력도 뛰어난 명칭이니까. 이 독특한 '생물의 잔해'는 유럽 전역에서 점점 더 많이 발견되고 있었다. 19세기의 첫 20년 동안에는 더 많은 삼엽충들이 학명을 얻었다. 스칸디나비아, 프랑스, 독일에서 특히 많이 발견되었다. 1822년 프랑스 고생물학자 알렉상드르 브롱니아르Alexandre Brongniart가 우리 동물에 대한 짧은 논고인 『삼엽충Les Trilobites』을 발표함으로써 르위드의 동물은 마침내 제대로 인정을 받았다. 그 논문에서 그는 다이너포 경의 영지에서 나온 한 표본에 데부키라는 학명을 붙였다. 넙치는 마침내 사라지고 석회질 껍데기와 바닷가재 같은 몸마디를 가진 기이한 동물이 그 자리에 들어섰다.

『철학회보』에 그 편지가 실린 지 140년 뒤에 르위드의 '넙치'는 란데일로와 슈롭셔 사이에 뻗어 있는 암석들을 파악하고 연관짓는 데 쓰이게 되었다. 로더릭 머치슨 경Sir Roderick Murchison의 책 『실루리아계The Silurian System』(1839)에서는 오기기오카렐라 데부키 같은 삼엽충을 관심대상으로 다루었을 뿐 아니라, 암석이 어느 시대의 것인지 파악하는 용도로도 썼다. 그때쯤에는 '삼엽충' 이라는 명칭이 식자층에 친숙해진 상태였으며, 그 뒤로도 죽 그러했다. 해당 동물이 어떤 존재인지를 알려주는 고전적인 이름들은 모든 학자들이 버질의 『아이네이드Aeneid』를 알고, 우리가 인기 드라마의 등장인물들을 잘 알고 있는 식으로 신화를 잘 알고 있었던 시대에 붙여진 것들이다. 오기기오카렐라는 암피온과 니오베의 일곱째 딸 오기기아의 이름을 땄다. 그리고 그리스 신화의 인물인 암피온과 니오베의 이름도 다른 삼엽충들에 붙어 있다. 사실 동물의 이름으로 쓰이지 않은 고전적인 이름을 찾기는 쉽지 않다. 거의 눈에 띄지 않는 프리기아 님프나 올림포스 산자락에 살던 염소지기의 이름이라면 또 모를까. 고대라는 말에도 시대적으로 여러 층위가 있다. 근본적인 층위는 삼엽충이 살던 시대며, 그다음은 그리스어와 라틴어 이름의 근원인 '고대 문명' 의 시대다. 그리고 연구의 역사가 있다. 마지막으로 이 모든 앞선 시대들을 표본의 모습 속에 생생하게 담아내는 개인의 역사가 있다.

머지않아 삼엽충과 현생동물들의 유사점들이 속속 밝혀졌다. 몸마디로 이루어진 동물들은 해안이나 숲 바닥을 기어 다니는 동물들 중에 흔하다. 사실 그들은 가장 흔한 동물들에 속했다. 곤충, 갑각류, 거미류, 지네류는 모두 관절을 통해 서로 연결된 몸마디들로 이루어져 있었다. 그들에게는 공통점이 하나 더 있었다. 바로 관절이 있는 다리였다. 언뜻 보면 파리의 다리와 바닷가재의 다리가 비슷하다는 말이 잘 납득이 가지 않을 수도 있다. 그러나 둘 다 비슷한 방식으로 관절을 통해 연결되어 있으며, 각 관절 부위는 연결방식에 맞게 정해진 양상에 따라 인접한 몸마디에 대해 상대적인 움직임을 보인다. 그 관절들의 움직임은 관절 팔로 된 독서등을 움직일 때와 비슷한 예측 가능한 양상을 보인다. 약간 더 화가 난 듯이 보이긴 하지만 말이다. 당신은 독서등의 관절이 움직이는 방식이 한정되어 있음을 금방 알아차리겠지만, 그래도 움직이는 방식을 터득하고 나면 가장 닿기 어려운 구석까지도 독서등을 이동시킬 수 있다. 바닷가재를 뒤집어 들고 몸부림치는 광경을 지켜보면 다리관절의 가능한 움직임을 파악할 수 있다. 바닷가재는 다리를 기계적으로 안팎으로 차댄다. 몸이 뒤집힌 딱정벌레가 다리를 차대는 모습을 지켜보면 유사성이 뚜렷이 드러난다. 이 동물들은 모두 다리 안쪽에 살이 있으며, 안쪽에서 근육들이 수축하여 관절부위를 움직인다. 다시 말해 몸속에서 끈을 잡아당겨서 다리를 움직인다. 관절다리를 지닌 동물들을 절지동물이라고 하며, 삼엽충이 절지동물의 일종임은 분명하다(다리 화석이 발견되기 오래전부터 이미 그렇게 생각했다). 그들이 살아남았다면 전갈, 게, 나비, 딱정벌레, 빈대와 함께 모든 동물의 몸설계들 중에 가장 다양하고 기발한 축에 속하는 종류가 하나 더 늘었을 것이다. 생물 분류의 아버지인 카를 폰 린네(Carl von Linné(또는 린네우스Linnaeus)는 18세기가 저물기 이전에 이미 삼엽충의 가계도를 그린 바 있다. 그들이 사라지지 않았다면, 아마도 해변에서 엄마들이 아이들에게 이렇게 당부하지 않았을까? "지미야, 제발 삼엽충 다리 좀 잡아 뜯지 마! 불쌍하잖니." 지미는 다리들이 다른 쪽으로도 구부러질 수 있는지 알아보고 싶어서 잡은 동물의 다리를 이리저리 흔들고 싶은 유혹을 떨치지 못할 것이다. 또 그런 것들을 끔찍하게 여기는 마저리 이모를 깜짝 놀라게 하기 위해 기어 다니는 삼엽충을 잡고 흔들어대기도 할 것이다.

그러나 내가 스피츠베르겐에서 살펴본 삼엽충 껍데기들은 오로지 텅 빈 등딱지밖에 남아 있지 않았다. 석회질 코팅이 형성되지 않았기에, 다리는 모두 사라지고 말았다. 나는 내 손바닥에서 다리가 꼼지락거리는 감촉을 거의 느낄 수 있으며, 오르도비스기의 바다를 그 동물들이 후닥닥 달려가는 모습도 상상할 수 있었다. 마음속에서 내 마음대로 삼엽충에 새우의 다리나 전갈의 다리를 갖다 붙일 수도 있었다. 그러나 그런 추측이 맞는지를 알 수 있는 표본이 출토되는 아주 드문 장소들이 있다. 가장 가느다란 부속지에 달린 가장 섬세하고 가냘픈 털까지도 기적적으로 보존되어 있는 장소들이다. 삼엽충의 진정한 모습을 발견하고 그들이 하고 싶은 이야기를 속시원히 털어놓도록 하려면 우리는 그런 곳으로 가야 한다.

03

다리

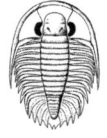

다리가 발견될 때까지는 삼엽충을 진정으로 안다는 것은 불가능했다. 삼엽충 다리의 실체를 발견할 방법이 있어야 했다. 하지만 어떻게? 다리의 껍데기는 오늘날의 새우와 지네의 다리를 덮고 있는 유기중합체인 얇은 키틴과 재질이 같았을 것이 분명했다. 키틴은 광물 껍데기와 달리 화석으로 잘 남지 않는다. 하지만 끈적거리는 아메바만큼 흔적도 없이 사라질 리는 없었다. 부드러운 퇴적물에 이 다리들이 보존되거나 그 흔적이나 자취라도 보존될 만한 환경이 어딘가에 있을 것이 분명했다.

희귀한 나비를 잡고자 할 때, 나팔총과 커다란 가방은 아무 쓸모가 없다. 좀처럼 손에 넣기 어려운 것을 구하려면 머리를 써야 한다. 그리고 행운도 따라야 한다. 특이한 목표를 추구하는 탐구활동은 대개 운과 끈기가 제대로 조합되기만 하면 그 목표를 달성할 수 있다는 확신 아래 이루어진다. 삼엽충의 다리를 찾아다니는 사람들도 그러했다.

19세기 중반에 들어서면서 수백 종의 삼엽충에 이름이 붙여지고 기재가 이루어졌다. 종속지의 영웅시대라고 할 만했다. 지질학자들은 처음으로 체계적인 방식으로 고대의 암석들을 탐사하고 지도에 담았다. 그들은 지질시대를 이해하고, 시대를 구분할 이름을 붙이기 시작했다. 그 이름들 중에는 지금까지 쓰이는 것들이 많다. 그들은 지층들의 순서를 정하는 과정에서 지층이 어느 시대의 것인지를 파악하는 데 화석들이 쓸모가 있음을 알아차렸다. 화석 종들의 순서는 뒤엉킨 지층을 파악하는 지극히 실용적인 방법이었다. 영국에서 삼엽충이 나오는 지층들을 탐사하던 사람들은 걸어서 또는 마차를 타고 웨일스 전역을 돌아다녔다. 그들은 무수히 헛수고를 해가면서 셰일을 깨며 돌아다닌 진정한 개척자들이었다. 북웨일스의 애덤 세지윅—나는 지금 케임브리지의 그의 이름이 붙은 박물관에서 연구를 하고 있다—은 화석을 지닌 모든 지층들의 밑에 깔린 고대 암석, 다시 말해 가장 초기의 지질시대에 캄브리아계라는 이름을 붙였다(캄브리아는 웨일스의 로마식 이름이다). 캄브리아기는 결국 생명의 역사에서 후대들의 지층에 비해 가장 원시적인 생물의 잔해가 있음을 시사하는 명칭인 '원시기(Primordial)'를 대체했다. 세지윅이 북웨일스를 탐사하고 있을 때, 로더릭 머치슨은 남웨일스를 돌아다니면서 자신의 실루리아계(1839)를 분류하고 지도에 담고 있었다(실루레스는 남웨일스에 살았던 고대 부족의 이름이다). 그는 지질시대의 이야기를 풀어낼 때 세지윅보다 화석을 더 많이 활용했다. 삼엽충은 알아보기 쉬웠다. 삼엽충은 실루리아기의 다양한 시대 구분에 등장하는 친숙한 것이 되었다. 로더릭 경이 취미 삼아 지질탐사를 하는 웨일스 오지의 교구신부

다리 71

를 거드름부리면서 불러와 자기 동네의 하천에서 발견한 것들을 보여주며 웃음을 머금은 거만한 표정으로 트리누클레우스 핌브리아투스*Trinucleus fimbriatus*나 다른 어떤 삼엽충이라고 말하는 광경이 눈에 선하다. 화폐수집가가 새로 주조된 듯이 보이는 동전이 사실은 하드리아누스 황제 때의 것임을 쉽게 알아보는 것과 마찬가지로, 고생물학자도 80킬로미터 떨어진 곳에서 10년 전에 처음 마주친 종의 친숙한 얼굴을 금방 알아볼 것이다. 지질시대는 수많은 삼엽충들로 쓴 것이었다.

고생물학자인 헨리 힉스Henry Hicks와 존 솔터John Salter는 내가 펨브룩셔에서 학생 때 찾았던 그 절벽들을 처음으로 오른 사람들이었다. 나는 그들이 1870년대에 막 발견한 것들을 놓고 흡족한 표정으로 웃고 있는 모습을 담은 사진을 한 점 갖고 있다. 그들이 발견한 삼엽충들에는 계속 그들의 이름이 따라붙는다. 한 종의 학명을 인용할 때 우리는 그것에 처음으로 공식명칭을 부여한 과학자의 이름까지 의무적으로 덧붙인다. 암픽스 살테리 힉스*Ampyx salteri* Hicks는 세인트데이비드의 북쪽 절벽에 노출된 검은 점판암에서 나온 흥미로운 종으로서, 1873년 런던 지질학회의 간행물에 처음 기재되었다. 헨리 힉스는 삼엽충에 친구의 이름을 붙임으로써 친구에게 선물을 주었다. 그 종의 이름은 솔터의 암픽스라는 뜻이다. 솔터는 펨브룩셔 해안에서 찾은 아름다운 캄브리아기 삼엽충에 힉스의 이름을 붙임으로써 화답했다. 파라독시데스 힉시 솔터*Paradoxides hicksi* Salter라고 말이다. 나도 그런 적이 있었다. 온갖 궂은 날씨에도 나와 친구인 밥 오웬스Bob Owens를 도와 웨일스 도랑들을 뒤지면서 채집을 해준 프랭크 크로스를 위해 작고 예쁜 종에 슈마르디아 크로시 포티 앤 오웬스*Shumardia crossi* Fortey & Owens라는 이름을 붙였다. 따라서 우리가 크로스 씨께 빚을 졌다는 사실이 영구히 기록될 것이다.

웨일스는 1830~75년 동안 고생물학자들이 집중적으로 조사를 한 지역 가운데 한 곳일 뿐이었다. 제임스 홀James Hall은 뉴욕 주 고생물학회에 자신

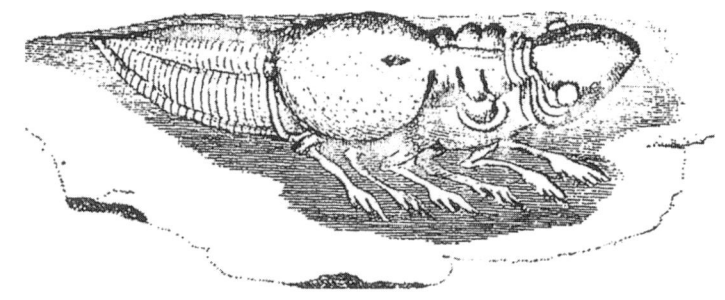

그림 5 J. S. 슈뢰터Schroeter의 환상적인 삼엽충 그림(1774). 다리의 모습이 처음으로 그려진 것이다. 제대로 붙은 머리와 거꾸로 붙은 머리에 뒤집힌 듯한 꼬리가 달려 있고, 전적으로 추측해서 그린 다리가 붙어 있다.

의 종속지들을 발표하기 위해 공정하거나 지저분한 온갖 수단을 다 쓰고 있었다. 보헤미아에서는 요아힘 바란데Joachim Barrande가 다른 화석들을 통해서 같은 시대를 구분하는 방법을 마련하고자 애쓰고 있었다. 그러나 수십 종에 이어서 수백 종의 삼엽충들이 발견되고 그들의 형태가 대단히 다양하다는 사실이 명백해지면서, 그 동물에 관해 모르는 것들이 많다는 사실도 뚜렷이 드러났다. 발견된 화석들은 모두 사라진 그들의 생활을 제대로 말해줄 수 없는 껍데기, 외피, 말없는 뼈대뿐이었다. 그 동물들이 바다 밑을 돌아다닐 때 썼을 것이라고 모든 학자들이 짐작하는 관절다리들은 흔적도 없었다. 초기의 몇몇 연구자들은 그냥 제멋대로 다리를 그려 넣기도 했다(위 그림 참조). 다리가 없다면 이 놀라운 화석들은 하드리아누스의 동전처럼 현실생활의 유물에 불과한 수동적인 것, 다시 말해 지질시대만을 알려줄 뿐인 지질학적 암호, 무늬가 찍힌 돌에 불과했다. 다리가 발견될 때까지는 삼엽충을 진정으로 안다는 것은 불가능했다.

삼엽충 다리의 실체를 발견할 방법이 있어야 했다. 하지만 어떻게? 다리의 껍데기는 오늘날의 새우와 지네의 다리를 덮고 있는 유기중합체인 얇은 키틴과 재질이 같았을 것이 분명했다. 키틴은 광물 껍데기와 달리 화석으로 잘 남지 않는다. 하지만 끈적거리는 아메바만큼 흔적도 없이 사라질 리는 없었다. 부드러운 퇴적물에 이 다리들이 보존되거나 그 흔적이나 자취라도 보존될 만한 환경이 어딘가에 있을 것이 분명했다.

  단서들은 있었다. 많은 삼엽충 종들은 공처럼 단단히 몸을 말 수 있었다(별지화보 16). 현생동물들 중에도 수십 종류가 그런 보호방법을 쓰고 있다. 심지어 인간도 몰매를 맞을 때 본능적으로 몸을 만다. 고슴도치도 그런 식으로 취약한 배를 보호한다. 비록 그 결과 진화가 결코 대비시키지 못한 차바퀴에 짓눌리는 불행한 사태가 빚어지기도 하지만 말이다. 가장 비교하기에 적당한 동물은 등각류에 속하는 자그마한 많은 종들이다. 등각류는 썩은 나무 밑에서 우글거리는 갑각류의 일종이다. 오래된 나무더미는 거의 예외 없이 그들의 소굴이 된다. 썩어가는 통나무를 뒤집으면 갑옷으로 둘러싸인 작은 캡슐 같은 것들이 잽싸게 빛을 피해 달아난다. 쥐며느리 종류다. 삼엽충과 마찬가지로 그들도 등에 껍데기가 있고 다리는 허약하다. 그들 중 많은 것들은 똑같은 보호전략을 쓴다. 다시 말해 몸을 공처럼 만다. 나는 볼베어링처럼 탄탄하고 완벽하게 몸을 마는 종류도 본 적이 있다. 그들은 심지어 쇠구슬처럼 광택까지 있다. 그들의 몸마디는 몸을 말 때 서로 미끄러져 겹쳐지게끔 완벽하게 설계되어 있다. 다리는 배 안으로 노를 들여놓듯이, 안쪽으로 모을 수 있도록 되어 있다. 비록 삼엽충과 가까운 친척은 아니지만(몇몇 다른 절지동물들에 비해) 그들은 유용한 비교대상이다. 많은 삼엽충들도 마찬가지로 단단히 몸을 만다. 비록 몸집은 더 크지만. 몸을 만 심피수루스Symphysurus는 손에 들어보면 달걀처럼 여겨진다. 감촉도 거의 비슷하다. 자세히 들여다보면 가슴마디들의 가장자리가 부챗살이 접혀지듯이 서로 겹쳐져 있음을 알 수 있다. 가슴마디들은 그렇게 겹쳐지게끔 특수한 표면을 갖고 있다. 한편, 몸을 말 때 가슴부의 축은 확장되며, 벌어지는 틈새를 막아줄 특수한 '반고리(half-ring)'가 붙어 있다. 갑옷의 유연한 팔꿈치 부위에도 비슷한 장치가 있다. 마상 창 시합을 하는 기사가 불시의 찌르기로부터 몸을 보호할 방안을 심각하게 고려한 것처럼, 이 동물들도 몸 말기를 아주 중요한 보호수단으로 삼았던 것이 분명하다. 일부 삼엽충들은 꽉 조인 상태를 유지할 수 있도록 작은 자물쇠까지 구비하고 있었다.

이 말린 등딱지 가운데 안으로 넣은 다리들이 보존된 것도 있지 않을까? 그렇다면 그것은 진정한 타임캡슐이 될 터였다. 말린 상태에서 죽은 뒤 급속히 퇴적물에 묻혀 보존된 표본만 있으면 되었다. 폼페이와 헤르쿨라네움의 불운한 주민들을 묻었던 것과 비슷한 화산재에 묻히는 식으로 말이다. 고대 바다에는 그런 화산폭발로 화산재가 쏟아져서 대규모 죽음을 불러일으키는 일이 자주 있었다. 또 지층에 묻힌 뒤 말린 공이 일그러지거나 납작해지는 일이 벌어지지 않는 것도 중요하다. 질문할 거리가 많겠지만, 아무튼 꽉 말린 채 잘 보존된 동물들은 많은 지역에서 발견되고 있다. 스웨덴과 에스토니아의 오르도비스기 석회암, 영국의 실루리아기 석회암에서는 오래전부터 발견되고 있었다. 삼엽충을 잘 잘라서 금강사로 정성껏 연마한다면? 그러면 좀처럼 드러나지 않던 다리의 흔적이 연마된 단면에 틀림없이 나타날 것이다. 슬프게도 그렇지 않은 것으로 드러났다. 말린 공들은 미세한 퇴적물로 채워져 있었다. 그 동물이 묻힌 뒤에 스며든 것들이 분명했지만, 너무 늦게 스며드는 바람에 다리가 사라지는 것을 막지 못했다. 그 사이에 세균들이 활동하여 아무것도 남겨놓지 않았다. 캡슐을 차지한 것이 바로 그 퇴적물에 살던 세균들일 수도 있었다. 그래도 아마, 아마도 무언가가 있었음을 시사하는 희미한 검은 원으로 나타나는 다리의 단면을 지닌 표본이 한두 점은 있을지 모른다……. 그러나 섬세한 다리의 세부구조에 관한 수수께끼는 풀리지 않았다.

1876년 젊은 고생물학자 찰스 둘리틀 월컷Charles Doolittle Walcott(1850~1927)은 이 수수께끼의 답을 푸는 데 도움이 될 만한 연구결과를 맨 처음으로 내놓았다. 그는 뉴욕 주 트렌튼폴스 주변에서 삼엽충을 열심히 채집했으며, 자수성가가 표어였던 세기의 가장 인상적인 대표자 가운데 한 명이었다. 그는 태평하고 독실하며 지적인 활동과 별 관련이 없는 농민집안 출신이었다. 그는 정식 지질학 학위를 전혀 받지 않았지만, 미국 지질조사국의 국장과 워싱턴 스미소니언 협회 사무국장까지 지냈다. 그는 역사적인 인물에 가장 어울리지 않는 중간이름을 지닌 축에 속한다. 수도 워싱턴으로 진출하여 정치가와 교수를 배출하는 일도 맡고 행정가로서 바쁘게 일을 하는 와중에도, 그는 짬을 내어 삼엽충과 그 외의 다양한 화석들을 연구한 글들을 계속 펴냈다. 그의 책들은 도서관 서가를 하나 가득 채운다. 그는 북아메리카 대륙 전역의 캄브리아기 지층들을 보정하는 데 쓰이는 삼엽충 수십 종의 이름을 붙였다. 그는 가장 혹독한 조건에서 그랜드캐니언의 층군들을 조사했다. 지금처럼 오래된 지층이 있는 깊은 곳까지 내려가는 길이 나기 전이었다. 게다가 길이 나 있는 지금도 물을 갖고 가야 한다는 안내판들을 무시하고 가다가 지쳐서 길에 나부라지는 도보여행자들이 많다. 호사스러운 홀리데이인 호텔에서 겨우 한두 시간만 걸어가면 그렇게 황량한 곳이 나오리라고 누가 믿겠는가?

월컷은 브리티시컬럼비아의 유명한 캄브리아기 버제스 셰일의 발견자로 가장 널리 기억되고 있지만, 그 발견이 없었다고 해도 그가 과학사에서 차지하는 지위는 흔들리지 않을 것이다. 현대의 연구자들은 월컷이 내놓은 엄청난 연구결과들을 보면 놀라서 입을 다물지 못한다. "음, 전화기를 붙들고 대답하느라 시간을 허비하지 않아도 되었을 테니까." 현대의 연구자들은 마지못해 인정할지 모른다. "그리고 당시에는 워싱턴의 사무실 근처에 살면서 출퇴근할 수 있었겠지." 그 말에는 부동산 가격이 너무 비싸다는 비판이 따라붙는다. 그런 말들은 분명 모두 사실이지만, 한 세기 전에는 월컷처럼 의지의 힘으로 재능을 성취로 바꾸는 비범한 근면성을 지닌 사람들이 더 많았다는 것도 사실인 듯하다. 엄청난 양의 소설을 쏟아낸 월터 스컷 경을 생각해보라(출판사 발행인인 존 머리의 빚을 갚겠다는 이유도 어느 정도 작용했지만). 질서정연한 태도도 분명히 한몫했을 것이다. 나는 월컷이 전날 오후에 중요한 논문을 어디에 두었는지 언제나 알고 있었을 거라고 확신한

그림 6 야외조사 때의 찰스 둘리틀 월컷(가운데).

다. 우리는 이미 그저께부터 미뤄온 일을 미적거리다가 으레 내일까지 미루곤 하지만, 그는 전혀 그렇지 않았다. 심지어 그는 짬을 내어 정기적으로 일지를 쓰기도 했다. 일지 쓰기는 꾸준한 행위보다는 의지력의 산물일 때가 많은 활동 가운데 하나다. 나는 그 일지에 좀더 흥미로운 내용이 있었으면 좋았을 거라고 생각하곤 한다. 일지 내용은 대부분 그 인물에 관해 아무것도 말해주지 않으며, 그저 유력가와의 약속을 적어놓은 것들이 많다. 그는 아직 정식으로 임용되지 않은 시기에 첫 번째 아내 루라가 비극적으로 일찍 사망한 뒤에야 솔직한 감정을 드러낸다. 명성이 높아짐에 따라, 그는 일지를 점점 건성으로 적어갔다. 그러나 사별한 지 몇 주 동안, 슬픔에서 벗어나기 위해 쉴 새 없이 일하다가 그는 좀처럼 드러나지 않았던 삼엽충의 다리를 발견하는 성과를 올렸다.

트랜튼폴스 마을 주변의 깎여나간 길가나 하천 둔치를 보면 석회암이 드러난 곳들이 있다. 월컷이 아주 잘 알던 지층들이다. 이 지층들은 석회광산이나 구덩이에서도 볼 수 있으며, 요즘은 소비사회의 방탕한 쓰레기들로 채워져 있을 가능성이 높다. 때로는 구멍 자체가 거기에서 파낸 것보다 더 가치가 있을 때가 있다. 오르도비스기의 석회암은 계단식으로 층층이 놓여 있으며, 웨일스와 콘월의 일그러진 셰일들과 정반대로 대개 거의 수평을 이루고 있다. 이 암석들은 고대의 산맥들을 솟구치게 한 지구의 경련에 휘말리지 않았던 것이 분명하다. 이 암석들은 고대 바다 밑의 천이과정을 거의 교란당하지 않은 채 고스란히 기록하고 있다. 그곳을 최초로 탐사할 기회를 잡았으니 젊은 월컷은 아주 운이 좋은 셈이었다. 어느 오후에 수많은 생명들을 추려냈을 폭풍우의 산물인 약 3센티미터 두께의 단일한 지층도 종종 보인다. 그 위의 지층에서는 폭풍우가 지난 뒤 동물군집이 서서히 회복되는 양상이 보이곤 한다. 한 세기 넘게 채집이 이루어져왔지만, 그곳에는 여전히 유달리 화석이 많이 나오고 있으며, 월컷의 시대에는 더 그러했을 것이다. 가끔 삼엽충과 완족류, 고둥류, 모래말미잘류를 비롯한 다양한 생물들이 과일케이크 조각에 박힌 서양자두와 건포도처럼 겉에 점점이 박혀 있는 암석도 볼 수 있다. 떼어내고 싶겠지만, 그것들은 표면에 단단히 박혀 있고 더 연한 색깔의 석회암으로 뿌옇게 덮여 있어서 윤곽이 흐릿할 때가 많다. 인내심을 갖고 핀으로 깨끗이 닦아내면 아주 멋진 표본들이 드러난다. 그 일을 처음으로 해낸 사람이 바로 찰스 둘리틀 월컷이었다.

루라가 세상을 떠난 지 약 한 달 뒤인 1876년 3월 1일, 월컷은 일지에 이렇게 썼다. "C. ps. 몇 점을 자르는 일에 꽤 성과가 있었음. 내부구조를 파악할 수 있을 것 같음." 이 말은 삼엽충 다리의 증거가 'C. ps.'에 보존되어 있을 수 있다는 뜻이었다. 그 약자는 케라우루스 플레우렉산테무스*Ceraurus* *pleurexanthemus*를 가리킨다(그가 약자로 쓴 이유를 이해할 수 있을 것이다!). 가시가 달린 꼬리부와 혹 같은 미간이 있는 삼엽충으로서, 그것은 트렌튼암에서 이루어진 가장 놀라운 발견물 가운데 하나였다. J. 그린Green이 1832년에 『북아메리카의 삼엽충A Monograph of the Trilobites of North America』*이라는 종속지에서 이름을 붙인 이래로 그 삼엽충은 40여 년 동안 그저 등딱지만 발견되고 있었다.

이 종이 삼엽충 다리의 실체를 보여줄 열쇠를 지니고 있음을 시사하는 단서는 전혀 없었다. 월컷이 그 '케라우루스층'을 잘라서 연마할 때까지 말이다. 케라우루스층은 그 동물들이 흔하게 나타나는 약 5센티미터 두께의 석회암 지층을 말한다. 이 한 층에는 같은 종의 개체들이 많이 들어 있었다. 그 층의 맨 위와 아래쪽에서는 아름답고 온전한, 하지만 속이 텅 빈, 다시 말해 껍데기만 있는 개체들이 나왔다. 그 표본들은 많은 채집가들의 장식장에 한 자리를 차지하고 있지만, 한 점이든 천 점이든 제공하는 정보는 별 차이가 없다. 그 동물들은 큰 폭풍우로 갑작스럽게 밀려든 석회질 퇴적물에 갇힌 듯하다. 그것은 한 세대의 삼엽충들의 삶에 찾아온 사소한 비극이었지만, 4억 4,000만 년 뒤의 과학자에게는 큰 혜택을 주었다. 그 층의 중간에는 매몰되어 죽은 동물들이 있었다. 일부는 퇴적물 무덤의 표면으로 올라가려 애쓰다가 죽었다. 삼엽충들이 우글거리던 조용한 바다 밑을 상상해보라. 갑자기 고운 진흙이 담요처럼 뒤덮으면서 물속이 어두컴컴해지고, 탈출하려던 동물들은 그 담요에 질식해 그대로 가라앉고 말았다. 그 가여운 것들은 몸을 완전히 말 시간이 없었지만, 그래도 몸을 구부리고자 했던 것들이 많았다. 그들은 몸을 채 말기도 전에 질식해 죽고 말았다. 어

---

* 이 책은 아주 특이하다. 종을 기재하면서 천연색 도판을 수록했기 때문이다. 그 책은 지금도 몇몇 가장 오래된 학술기관의 서고에서 찾아볼 수 있다. 그린은 사람들이 그 도판들에 혹해서 판매부수가 좀 늘어나기를 바랐다. 유감스럽게도 재구성한 그림들 중에는 다소 정확하지 않은 것들도 있다.

어쨌든 말린 타임캡슐이라는 개념은 절반은 옳았다. 중간층에 갇힌 동물들의 다리는 위쪽에 갇힌 동물들의 다리와 달리 금방 썩지 않았다. 대신에 그것들은 석회가 함유된 물로 채워질 시간적인 여유가 있었다. 근육으로 차 있던 자리에 하얀 방해석 성분이 대신 들어찼다. 파라오 사제들이 완성한 미라 제조과정에서처럼, 보존액이 부드러운 부속지들에 스며들었다. 방해석 광물이 다리에 들어차자 주변조직들이 먹혀 사라진 뒤에도 메워진 주형은 그대로 남아 부드러운 부분들이 있었다는 증거가 되었다. 월컷은 연마된 단면에 주변의 회색 석회암과 대비되는 작은 하얀 원들이 있는 것을 보자, 그것들이 고대 부속지들의 속을 채운 것들임을 알아차렸다. 며칠 지나지 않아 그는 다른 종에서도 똑같은 것을 관찰했다. "칼리메네 세나리아*Calymene senaria*도 C. p.와 같은 특징을 지닌 부속지를 갖고 있음. 저녁식사 뒤 C. p.의 기재문을 씀." 그는 1876년 3월 10일자 일지에 그렇게 간략하게 기입했다. 아마도 그는 어떤 발견을 했든 똑같은 식으로 기록했을 듯하다. "오늘 오전에 성배를 발견함. 내일은 엑스칼리버를 발견할 듯함." 그 뒤로 삼엽충은 두 번 다시 전과 같지 않았다.

월컷이 그 발견을 하기 위해 어떤 일을 했을지 생각해보라. 그는 차례로 자른 단면들을 일일이 손으로 연마해야 했다. 그리고 다리가 몇 개나 있는지 세고, 갈라진 다리인지 아니면 그냥 하나로 죽 이어진 관절다리인지 파악해야 했다. 석회암은 부드럽지 않다(빅토리아 시대에 설치된 벽난로를 손으로 두드려보면 알 수 있다). 그리고 오로지 회전대와 줄톱을 써서 단면을 자르고 연마해야 했다. 그러니 진척이 아주 느렸다. 가장 어려웠던 일은 단면그림들을 차례로 맞추어서 3차원 모양을 그려내는 것이었다. 컴퓨터를 갖춘 현대 연구실에서도 많은 노력을 필요로 하는 일이다. 밤늦게까지 일을 함으로써 슬픔을 달래고자 애쓰는 그의 모습이 떠오른다. 울적한 마음을 호기심과 야심으로 대체하려 애쓰면서 말이다. 아무튼 그는 이럭저럭 자신의 발견을 담은 논문을 썼고, 그해가 가기 전에 예비조사 형태로 발표했다. '삼엽충의 유영과 아가미 부속지 흔적 발견에 관한 예비보고'라는 밋밋한 제목이었다. 무엇을 발견했는지 곧이곧대로 표현한 것은 맞지만, 그런 제목으로 베스트셀러 논문이 되기는 어렵다. 어쨌든 월컷은 다음 18개월 동안 단면들을 더 자르면서 관찰을 계속했고, 새로운 사항이 관찰될 때마다 원래의 그림을 수정해나갔다. 하지만 최초의 그림은 몇 가지 흥미로운 특징들을 보여준다. 월컷은 한 가지 중요한 특징을 관찰했으며, 그것은 지금도 옳다. 바로 각 몸마디에 부속지가 쌍으로 달려 있다는 것이었는데, 그는 몸길이 전체를 따라 비슷한 양상이 반복된다고 판단했다. 부속지들은 체강, 곧 '내장' 아래쪽에 달려 있었다. 이 내장 덩어리는 주로 몸의 축 아래쪽, 다시 말해 '삼엽' 가운데 중앙엽에 있었다. 따라서 다리를 비롯한 부속지들은 양쪽으로 비스듬히 기울어진 늑막 영역의 안쪽에 안전하게 놓인 채 몸 밑에서 맡은 일을 했다. 중앙 쪽에는 관절다리들이 있었다. 딱정벌레에서 타란툴라거미, 전갈에서 지네에 이르기까지 모든 절지동물의 전형적인 특징이었다. 그 발견으로 삼엽충의 생물학적 유연관계를 둘러싼 논란이 단번에 해결되었다. 그것들은 '유영 부속지'였다. 월컷은 그 다리들이 헤엄치는 데 쓰였다는 쪽으로 생각이 치우쳐 있었던 것이 분명했다. 다리 바깥쪽으로는 몇 가지 분지들이 있었다. 월컷의 원래 그림에는 세 개가 있었는데, 하나는 다리 위쪽에서 갈려져 나온 것으로 그려져 있었다. 더 바깥쪽에 있는 나머지 둘은 한 기부에서 둘로 갈라진 것으로서, 아주 가늘며 기묘하게도 타래송곳처럼 생겼다. 그것들은 '아가미' 부속지였다. 다시 말해 모든 절지동물들이 그렇듯이, 바닷물에서 산소를 흡수하는 호흡용 아가미였다. 대체로 그 배치는 아주 그럴듯했다.

월컷은 재구성할 때 현생갑각류를 모델로 삼았기에, 그의 그림은 어느 정도 갑각류의 영향을 받았다. 그는 일지에 그렇다고 인정했다. "현대의 갑각류를 연구하고 비교할수록, 더 많은 부위들의 진정한 유연관계를 더 뚜렷이 볼 수 있음"(1877년 7월 12일). 비록 과학자들은 독립된 관찰인 양 설득

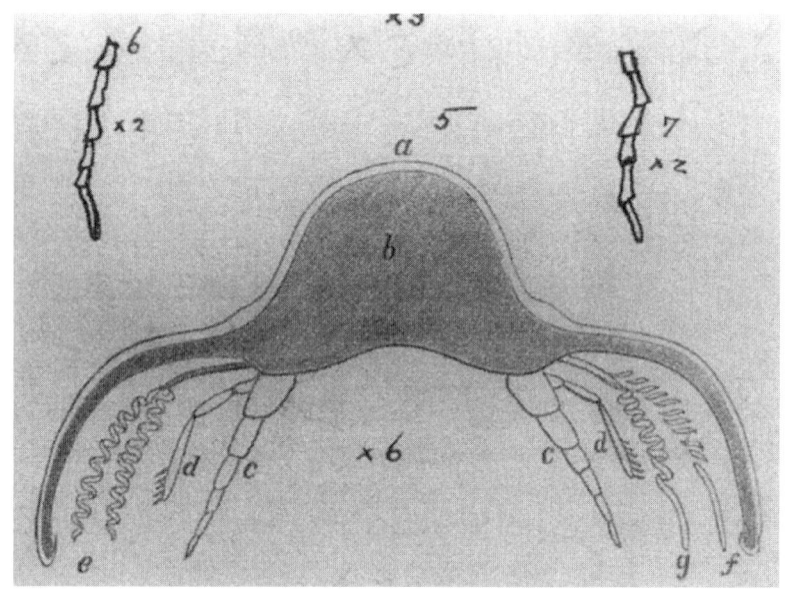
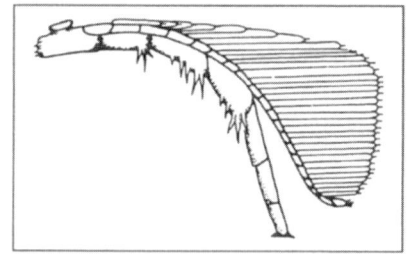

그림 7 찰스 둘리틀 월컷이 암석을 자른 단면에서 발견한 케라우루스 삼엽충의 다리 부분을 재구성한 최초의 그림. 부정확한 부분도 있었다. 오른쪽은 트리아르트루스의 갈라진 다리를 재구성한 현대의 그림.

력 있게 제시하지만, 최고의 관찰도 어쩔 수 없이 선입견의 영향을 받기 마련이다. 그들은 마음의 뒤쪽에 자리한 그럴 듯한 시나리오들을 갖고 있으며, 그런 잠정적인 진리는 이전의 독서와 경험에 토대를 둔다. 월컷은 삼엽충이 갑각류의 친척이라는 개념을 갖고 있었다. '막연한' 개념이었다. '삼엽충이라는 원시적인 갑각류의 일종'이라고 묘사한 토머스 하디의 말을 떠올려보라. 그 대목이 실린 소설은 1873년에 출간되었다. 월컷이 잠정적인 사실들*을 언급한 시기와 대서양 반대편에 있던 하디가 똑같은 가정을 소설에 활용한 시기는 둘 다 1870년대였다. 서로 전공 분야가 전혀 다른 이 두 지성인이 혹시 같은 교재를 탐독한 것은 아닐까?

　삼엽충의 다리는 뉴욕 주에서 이루어진 또 다른 발견 덕분에 명확하게 3차원으로 재구성할 수 있게 되었다. 해당 표본들은 월컷이 연구한 석회암과 전혀 달라 보이는 암석에서 나왔다. 그것들은 신사들이 점잖은 모임에 참석할 때 쓰는 중절모처럼 검은 셰일이었다. 망치로 내리치면 그 셰일들은 얇은 판 모양으로 쪼개졌다. 우티카 셰일은 롬 마을 근처 채석장에서 드러났다(뉴욕 주의 이 지역은 정말로 고전적인 지명을 갖고 있다). 우티카 셰일의 특정 층들에는 트리아르트루스Triarthrus라는, 길이가 1센티미터 정도인 삼엽충 화석들이 많이 들어 있다. 마치 많은 쥐며느리들이 암석 주위에서 우글거리다가 죽은 듯이 보일 정도로 화석들이 가득 담긴 석판이 발견되기도 한다. 그런 석판 가운데 하나에서 대학원생이었던 W. D. 매튜Mattew는 삼엽충의 머리부 앞쪽에 무엇인가 튀어나온 것을 보았다. 부드럽게 휘어진 두 가닥의 금실처럼 보였다. 확대경으로 보자 그 섬세한 실은 끝으로 갈수록 가늘어지고, 몸마디로 나뉘어 있었다. 더듬이가 분명했다. 그것은 월컷이 화석 단면에서 찾아내지 못한 부속지였다. 더듬이는 절지동물의 몸에서 앞으로 나와 있는 감시장치다. 더듬이는 코와 손가락을 결합시킨 것으로서, 대단히 예민하게 환경을 감지한다. 영어로는 아이들에게 '느낌이(feeler)'라고도 가르치는데, 그 단어는 더듬이의 진정한 특성을 제대로 포착하지 못한다. 삼엽충은 시각을 담당한 눈과 후각, 촉각을 담당한 더듬이를 지니고 있었다. 이렇게 말하니 삼엽충이 덜 '원시적인' 것으로 여겨지기 시작한다.

　컬럼비아 대학의 비처Beecher 교수는 그 발견의 중요성을 즉시 알아차렸다. 그 신비한 삼엽충이 나오는 지층은 곧 '비처의 삼엽충층'이라고 불리기 시작했고, 그해인 1893년 말에 그는 새롭게 발견한 사항을 논문으로 발

---

* 10년이 채 지나기도 전에, 월컷은 삼엽충이 투구게(Limulus)의 친척이라는 다른 견해를 취했다.

표했다. 이어서 그는 트리아르트루스의 몸 아래에서 다리의 나머지 부위들을 발견했다. 모호한 단면들을 통해서가 아니었다. 여기서는 다리의 모습이 온전히 금색 윤곽으로 남아 있었다. 처음에 더듬이에 시선을 가게 한 것은 삼엽충에게 본래 있던 섬세한 큐티클 층을 대체한 금박이었다. 진짜 금이 아니라, 가짜 금인 황철석이었다. 정말 기적 같은 보존방식이었다. 마치 초자연적인 섬세한 손이 미세한 가시에 이르기까지 가장 덧없이 사라지기 쉬운 해부구조에 윤이 나는 보존제를 뿌린 듯했다. 마치 생물학자에게 살펴보라는 양 발랑 뒤집힌 채 보존되어 있는 표본들도 있었다. 그 표본들을 통해 삼엽충 해부구조상의 모호한 점들이 마침내 해결되었다. 에드워드 르위드의 '넙치'에서 시작된 이해의 여정이 마침내 끝났다. 이제 많은 관절들로 이루어진 가느다란 다리들이 다른 부속지 밑에 놓여 있는 것을 볼 수 있었다. 월컷의 원래 그림에서처럼 전혀 별개의 두 부속지가 있는 것이 아니었다. 그보다 훨씬 더 단순했다. 위쪽 부속지는 관절다리의 기부나 기부 가까이에 붙어 있었고(따라서 다리는 2지형, 곧 가지가 둘인 부속지였다), 미세한 깃털 같은 섬유들이 모여서 붓처럼 되어 있었다. 그 동물의 몸길이를 따라 놓인 몸마디들은 모두 비슷한 2지형 부속지들을 지니고 있었다. 따라서 그 삼엽충의 밑면에는 다소 비슷하게 설계된 단위들이 계속 반복되어 나타났다. 몸마디에 한 단위씩, 가슴부 아래쪽에 10여 개의 단위가 놓여 있었다. 꼬리부의 몸마디들도 형태가 비슷하면서 꼬리 끝으로 갈수록 점점 작아지는 부속지를 한 쌍씩 지니고 있는 듯했다. 머리방패 밑에는 비슷하게 쌍을 이룬 다리가 세 쌍이 있었고, 그 앞쪽에 더듬이가 한 쌍 있었다. 더듬이는 갈라지지 않았고 약간 바깥으로 휘어 있었다. 비처 교수는 조각된 듯한 형태로 해부구조의 진정한 모습을 보여주는 밑면을 참조하여 트리아르트루스의 모형들을 제작했다. 지금 내 앞에도 그 모형 가운데 하나가 있다. 실물의 약 두 배 크기며 소석고로 만들었다. 아주 진짜 같아서, '실물'을 전시해놓은 것이냐고 묻는 사람들이 종종 있다.

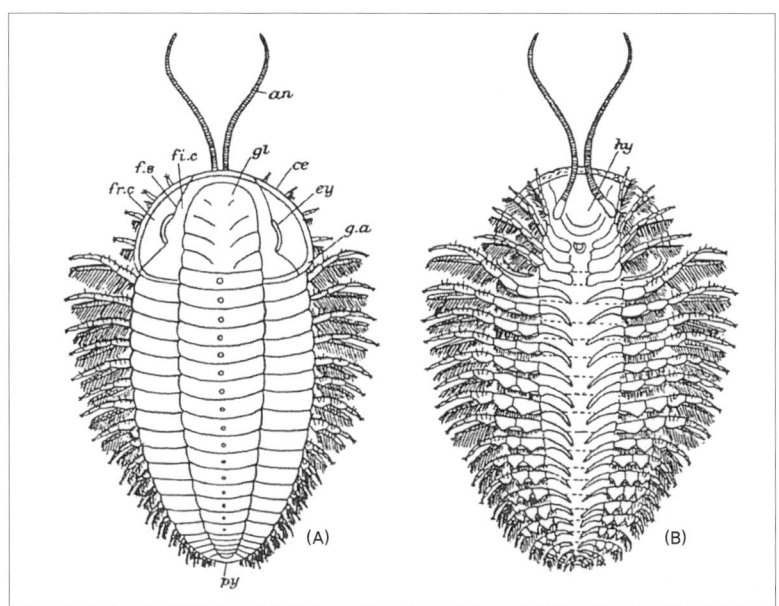

그림 8 비처 교수가 갈라진 부속지와 더듬이가 보이도록 오르도비스기 삼엽충, 트리아르트루스의 몸 밑부분을 재구성한 그림. 그 뒤로 많은 변화가 있었지만, 기본적인 사항들은 그대로다. 현재 머리에는 더듬이 외에 세 쌍의 부속지가 있는 것으로 알려져 있다.
오른쪽은 존 아먼드가 '비처의 삼엽충층'에서 얻은 트리아르트루스의 배 쪽 사진으로서 황철화가 된 부속지가 보인다.

an 더듬이
ey 눈
gl 미간
g.a. 볼모(genal angle)
hy 히포스톰
f.s. 안선
fr.c. 유리볼
fi.c. 고정볼
py 꼬리부

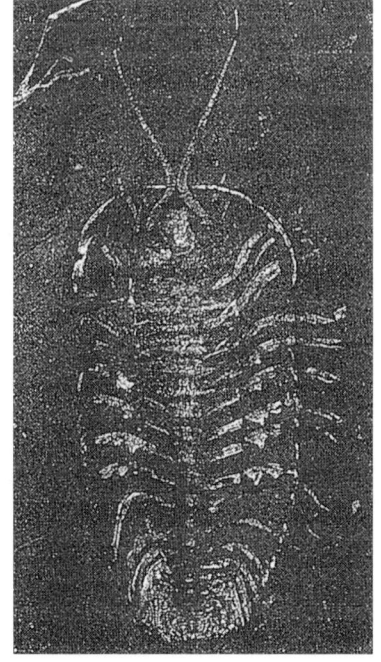

다리 85

말할 나위 없이 그것은 실물이 아니다. 비처의 논문이 발표된 뒤로 약 30년 동안 여러 학자들이 우티카 트리아르트루스를 조사하여 다른 점들을 찾아냈다. 가장 최근의 관찰자는 꼼꼼하기 그지없는 해리 휘팅턴이었다. 그는 1980년대 초에 존 아먼드John Almond라는 젊은 연구원을 두고 있었다. 아먼드는 공기연마기를 써서 황철석 다리를 고스란히 드러냈다. 미세한 가루를 셰일 표면에 대고 불어대는 장치다. 그 가루는 셰일보다는 단단하고 다리의 재료보다는 부드럽다. 따라서 손상을 주지 않고 다리를 드러냈다(적어도 이론상으로는 그렇다). 휘팅턴과 아먼드는 접시에 올라온 바닷가재 다리처럼 뚜렷하게 걷는 관절다리의 구조를 보여줄 수 있었다. 그들은 '발'의 끝에 난 작은 갈모들까지 발견했다. 섬세한 빗 같은 위쪽 부속지는 호흡기관인 아가미로 여겨졌다. 그것은 늑막엽 아래쪽에서 거의 수평으로 뻗어 있었다. 사실 나란히 놓인 빗들이 서로 겹쳤을 수도 있었다. 많은 절지동물들은 물에 녹아 있는 산소를 흡수할 표면적을 넓히기 위해 주름이 많이 나 있는 '폐'를 갖고 있다. 휘팅턴과 아먼드는 현대적인 방법을 써서 월컷이 100여 년 전에 잠정적인 첫 그림에서 '아가미 부속지'라고 해석했던 것이 옳았음을 입증했다. 그들은 새로운 사실들도 발견했다. 한 예로 걷는 다리의 기부—그리고 몇몇 다른 관절들—에는 놀라울 정도로 튼튼한 가시들이 나 있었다. 트리아르트루스는 비처가 생각했던 것보다 훨씬 더 우리를 따끔거리게 했을 것이다.

고생물학에는 최종진리라는 것이 없다. 언제든 새로운 발견을 내놓는 새로운 관찰자들이 등장하기 마련이다. 그리고 신기술, 새로운 착상, 심지어 새로운 실수까지도 계속 나타난다. 과거는 변한다. 과거로 향한 끝없는 여행에 나선 과학자는 결코 모든 것을 다 알아낼 수 없으며, 지식탐구에는 끝이란 것이 없다. 존 드라이든은 그 점을 잘 포착했다.

이 난해한 미로에서 그들의 헛된 노력은 끝이 난다

모자란 존재들이 어떻게 더 위대한 존재를 이해할 수 있단 말인가?
유한한 이성이 어떻게 무한에 도달할 수 있단 말인가?

언제라도 새로운 생각, 새로운 관찰이 나타나기 마련이다. 확고한 절대진리를 갈망하는 사람은 그 탐구에 아예 나서지 않는 편이 낫다. 좌절할 것이 뻔하기 때문이다. 소중히 품은 진리는 모두 후대 연구자들을 통해 수정되기 마련이다. 발전이 이루어지는 것은 분명하지만, 우리가 길의 끝에 도달했는지 어떻게 안단 말인가? 이 말은 물질의 기본입자들뿐 아니라 삼엽충에도 적용된다. 비처 교수는 삼엽충의 다리에 관한 진리를 알아냈다고 생각했고 자신의 모형에 그 진리를 담으려고, 다시 말해 권위를 세우고자 시도했지만, 후대 연구자들은 새로운 진리를 내놓았다.

비처의 삼엽충층을 찾은 가장 최근의 학자는 데렉 브릭스Derek Briggs였다. 비처가 방문한 지 100년이 흐른 뒤에도 그 채석장에서는 새로운 발견이 이루어졌다. 비록 다시 파헤쳐야 했지만. 데렉은 나와 마찬가지로 해리 휘팅턴의 제자였는데, 그 화석들의 가장 명백하면서도 수수께끼 같은 측면, 곧 황철석을 통해 다리들이 보존된 과정에 관심을 가졌다. 그는 대다수의 지층들에서는 텅 빈 껍데기만 나오는 데 반해, 이 지층에서는 왜 금색다리를 갖춘 경이로운 표본들이 나오는지를 이해하고 싶어했다. 내가 남웨일스에서 망치로 깨서 처음으로 화석을 얻은 돌도 비처의 층에서 나오는 것과 겉으로 보기에는 비슷한 진흙에서 형성된 검은 암석이었지만, 거기에는 다리도 더듬이도 없었다. 왜 그럴까? 황철석 피복이 다리가 썩어 없어지기 전에 아주 빠르게 형성되었던 것이 분명하다. 아마 그 동물들은 갑자기 죽었을 뿐 아니라, 세균의 분해활동이 시작되기에 앞서 주검들을 먹어치우는 청소동물들의 공격도 받지 않았을 것이다. 지질시대의 그 시기에 뉴욕 주의 오르도비스기 바다 밑 환경이 아주 특수했던 것이 분명하다.

그곳 셰일들을 자세히 조사해보니 당시 바다 밑의 산소농도가 아주 낮았고, 부드러운 진흙 표면의 밑으로 조금만 들어가도 산소가 전혀 없었음을 알 수 있었다. 산소호흡을 하는 생물에게 적합하지 않은 혐기성이라는 열악한 환경조건이다. 그런 환경에서 살아갈 수 있는 생물의 종류는 극히 한정되어 있지만, 그곳에서 번성하는 특수한 세균들이 있다. 산소가 거의 없는 곳에 살기에, 그들은 에너지를 추출하는 특수한 생화학 반응들을 발전시켰다. 철과 황이 고농도로 존재하는 환경이 대표적이다. 그곳의 세균들은 대사활동에 황을 이용한다. 부속지에 철을 쌓이게 한 것은 이 수많은 미세한 세균들의 활동이었을 가능성이 아주 높다. 데렉은 현재 그 수억 년 전에 자연이 한 일을 인위적으로 재연하는 실험을 고안함으로써 그 과정을 파악하고자 애쓰고 있다. 그 과정은 대단히 복잡하지만, 어떤 일이 벌어졌는지 대강 알려져 있다. 가여운 트리아르트루스는 매몰되어 죽었다. 아마 산소농도가 급격히 떨어졌기 때문일 것이다. 산소가 전혀 없으면 숨을 쉴 수가 없다. 그런 죽은 물을 감히 돌아다닐 청소동물은 없었을 것이다. 연약한 다리들을 부드러운 진흙이 감쌌고, 철과 황이 풍부한 그 수프에서는 오직 세균들만 번성했다. 세균들은 다리가 분해되어 사라지기 전에 표면을 금빛으로 색칠했다. 그렇게 하여 세월의 흐름을 이긴 다리의 주형, 곧 황철석 틀이 형성되었다.

    이제 그 이야기에 내가 잠깐 등장할 차례다. 트리아르트루스의 수수께끼 가운데 아직 해결되지 않은 것이 하나 있었다. 오르도비스기에 이곳 바다가 생물이 살기에 그토록 부적합했다면, 이 작은 삼엽충들이 어떻게 이곳에서 우글거리고 행복하게 살고 있었던 것일까? 적어도 매몰되기 전까지 말이다. 그들은 다른 삼엽충 종들(다른 화석들) 없이 거의 자신들끼리만 살고 있었다. 유별난 상황은 아니었다. 트리아르트루스는 캄브리아기 지층으로 약 5,000만 년 전까지 거슬러 올라가며, 올레니드과(Olenidae)라는 삼엽충 과 전체에서 가장 젊다. 나는 스피츠베르겐의 황량한 해안에서 올레니드를 처음 보았다. 그곳에는 비슷하지만 더 오래된 오르도비스기의 검은 암석들이 흔했고, 그 지층은 아무것도 번성할 수 없었던 바다 밑에 쌓였던 것이다. 이 암석에는 황 함량이 아주 많아서 지질망치로 깨면 썩은 달걀 냄새가 풍겼다. 이 삼엽충들이 황 냄새 가득한 고향에서 번성할 수 있었던 특수한 비밀이 있는 것이 분명했다. 거기에는 트리아르트루스뿐 아니라, 몸집이 좀 더 큰 친척 종들—당시까지 발견되지 않았던—도 있었다. 나는 그중 하나에 클로아카스피스Cloacaspis라는 이름을 붙였다. 로마의 하수구인 클로아카 cloaca에서 따온 이름이다. 이유는 말하지 않아도 알 것이다(타르퀴니우스 프리스쿠스가 건설한 원래의 하수구는 로마의 거리에서 나오는 오물이 티베르 강으로 흘러가도록 되어 있었다). 나는 노르웨이의 수도 오슬로에서 비슷하면서 더 오래된 암석을 본 적이 있다. 그 지층에는 이 모든 삼엽충들의 캄브리아기 조상인 올레누스Olenus가 풍부했다. 이 화석들을 품고 있는 냄새나는 단괴들이 아마도 그 아주 질서정연하고 나무랄 데 없는 도시에서 유일하게 악취를 풍기는 것이었을 듯하다. 올레누스는 스칸디나비아의 선구적인 지질학자 J. W. 달만Dalman이 1827년 그리스 신화 속 인물인 레타이아Lethaea의 남편 이름을 따서 명명한 삼엽충인데, 지금까지 알려진 삼엽충들 가운데 가장 오래된 것에 속한다. 그 부부는 신들의 분노를 사서 돌로 변하고 말았다. 따라서 초기 고생물학자들이 좋아할 만한 가장 딱 맞는 고전적인 이름들이었다! 이 올레니드 삼엽충들은 모두 철이 풍부한 황 냄새 풍기는 진흙에서 번성했다. 다시 말해 산소가 거의 없는 서식지에서 살았다. 따라서 사실상 다른 종들과 경쟁할 필요가 없었다.

비슷한 서식지에 적응한 동물들이 상세히 연구되기 시작한 것은 겨우 지난 몇 년 전부터였다. 자연은 곤경을 기회로 바꿈으로써 불가피한 상황을 좋은 쪽으로 활용하는 데 도가 텄다. 오늘날 황 냄새 풍기는 진흙에는 아가미에 특수한 세균들을 키우는 조개류가 살고 있다. 그 세균들은 황화물을 처리하며, 조개는 세균들이 그 일을 잘할 수 있게끔 충분한 산소를 공급해 준다. 산소가 너무 많이 공급되면 세균의 먹이가 되는 황 화합물 자체가 산화되고 말 것이다. 따라서 그들은 경계지점에 사는 동물들이다. 그들은 오직 산소농도가 낮은 서식지에서 살아간다. 부드러운 진흙 표면 밑, 산소가 전혀 없고 황 화합물이 풍부한 곳에 말이다. 이 특수한 세균은 무색황세균이며, 그들을 연구하려면 현대의 고해상도 현미경과 분자생물학 기술들이 필요하다. 비처와 월컷은 그들이 존재한다는 것조차 알 수 없었다. 조개류는 세균에서 직접 양분을 흡수한다. 한편 그 세균들을 먹이로 '경작하는' 생물들도 있다.* 올레니드를 연구할 때 나도 그들이 황화물 냄새가 나고 산소농도가 낮은 해양환경에서 살았을 거라는 결론을 내렸다. 그때 나는 자체적으로 황세균을 키우는 공생체들이 있으며, 그들이 어떤 환경조건에서 번성하는지를 다룬 논문들을 보게 되었다. 그 순간 나는 큰 깨달음을 얻었다. 갑자기 올레니드과의 수많은 특징들이 이해되기 시작했다. 다른 종들이 전혀 없는 그런 불쾌한 암석에서 그들이 무더기로 나타나는 이유가 명확해졌다. 그들은 그쪽으로 분화한 동물들이었다. 그들은 가슴부에 몸마디가 많아서 몸이 길쭉했다. 따라서 세균을 키울 공간이 더 많았다. 세균들은 현대의 조개류와 같이 긴 실처럼 생긴 아가미 부속지에도 들어 있었을지 모른다. 공격할 포식자가 없었으니 그들의 껍데기는 아주 얇았다. 또 떨어져나간 다리들을 교체하는 데 쓸 철분도 있었다. 이 모든 사실들이 하나로 끼워 맞추어졌다. 다시 말하자면, 이 독특한 삼엽충들은 지금까지 알려진 동물들 가운데 황세균들과 공생관계를 맺은 최초의 종류였다.

우티카 셰일에만 삼엽충의 다리가 잘 보존되어 있는 것은 아니다. 독일의 모젤 강 양쪽 연안과 라인란트 주변지역에도 또 다른 검은 점판암이 지상에 드러나 있다. 이 훈스뤼크 점판암은 중세 때부터 지붕을 이는 돌로 쓰였으며, 19세기 중반에는 그 암석을 캐는 채석장들이 많았다. 지금도 분덴

---

* 다음절 단어를 굳이 쓰고 싶어하는 사람들을 위해 말해두자면, 이런 동물들의 정식명칭은 화학자가영양 공생체다.

바흐의 한 노천광산에는 30명이나 되는 점판암 석공들이 열심히 일하고 있다. 지질시대로 말하면 이 점판암은 우티카 셰일과 이 책의 첫 부분에 언급한 석탄기 사이에 놓여 있다. 곧, 데본기 초(약 3억 9,000만 년 전)에 형성된 것이다. 이 점판암들은 콘월 해안의 펜타곤 절벽을 만든 점판암들과 마찬가지로 복잡한 헤르시니아 조산운동 때 짓눌렸다. 훈스뤼크 점판암의 특정한 지층들에서는 뉴욕 롬 지역의 화석들이 그렇듯이 황철석으로 대체된 화석들이 나온다. 그러나 주변상황은 다르다. 훈스뤼크에서는 풍부한 해양동물상 전체에 황철화가 일어났다. 불가사리, 바다나리, 환형동물, 어류 모두가 말이다. 부드러운 몸을 지닌 생물들은 마치 스냅사진에 찍힌 양 놀란 자세로 사로잡혔다. 이 책이 불가사리에 관한 것이었다면 나는 훈스뤼크에서 발견된 경이로운 화석들의 이야기로 지면을 채웠을 것이다. 이 데본기 바다 밑에는 제약조건이나 특이한 사항들이 전혀 없었다. 거기에는 다양한 생물들이 우글거렸고, 아마 산소도 풍부했을 것이다. 삼엽충은 데본기의 부드러운 진흙 위를 기어 다니던 수많은 절지동물들 가운데 하나였다. 비록 개체수로 따지면 가장 많았지만. 현재 학자들은 이따금 진흙이 가득한 물이 밀려와서 바다 밑 전체를 뒤덮었고, 그 진흙에 철분이 많이 섞여 있어서 화석들의 황철화 효과가 나타났다고 본다. 빌헬름 슈튀르머Wilhelm Stürmer 교수는 이 묻힌 동물들의 X선 사진을 찍는 기술을 완성했다. 존 아먼드가 우티카 셰일에서 했듯이 화석들을 꼼꼼하게 파낼 수도 있지만, 단단한 암석 속을 투과하여 그 안에 묻힌 동물의 사진을 찍을 수 있다면 훨씬 더 낫다. 빌헬름 콘라트 뢴트겐이 1895년에 발견한 X선 덕분에 그 일이 가능해졌다. 황철석은 주위의 점판암보다 X선을 덜 투과시키기 때문에, 방사선 사진에 능숙한 화가가 부드러운 연필로 쓱쓱 그린 양 화석의 윤곽이 나타난다. 마치 유령 같은 모습이다. 과학보다는 주문을 통해 과거에서 소환한 듯이 여겨질 법도 하다.

훈스뤼크 점판암에서 가장 흔한 삼엽충은 길이가 몇 센티미터에 불과한

그림 9 독일 훈스뤼크 점판암의 황철석에 보존된 데본기 삼엽충인 파콥스의 다리.

파콥스Phacops다. 지금 내 앞에는 그 동물의 놀라운 X선 사진이 놓여 있다(별지화보 6). 부속지들이 뚜렷이 보이지만, 움베르토 보치오네의 미래파 그림에 등장하는 걷는 인물들처럼 붕 뜬 듯한 모습으로 중첩되어 나타난다. 그것이 살아 있는 삼엽충에 가장 가까운 모습이겠지만, 우리가 보는 것은 검은 배경의 사진이다. 파콥스는 트리아르트루스와 유연관계상으로 그리 가깝지 않지만, 놀랍게도 그들의 부속지들은 여러 가지 면에서 서로 흡사하다. 더듬이도 비슷하고, 몸마디마다 쌍쌍이 달려 있는 다리들도 비슷하다. X선 사진들은 핀으로 떼어내는 것보다 아가미 부속지의 미세한 끝을 더 자세히 보여준다. 화석이 레이스보다 더 섬세한 것, 거미집처럼 덧없는 것을 기록할 수 있다는 증거다.

부속지가 보존된 삼엽충들이 점점 더 많이 발견되면서, 대부분이 몸길이 전체에 걸쳐 비슷한 유형의 부속지들을 갖고 있음이 드러났다. 그리고 각 부속지는 걷는 다리와 아가미 부속지가 짝을 이루고 있다는 사실도. 삼엽충은 다른 많은 절지동물들과 달리 개별부속지의 분화가 이루어지지 않았다. 바닷가재의 집게발이나 파리의 발에 달린 늘어나는 빨판을 생각해보라. 그와 달리 삼엽충의 움직임은 대체로 비교적 미분화한 상태였다. 환상적인 온갖 형태로 진화한 부위는 껍데기였다. 축제 때에는 다채롭고 화려한 장식으로 치장한 무개차들의 행렬을 볼 수 있다. 치장을 걷어내면 놀라게 된다. 평범한 자동차가 있을 뿐이니까. 우리는 삼엽충의 모습을 하나하나 밝혀냈다. 덮개 밑에 무엇이 있는지는 이제 더는 수수께끼가 아니다. 이제 우리는 쌍쌍이 달린 다리로 걸어가는 삼엽충들의 행렬을 상상할 준비가 되었다. 그것은 축제 때의 그 어떤 행렬보다 기이할 것이다. 달걀처럼 매끄러운 것도 있고 수뢰水雷처럼 뾰족뾰족한 것도 있다. 거대한 것도 있고 왜소한 것도 있다. 왕눈이도 있고 눈이 먼 채 기어 다니는 것도 있다. 팬케이크처럼 납작한 것도 있고 작은 슈크림처럼 통통한 것도 있다. 수많은 종들이 있다. 너무나 다양하고 많기에 삼엽충은 '고생대의 딱정벌레'라고도 불린다. 딱정벌레류는 현생생물들 가운데 가장 다양하다. 생물학자들은 딱정벌레류가 몇 종이나 될지 아예 헤아릴 생각조차 하지 못하고 있다. 마찬가지로 우리는 암석 속에 아직 발견되지 않은 채 숨어 있는 삼엽충이 얼마나 될지 감조차 잡기 어렵다. 우리의 삼엽충 퍼레이드에는 고르고 또 고른 것들만 나올 뿐이다. 그것은 3억 년에 걸친 역사를 한 쪽 분량으로 압축하는 셈이다. 그림들을 한번 훑어보면 삼엽충들이 얼마나 다양한 형태를 갖추었는지 감을 잡기가 좀더 쉬울 것이다. 그 퍼레이드는 가장 오래된 것이 먼저 나오는 식으로 대체로 지질시대 순서를 따를 것이다. 그것들이 어떻게 그토록 다양하게 진화했는가 하는 것은 다음 장의 주제며, 여기에 언급된 삼엽충들은 거의 모두 이 책의 곳곳에 다시 등장한다. 내게는 이들의 이름이 친척들의 이름처럼 친숙하다.

먼저 올레넬루스*Olenellus*(별지화보 10)가 등장한다. 캄브리아기 최초의 삼엽충들(5억 3,500만 년 전) 가운데 가장 흔한 종류다. 19세기 중반에 뉴욕 주의 선구적인 고생물학자 제임스 홀이 발견했으며, 그 뒤로 멀리 스코틀랜드까지 세계 여러 지역에서 발견되었다. 그렇게 오래되었음에도, 크고 긴 머리부에는 튀어나온 눈이 한 쌍 달려 있다. 이 동물의 몸에서 폭이 가장 넓은 부위인 머리끝에는 양쪽 구석에 가시들이 나 있다. 몸은 뒤쪽으로 갈수록 서서히 가늘어지며, 가슴부는 다소 납작하고 양쪽 끝이 가시처럼 뾰족한 많은 몸마디로 이루어져 있다. 가슴마디들 중에는 앞쪽에 놓인 것 하나가 유별나게 발달해 있다. 그 가슴마디의 늑막가시들은 뒤쪽으로 몸보다 더 길게 뻗어 나간다. 그리고 몸의 뒤쪽 끝에 가까운 가슴부 축의 중앙에 긴 가시가 하나 나 있다. 그다음부터는 몸마디들이 아주 작으며, 꼬리는 진짜 작다. 어쩐지 좀 원시적인 삼엽충처럼 보인다. 아직 머리방패에 허물벗기를 할 때 도움을 줄 안선이 발달하지 않은 상태다. 한쪽 끝이 좁은 형태인 미간은 몸마디들을 나누는 주름들이 아주 뚜렷이 나 있으며, 앞쪽은 다듬은 양 거의 둥글다.

올레넬루스 다음에는 커다란 바닷가재만한 삼엽충이 나온다. 번들거리는 눈으로 작은 먹이를 찾아 빠르게 돌아다니는 존재다. 바로 파라독시데스다. 기이한 특징들에 걸맞은 이름을 가졌다는 말을 앞서 한 바 있다. 이 삼엽충은 처음에 19세기 초 스웨덴에서 발견되었다. 지금은 아주 널리 분포했다는 것이 알려져 있다. 먼저 등장한 삼엽충처럼 가슴마디가 많지만, 유별나게 큰 가슴마디는 없다. 볼침은 한 쌍의 칼처럼 무시무시하게 뒤로 쭉 뻗어 있다. 몸 뒤쪽 끝의 늑막가시들은 서부영화의 악당들이 자랑하는 축 늘어진 수염처럼 꼬리 너머까지 뻗어 나간다. 꼬리는 올레넬루스의 것보다 약간 더 크지만 그래도 작다. 하지만 주름이 난 미간은 팽창해 있다. 미간은 전체적으로 앞쪽으로 뻗어 나와 있고, 그 밑에는 아마도 게걸스럽게 먹은 먹이들을 담을 더 큰 위장이 놓여 있었을 것이다. 파라독시데스는 올레넬루스보다 1,500만 년 더 뒤인 캄브리아기 중기에 출현했다. 그래도 초기 형태라고 할 수 있지만, 파라독시데스는 분화한 진정한 삼엽충이었다.

이제 아주 작은 것들이 떼 지어 나타난다. 이것들도 삼엽충이란 말인가? 이들은 길이가 몇 밀리미터에 불과한 아주 작은 움직이는 콩처럼 보인다. 퍼레이드를 한다기보다는 그냥 날듯이 또는 헤엄치듯이 스쳐 지나치는 듯하다. 이 작은 동물들은 많은 물벼룩들이 움직이는 것처럼 물속을 후닥닥 나아가기 때문이다. 너무나 작기에 다른 캄브리아기 친척들과 어떤 차이가 있는지 알아보려면 실눈을 뜨고 살펴보아야 한다. 일부는 몸을 단단히 말고 있는 듯하다. 그들은 파라독시데스와 이루 상상할 수 없을 정도로 다르다. 몸집만 그런 것이 아니다. 이 동물들은 가슴마디의 수가 아주 적고 완벽하게 짜 맞추어져 있기 때문이다. 사실 가슴마디가 두 개뿐이며, 작은 수술칼로 잘라낸 듯이 끝이 뭉툭하다. 그리고 꼬리와 머리를 구별하기가 어렵다. 양쪽 다 크기가 똑같으며, 눈이 있다는 흔적도 없다. 따라서 이들은 절벽 꼭대기에서 곤경에 처한 나이트 씨를 바라보던 기어 다니는 구경꾼과 전혀 다른 작고 눈먼 삼엽충들이다. 이들은 기이하게 작고 분화해 있고 정교하며 대단히 성공을 거둔 존재로서, 먹이인 플랑크톤이 많았을 때는 틀림없이 캄브리아기 후기(5억 500만 년 전)의 바다를 검게 만들 정도로 불어났을 것이다. 이들은 그 시대의 모든 대륙의 지층에서 발견된다. 이 작은 수수께끼의 이름은 아그노스투스다. 정말 딱 맞는 이름이 아닌가! 그리고 우리 퍼레이드에 등장한 아주 흔한 종은 아그노스투스 피시포르미스*Agnostus pisiformis*(별지화보 11)다. 글자 그대로 해석하면 '완두 같은 미지의 존재' 라는 뜻이다. 속명인 아그노스투스는 1822년 브롱니아르가 붙였다. 그는 란데일로의 '넙치'에 삼엽충이라는 멋진 이름을 붙인 인물로 기억될 것이다. 나는 거의 모두가 이 작은 아그노스투스 삼엽충들로 이루어진 스웨덴산 석회암을 살펴본 바 있다. 그것은 돌이 된 완두수프, 혹 중의 혹, 별난 것 중의 별난 것처럼 보일 수 있다. 이제 또 한 번 위엄 있는 동물이 등장한다. 이 삼엽충은 크기와 모양이 작은 은쟁반처럼 다소 볼록하고 매끄러우며, 아그노스투스처럼 머리방패만한 크기의 꼬리부가 있다. 하지만 닮은 구석들도 있다. 이 삼엽충은 가슴마디가 8개고 수월하게 몸을 말 수 있도록 완벽하게 서로 짜 맞추어져 있다. 눈은 튀어나와 있고 초승달 모양이며 머리 위에 솟아오른 한 쌍의 잠망경처럼 눈자루가 달려 있다. 미간은 파라독시데스와 달리 그다지 두드러지지 않는다. 주름도 그리 깊지 않을 뿐 아니라 볼침도 없다. 따라서 이 삼엽충은 매끄럽게 이동하는 데 걸맞게 반질반질하고 둥그스름하게 설계된 듯하다. 이 동물 중 한 마리는 부드러운 진흙에 반쯤 묻혀 있다. 그 부위의 퇴적물 표면이 약간 튀어나와 있어서 알 수 있다. 그리고 그 위로 주변을 감시하듯 눈이 빼죽 튀어나와 있다. 이소텔루스*Isotelus*(별지화보 12)는 르위드가 남웨일스의 란데일로에서 발견한 오기기오카렐라가 더 볼록해진 형태라 할 수 있다. 그리고 사실 그것은 후자의 가까운 친척이며, 오르도비스기의 것이다(4억 7,000만 년 전).

이소텔루스에 비하면 동시대의 몇몇 삼엽충들은 왜소해 보인다. 그 가운데 뭉툭한 머리에 6개의 몸마디로 이루어진 거의 납작한 가슴부, 완벽한 삼각형 꼬리를 가진 작은 메달 같은 것이 있다. 이 삼엽충은 볼침이 대단히 길다. 몸보다 훨씬 더 길어서 마치 썰매 위에 올라탄 듯한 모습이다. 미간은 나머지 부위들보다 더 높이 솟아 있으며, 배[梨]처럼 부풀어 있다. 눈이 있다는 증거는 전혀 없으므로, 이 삼엽충도 아마 눈먼 종류였을 것이다. 가장 특이한 점은 머리가 여과기처럼 구멍이 송송 뚫린 테두리로 덮여 있었다는 것이다. 그 구멍 가득한 테두리는 마치 후광처럼 머리 앞쪽을 둘러싸고 있었다. 구멍들은 제멋대로 흩어져 있지 않았다. 규칙적인 행렬을 이루고 있었으며, 종마다 독특한 배열을 보였다. 각 구멍은 왕조의 문양처럼 정확하게 도안되어 주조된 동전처럼 크기와 모양이 완벽하다. 배 쪽에서 보면 다소 허약한 작은 다리들이 그 작은 메달을 이리저리 움직였다. 이 종들은 안전한 바다 밑을 결코 벗어나지 않았다. 트리누클레우스 Trinucleus (별지화보 13)라는 이름은 굳이 라틴어 유의어 사전을 뒤지지 않아도 무슨 뜻인지 알 수 있다. 이 특이한 동물에 그 이름을 붙인 사람은 로더릭 머치슨 경이었다. 그는 선구적인 웨일스 횡단 탐사(1833~37)를 다녀온 뒤에 1839년에 그 명칭을 붙였다. 현대 연구자들은 머리의 테두리가 껍데기의 변형된 내층과 짝을 이룬다는 것을 알아냈다. '내층(lower lamella)'에는 각 구멍에 맞는 작은 돌기들이 나 있다. 테두리는 작은 관들이 뚫려 있는 이중판인 자연공학의 복잡한 산물이다. 이 동물은 현대 바다에 있는 것들만큼 오르도비스기 바다에 특수하게 적응해 있었을 것이 분명하다. 하지만 그것이 어떻게 살았을지는 아직 수수께끼로 남아 있다. 5세대에 걸친 고생물학자들이 이 완벽한 작은 동물들을 연구했음에도 말이다. 트리누클레우스 자체는 웨일스에서만 나타나지만, 가까운 친척들은 전 세계에서 발견된다.

이제 몇몇 헤엄의 대가들이 등장한다. 여기 유별난 눈을 지닌 삼엽충들이 있다. 마치 일종의 갑상샘항진증에 걸린 양, 눈이 툭 튀어나와 있다. 머리방패의 측면 거의 전체가 팽창한 커다란 시각 표면이 되어 있다. 쉽게 말해 유리볼이 눈으로 바뀌어 있다. 잠자리의 눈처럼 수정체들이 뚜렷하게 벌집 모양으로 배열되어 있다. 더 기이한 점은 양쪽 눈이 몸의 앞쪽에서 사실상 하나로 합쳐져서 일종의 거대한 시각기관, 또는 전조등을 이루고 있다는 것이다. 이 동물은 키클로피게 Cyclopyge로서, 1845년 보헤미아의 고생물학자 요아힘 바란데가 처음 발견했다(그것과 아주 가까운 친척이 별지화보 15에 나와 있다). 고대 트라키아에 살았다는 신화 속의 외눈박이 거인인 키클롭스에서 따온 이름이다. 우리 삼엽충은 시각 부분이 예외일 뿐 거대하지 않다.

대체로 그들은 커다란 벌만하다. 하지만 그 눈은 정말로 경이롭다! 몸의 나머지 부위들은 매끄럽고 치밀하다. 이 삼엽충은 미간이 어디에 있는지 정확히 파악하기가 쉽지 않다. 그것은 눈 사이의 편평한 부위에 있다. 가슴마디는 6개며, 서로 잘 짜 맞추어지도록 되어 있다. 이 동물의 몸은 헤엄치기에 알맞다. 꼬리부는 거의 반원형이며, 축이 짧다. 트리누클레우스는 바다 밑을 기어 다닌 반면, 키클로피게는 그 위를 헤엄쳤다.

일라이누스*Illaenus*는 삼엽충의 극단이라고 할 정도로 볼록하다. 가장자리가 모두 둥그스름한 장갑차와 비슷한 모습이다. 눈은 좀 작고 가장자리까지 급경사를 이루고 있는 머리 위에 높이 솟아 있다. 미간과 가슴부는 매끄럽게 하나로 융합되어 있으며, 가슴 늑막엽도 급경사를 이루고 있다. 탱크 같은 몸통 뒤쪽으로는 커다란 반원형 꼬리방패가 붙어 있다. 꼬리방패도 거의 매끄럽다. 그래서 그 안에 몸마디가 몇 개나 들어 있는지 추측하기가 어렵다. 일라이누스가 몸을 말면 어떤 포식자도 벌릴 수 없는 거의 완벽한 공 모양이 된다. 그것은 삼엽충계의 아르마딜로였다(그것의 가까운 친척인 부마스투스*Bumastus*가 별지화보 3에 나와 있다). 일라이누스의 시대인 오르도비스기나 실루리아기의 포식자가 이 단단한 캡슐을 열고자 갖은 애를 쓰다가 포기하는 광경이 눈에 선하다. 그리고 수정 같은 눈은 적이 낭패한 모습을 응시하고 있다가, 때가 되면 몸을 펴고 쪼르르 안전한 곳으로 달아난다. 많은 삼엽충들이 그렇듯이, 일라이누스도 19세기 초 스웨덴에서 처음 발견되었고, 그 뒤로 거의 모든 대륙에서 발굴되었다.

칼리메네는 삼엽충의 전형이라고 여겨지는 종류다. 그래서 많은 교과서에서 학생들에게 맨 처음 보여주는 삼엽충이 바로 이 종류다. 칼리메네는 실루리아기 지층(약 4억 2,500만 년 전)에서 가장 흔한 삼엽충에 속하며, 영국의 지표면에 드러난 고생대 전기 지층들 가운데 처음으로 가장 철저히 조사가 이루어진 웬록 지역에서 발견되었다. A. E. 하우스먼의 시에 등장하는 웬록에지는 서쪽으로 웨일스를 향하고 있는 웬록 석회암으로 이루어진 절벽이다. 슈롭셔의 비에 서서히 씻겨나가면서 드러난 산호화석들로 이루어진 곳이다. 우스터셔의 더들리 마을에는 18세기와 19세기에 활기를 띠었던 채석장들이 있다. 그곳에서는 잘 보존된 아름다운 칼리메네 블루멘바키 Calymene blumenbachii 화석이 수십만 점 발견되었다. 좀 있어 보이는 화석수집품 목록에는 으레 이 표본이 한두 점 들어 있기 마련이다. 이 화석은 통통하면서 손바닥에 딱 들어맞는 크기로서 거부할 수 없는 매력을 발산한다. 내가 애지중지하는 채집물 가운데 금테두리에 박아 넣은 아주 멋진 칼리메네 브로치가 있다(별지화보 17). 이전 소유자의 가슴에 꽂혀 있었을 때에는 대단한 화젯거리가 되었을 것이 분명하다. 이 이른바 '더들리 메뚜기'는 그 마을의 문장으로도 쓰인다(그 이름을 붙인 사람들은 삼엽충이 절지동물임을 알았던 것이 분명하다. 비록 '메뚜기'는 좀 정확하지 않지만). 그 지역 박물관의 열의에 넘친 학예사들은 옛 채석장 자리에 거대한 칼리메네 모양의 학습관을 세우고 싶어한다. 방문객들이 미간 아래에서 식사를 하고 가슴부 밑에서 삼엽충의 역사를 배울 수 있다면 멋지지 않겠는가. 전폭적으로 지지한다. 이 볼록한 삼엽충은 아주 깊은 주름들이 나 있으면서 한쪽으로 갈수록 가늘어지는 미간을 갖고 있다. 유리볼은 원의 3분의 2에 해당하는 모양이다. 가슴마디는 12개며 축이 도드라져 있다. 꼬리는 머리보다 작으며 끝으로 갈수록 급격히 얇아진다. 몸을 말면 머리의 테두리 속으로 들어간다. 나는 몸을 돌돌 만 칼리메네 화석을 어린 학생들의 손에 쥐어주곤 한다. 4억 년이 넘는 세월의 무게를 직접 느껴보라고 말이다. 그렇게 실물을 만져보는 것이 비디오 10여 편을 보는 것보다 훨씬 낫다. 그런 경이감은 상점의 계산대를 통해서 살 수 없다. 이런저런 교과과정에서 요구하는 준비물 목록을 통해서 얻을 수 있는 것도 아니다. 그것은 예기치 않게 아이의 마음을 사로잡는 것이다.

라디아스피스 Radiaspis는 가시 찬미자다. 몸집이 칼리메네보다 작지만, 온몸에서 뻗어 나온 가시들이 그것을 보충하고 남는다. 머리 앞쪽에는 가시들이 빗처럼 수북이 나 있다. 볼침도 가득하다. 납작한 가슴마디들의 양 끝에는 가시가 하나가 아니라 둘씩 나 있다. 꼬리도 길고 우아한 가시들에 덮여 있다. 눈은 눈자루에 달려 있는데, 자세히 살펴보지 않으면 한 쌍의 가시로 착각하기 쉽다. 라디아스피스는 오돈토플레우리드odontopleurid 삼엽충에 속한다. '이빨 달린 늑막엽'이라는 뜻인데, 실물을 보면 이유를 알 수 있다. 미간은 신기할 정도로 둥근 열편으로 나뉘어 있다. 가슴부의 축에도 가시들이 나 있다. 보면 이 삼엽충이 그 이름으로 분화한 상태임을 직감적으로 알 수 있다. 해마나 큰귀박쥐를 처음으로 보았을 때 받는 기묘하다는 느낌을 똑같이 받기 때문이다. 자연계가 정말로 풍요롭구나 하는 경이로운 느낌이 문득 찾아온다. 기묘하게 보일지 모르지만, 아무튼 오돈토플레우리드 체형(별지화보 32)은 대단한 성공을 거두었다. 이 체형은 오르도비스기에서 데본기까지(5억~3억 7,000만 년 전)까지 존속했고 수백 종류의 종들에게 계승되었으며, 각 종은 가시들이 독특하게 배열되어 있다. 이 책의 표지에 실린 삼엽충은 친척 속인 디크라누루스Dicranurus인데, 머리 위쪽에 산양의 뿔 같은 가시가 길게 나 있다.

이어서 또 다른 삼엽충이 등장한다. 우리가 앞서 만나본 파콥스(별지화보 18)다. 데본기의 몸집 큰 삼엽충으로서 아주 큰 수정체를 지닌 특수한 눈을 갖고 있다. 다음 장에서는 그 눈을 통해 고대 세계를 상세히 살펴볼 것이다. 파콥스 화석은 1820년대에 독일에서 맨 처음 발견된 뒤, 영국, 프랑스, 북아메리카에서도 발견되었다. 등딱지에는 사마귀 같은 거친 혹들이 가득 나 있다. 나는 지금 모로코에서 발견된 커다란 파콥스의 표면을 손으로 어루만지면서 이 글을 쓰고 있다. 이 독특한 삼엽충은 1985년부터 시장에서 흔히 볼 수 있는 것이 되었다. 대부분 석회암에서 좀 거칠게 파낸 것들이라, 마치 조각품처럼 보인다. 내 표본도 옛날 오이처럼 거친 느낌을 준다. 손가락으로 더듬어보니 가슴마디가 11개다. 이 삼엽충은 능선과 주름이 아주 뚜렷해서 마치 점자를 읽는 듯하다. 미간은 앞쪽으로 뻗어 나와 삼각형을 이루고 있다. 꼬리는 몸마디 사이에 깊이 주름이 나 있다. 가장 흔한 종 가운데 파콥스 라나*Phacops rana*가 있다. 그 이름을 붙인 사람은 혹으로 가득한 '피부'를 염두에 두었던 듯하다. 라나는 라틴어로 개구리를 뜻한다. 마치 잘 닦은 양은처럼 하얀 오하이오 주의 실리카 셰일에서 이 표본들이 발견된다. 무더기로 발견되곤 하는데, 어떤 학자는 그들이 짝짓기를 하러 모여 있다가 재앙을 맞이한 것이라고 추측했다. 그렇다면 번식의 순간이 보존의 순간이 된 셈이다.

이어서 여러 삼엽충들이 퍼레이드에 등장하는데, 너무 황급히 쪼르르 달려가는 바람에 우리는 한두 가지 뚜렷한 특징만 알아볼 수 있을 뿐이다. 크고 굽은 가시들이 몇 개 달려 있는 고양이 발 같은 꼬리를 지닌 크로탈로케팔루스*Crotalocephalus*(별지화보 19)가 지나간다. 이어서 대바늘처럼 꼬리 뒤쪽으로 가시가 하나 길게 뻗은 달마니테스*Dalmanites*가 지나간다. 그다음에는 가자미처럼 납작하지만 쥘부채처럼 댓살이 뚜렷한 꼬리를 지닌 스쿠텔룸*Scutellum*(별지화보 21)이 등장하는가 싶더니 꼬리를 휙 치면서 우리를 지나친다. 이어 나온 리카스*Lichas*는 몸집이 거대하며 거의 납작한 반면, 미간은 많은 거품들이 붙어 있는 양 튀어나와 있고, 꼬리는 홈이 나 있고 가장자리가 거친 톱니 모양이다. 그 옆에는 부드러운 진흙 속을 더듬고 다니는, 아마도 눈이 퇴화되어 있었을 작은 삼엽충인 슈마르디아*Shumardia*가 있다. 이어서 가시가 수북한 괴물들이 등장한다. 코무라*Comura*(별지화보 34)다. 악몽에 나올 법한 가시들이 수직으로 뻗어 있다. 이런 식으로 퍼레이드는 계속 이어진다.

거의 마지막에 등장하는 삼엽충은 자그마한 필립시아*Phillipsia*다(별지화보 23에 가까운 친척인 그리피티데스*Griffithides*가 나와 있다). 존 필립스John Phillips의 이름을 땄다. 그의 『요크셔 지질학*Illustrations of the Geology of Yorkshire*』(1836)에 실린 도판들은 대단히 탁월하기에, 그는 화석에 불멸의 이름이 붙을 만한 자격이 있다. 언뜻 보면 이 삼엽충은 먼저 지나간 환상적인 삼엽충들에 비하면 그다지 눈에 확 띄는 특징을 지니지 않은 듯하다. 그러나 이 종은 토머스 하디가 북콘월의 비니 절벽에 끼워 넣었던 종의 친척이라고 할 수 있다. 커다란 초승달 같은 눈으로 석탄기(3억 3,000만 년 전)의 바다 밑을 기어 다녔고, 마치 고생대의 홍역에 걸려 고생한 양, 껍데기 전체에 혹들이 점점이 나 있다. 한쪽 끝이 가느다란 미간도 다른 부위들과 마찬가지로 고생한 흔적이 역력하다. 꼬리방패는 아주 크며, 깊은 주름이 나 있다. 아마 하디는 필립이 요크셔의 삼엽충을 설명한 이 도판들을 보았을지 모른다. 그 이미지가 그의 머릿속에 남아 있었던 것이 아닐까. 이 삼엽충은 생존자가 될 만한 뚜렷한 특징을 전혀 지니고 있지 않지만, 마지막까지 생존한 삼엽충들은 모두 필립시아의 친척들이었다. 그들은 페름기(2억 6,000만 년 전)까지 살다가 사라졌다. 드디어 3억 년에 걸친 긴 퍼레이드가 끝이 났다.

이제 이 퍼레이드의 몇몇 순간을 포착하려고 애쓰면서 평생을 보낸다는 말이 납득이 갈 것이다. 알아내야 할 역사는 너무 많으며, 우리에게 역사를 보여줄 껍데기의 수는 극히 적다. 동물 한 마리가 우리 눈에 띌 때, 눈에 띄지 않은 동물 또는 부드러운 진흙에 발자국만 남기고 사라진 동물 열 마리가 더 있다. 열차로 함께 통근하던 한 동료는 삼엽충을 연구한답시고 날마다 출근하는 내가 도무지 이해가 안 되었던지 내게 질문을 했다. 그는 내가 모나리자처럼 삼엽충 하나를 놓고 연구한다고 짐작했던 모양이다. 날마다 그 그림 앞에서 수수께끼의 미소에 대한 새로운 이론을 짜내느라 고심하는 식으로 말이다. 나는 내 연구가 모나리자들이 가득 걸린 거의 무한히 갈라져 뻗어나가는 전시실들을 돌아다니는 것과 비슷하다고 설명했다. 그리고 우리에게 보이는 것이 미소뿐일 때도 많고 말이다. 한 전시실의 끝에 다다를 때마다, 탐사할 새로운 전시실이 나타나는 일이 한없이 되풀이된다. 그것도 다리가 없는 그림들이 대부분이다.

삼엽충 전문가들의 세계처럼 규모가 작은 과학계에서 일하다보면 신기하게도 유리한 점이 몇 가지 있다. 우선 모르는 사람이 거의 없다. 마치 확대가족 같다. 여느 가족과 마찬가지로 거기에는 서로 반목하고 견해차를 보이는 사람들도 있지만, 결국에는 가족애가 이기기 마련이다. 여느 가족과 마찬가지로 그들도 집안의 역사를 잘 알고 있다. 찰스 둘리틀 월컷은 유명한 조상 가운데 한 명으로 대접받는다. 이 집안에는 가여운 존 솔터처럼 미친 사람도 있고, 루돌프 카우프만Rudolf Kaufmann처럼 나치의 박해로 죽은 사람도 있다. 그리고 세대와 국경을 초월한 유대감이 있다. 당신이 어디로 가든 상관없다. 그곳에 '삼엽충 전문가'가 있다면, 당신은 공항에서 환영하는 얼굴을 볼 것이고, 곧 비공식적인 여권을 보여주듯이 서로 화석의 이름들을 주고받게 될 것이다. 1996년 한겨울에 카자흐스탄의 알마티 공항에 내린 적이 있다. 나는 국제터미널이라고 말하는 커다란 창고 바깥에 서 있었다. 번쩍거리는 리무진이 다가왔다. 하지만 나를 태우기 위한 것이 아니었다. 소련 붕괴 이후에 새로 등장한, 석유나 광물 같은 것을 거래하는 사업가들용이었다. 자기 할머니를 내다 판다는 말도 있지만. 아무튼 마냥 어슬렁거리고 있자니 좀 처량한 느낌이 들었다. 매서운 밤공기 속으로 하릴없이 입김을 쏟아낼 즈음, 멀리 낡은 트라반트가 보였다. 플루토 만화에 나오는 고물자동차마냥 툴툴거리며 비듬처럼 눈송이들을 흩날리면서 다가온 자동차는 끽 소리를 내며 내 옆에 섰다. 그리고 창 밖으로 금니를 반짝이며 환하게 웃음 짓는 얼굴이 나타났다. 카자흐스탄인 동료 미하일 아폴로노프였다. 그가 과장스럽게 장중한 어조로 말했다. "도착했습니다!" 몇 분 지나지 않아 우리는 삼엽충학계의 소소한 이야기들을 떠들어대고 있었다.

04

결정 눈

나는 빛이 필연적으로 정교한 시각을 낳았다고는 믿지 않는다. 그것은 그저 이 행성의 생명이 취한 특정한 경로, 단세포 생물의 단순한 감광성이 정교해지고 개선됨으로써 빚어진 결과일 뿐이었다. 삼엽충의 눈은 가능한 대안들 가운데 하나의 특정한 진화가지가 선택되었음을 보여주는 확실한 증거다. 바로 세계를 볼 수 있도록 한 혁신의 산물이다. 이 문턱은 일단 건너고 나면 결코 잊을 수 없다. 설령 일부 동물들―삼엽충을 포함하여―은 어둠 속에서 더듬는 쪽을 선호하여 시각을 잃기도 했지만 말이다.

세계가 눈으로 보도록 만들어져 있다거나 눈이 세계에 볼 것이 아주 많다는 데에서 비롯된 필연적인 결과물이라는 말에는 굳이 의문을 제기할 여지가 없어 보인다. 하지만 잠시 생각해보면 시각의 필연성을 그다지 확신할 수 없게 된다. 세계는 그것을 묘사하는 데 쓸 수 있는 다른 신호들로 가득하다. 가령 미묘하고도 어디에나 존재하는 화학신호들인 냄새와 시각만큼, 아니 그보다 더 형태를 예민하게 포착하는 촉각이 있다. 촉각은 착시효과를 낳는 그림이나 위장에 현혹되지 않으니까 말이다. 눈이 아예 발달하지 않은 세계를 상상해보자. 곤충의 눈도 어류의 눈도 포유류의 눈도 인류의 눈도 없는 세계를 말이다. 그 세계에서는 다른 감각들이 주변세계를 파악하는 일을 대신 떠맡고 있을 것이다. 그것은 접촉의 세계, 더듬이의 세계, 포옹이 한번 흘깃 보는 행위를 대신하고도 남는 세계일 것이다. 모든 행동에는 더듬이를 씰룩거리고 흔드는 행위가 수반될 것이다. 우리는 금방 사라지는 분자를 가장 잘 포착하도록 조율된 기관들이 선택되는 쪽으로 진화과정이 진행될 거라고 상상할 수 있다. 지금도 우리는 나방이 어디선가 불어온 바람에 담긴 아주 미량의 페로몬을 감지하여 이성을 찾아 몇 킬로미터에 걸친 사랑의 비행에 나선다는 것을 알고 있다. 보지 못하는 세계에서는 그런 자극에 대한 감수성이 선택되고 더 다듬어질 것이다. 그곳은 우리의 거친 감각이 상상할 수 없을 정도로 섬세하고 민감한 세계일 것이다.

의식을 지닌 동물은 이 가장 감각적인 환경의 어디에서나 촉감과 냄새의 언어를 활용할 것이다. 아름다움은 청각이나 촉각이나 후각으로 표현될 것이다. 시는 눈의 헤아릴 길 없는 신비나 한없는 깊이를 찬미하지 않을 것이며, 머리카락을 비단결에 비교하지도 않을 것이다. 시각적 비유는 무의미할 테니까. 피부의 감촉은 극도로 성적인 자극이 될 것이고, 자연선택은 더 정교한 향내와 유인하는 화학물질들을 선호할 것이다. 그리고 그런 것들은 우리가 오직 상상 속에서만 떠올릴 수 있는 언어를 발달시킬 것이다. 거기에는 향기의 교향악이 있을지도 모른다. 사향 냄새로 가득한 모차르트 교향악이 말이다. 소설가는 후각적 이야기를 짓고, 시인은 냄새의 소네트를 지을지 모른다. 조각은 오직 수억 년에 걸친 촉각의 진화를 거친 손가락만이 구분할 수 있는 온갖 미묘한 형상들을 담아낼 것이다. 아마도 '맹목적이다' 같은 단어는 없으리라.

그래서 나는 빛이 필연적으로 정교한 시각을 낳았다고는 믿지 않는다. 그것은 그저 이 행성의 생명이 취한 특정한 경로, 단세포 생물의 단순한 감광성이 정교해지고 개선됨으로써 빚어진 결과일 뿐이었다. 삼엽충의 눈은 가능한 대안들 가운데 하나의 특정한 진화가지가 선택되었음을 보여주는 확실한 증거다. 바로 세계를 볼 수 있도록 한 혁신의 산물이다. 이 문턱은 일단 건너고 나면 결코 잊을 수 없다. 설령 일부 동물들—삼엽충을 포함하여—은 어둠 속에서 더듬는 쪽을 선호하여 시각을 잃기도 했지만 말이다.

최근에 실험실에서 연구하는 과학자들이 동물이 배아에서 성체로 자랄 때 다양한 기관들의 발달순서를 전반적으로 통제하는 유전자들을 찾아냈다. 이 주조정을 담당한 것이 혹스HOX 유전자들이다. 비슷한 유전자들이 메뚜기의 머리 위치뿐 아니라 어류(또는 캥거루, 또는 인간)의 머리 위치까지 조절한다니 놀랍기만 하다. 이 유전자들의 기원에 관한 기억은 최초의 동물들이 발달한 선캄브리아대에 이미 사라졌지만, 우리 몸의 무의식 아주 깊은 곳에는 남아 있다고 할 수 있다. 우리는 삼엽충의 유전암호를 화석에서 직접 얻을 수는 없으며, 앞으로도 그럴 것이다. 하지만 우리는 삼엽충의 발달이 현생동물들에서 파악할 수 있는 혹스 유전자와 비슷한 유전자들의 통제를 받았을 거라고 확신할 수 있다.

이 주장에 따르는 논증은 전적으로 논리학적인 것이다. 수정란에서 성체로의 발생과정을 세포수준에서 연구하는 발생학자들은 특정한 유전자의 명령에 반응하는 조직들을 염색하는 기술을 개발했다. 연구자들은 그 기술을 이용하여 표준 실험곤충인 초파리가 척추동물의 배아와 비슷한 방식으로 발달한다는 사실을 밝혀내기도 했다. 그들은 체형과 무관하게 몸에게 어떻게 발달할 것인지를 지시하는 명령문들의 집합이 있음을 발견했다. 그 결론은 이 발생순서를 통제하는 유전자들이 곤충과 척추동물의 가장 최근 공통조상보다 더 앞서 존재했어야 함을 의미한다. 곤충과 척추동물의 진화적 '분기'는 가장 오래된 삼엽충보다 더 앞서 일어났다. 우리는 삼엽충이 전형적인 절지동물(먼 사촌인 초파리와 마찬가지로)임을 알고 있기 때문이다. 따라서 등뼈를 지닌 동물과 관절다리를 지닌 동물을 잇는 공통조상—양쪽 공통의 유전자들을 소유했을 것이 분명한 동물—은 최초의 삼엽충 화석이 나온 시대보다 더 앞서 살았을 것이 분명하다. 사실 절지동물과 척추동물의 분기는 생명의 계통수에서 가지가 가장 깊이 갈라진 부위에 속한다. 계통수상으로 절지동물은 척추동물보다는 연체동물과 더 가까운 관계일 가능성도 있다. 우리는 이 먼 조상의 계보를 파악하기가 쉽지 않다. 아마 그 공통조상이 어떤 모습일지 결코 알 수 없을지도 모른다. 우리는 그것이 작고 부드러운 몸을 지녔으며, 따라서 화석을 전혀 남기지 않았을 거라고 추론할 수 있다. 그렇긴 해도 그것이 남긴 유산은 지금도 발생하는 배아에게 어느 세포들로 머리를 만들고 몸을 앞뒤로 어떻게 배열할지를 알려준다. 그것은 가장 오래된 시대에 나온 독특한 청사진을 고스란히 따른다. 이 먼 옛날의 선언문이 삼엽충의 발달에 관여하여 뇌를 머리 안에 담도록 하고, 눈의 성장과 발달을 지시할 명령들을 한다고 상상하니 좀 놀랍다.*

  눈은 이 고대 명령문 집합의 일부다. 어류나 파리나 인간에게서 눈을 만들도록 하는 자극은 똑같은 것인 듯하다. 배아에서 세포들이 발달할 때, 눈의 분화가 시작되는 시점이 있다. 처음에 일단의 세포 덩어리가 분열을 되풀이하기 시작한다. 최종산물은 전혀 다를 수 있지만—곤충의 눈은 겹눈이고 척추동물의 눈은 수정체를 하나 지닌 눈이다—그 자극, 다시 말해

---

* 눈 발달을 조절하는 유전자는 혹스 유전자가 아니라, PAX6이라는 호메오도메인 유전자다.

'눈을 만들어라!'라는 명령은 모든 동물에게 공통적인 것일 수 있다. 그 유전자들의 심층언어는 생물들의 바벨탑을 통해 이해될 수 있는 생물설계의 에스페란토어다. 심층에 자리한 그 유전자들은 생물세계를 지금처럼 풍성하게 만든 생명의 놀라운 증식보다 더 앞선 조직원리가 있었음을 시사한다. 이 심층구조를 이해하려면 차이점들을 배제시키고 조상의 공통점을 찾아야 한다. 눈이 바로 그렇다.

아마 이 눈들의 민주주의는 축축한 흙과 돌 밑에 우글거리고 있는 쐐기 모양의 머리를 한 작은 생물인 편형동물만큼 역사가 오래된 것일 수도 있다. 많은 독자들은 M. C. 에셔의 끝없이 줄어드는 대칭적인 문양들로 이루어진 그림들 가운데 편형동물이 상징으로 쓰였음을 알고 있을 것이다. 그의 그림에서 편형동물들은 서로 얽혀서 일종의 귀류법에 도달할 때까지 점점 더 작아지는 기하학적 문양을 그리면서 무한회귀를 한다. 그 그림은 첨단 생물학 교실의 벽에 흔히 붙어 있곤 한다. 그 편형동물은 놀란 표정을 짓고 있으며—눈을 통해 그렇게 표현되어 있다—그렇게 절묘한 기하학적 실습대상이 되었으니 그럴 만도 하다. 많은 생물학자들은 편형동물(아니 더 정확히 말하자면 몇 종류의 편형동물들)을 가장 고등한 동물들의 공통조상과 가까운 곳에 놓는다. 따라서 삼엽충과 기관사의 공통조상은 작은 안점을 지닌 작고 납작한 무척추동물일지 모른다. 그리고 편형동물의 눈을 만들라는 명령문은 우리의 눈을 만들라는 명령문과 같은 것일지 모른다.

따라서 당신이 자신의 눈으로 삼엽충의 눈을 바라볼 때, 당신은 수억 년에 걸쳐 있는 시각의 친족관계를 인식하게 된다. 삼엽충이 찡긋 하고 공모의 눈짓을 할 수 없다는 것이 유감이다. 삼엽충은 생물이 처음으로 빛에 민감한 세포를 갖게 된 순간—지질시대로 볼 때 순간—을 상기시킨다. 그 뒤에 그런 세포들이 복잡해지고 늘어나는 과정을 거쳐 우리의 시각 우위의 세계를 위한 발생 청사진이 영구적으로 자리를 잡았다. 시각은 실현된 가능성이 되자마자 틀림없이 그것의 소유자에게 특수한 이점을 제공했을 것이다. 형태만으로도 먹이를 식별할 수 있었고, 적이 다가올 때 생기는 그림자를 볼 수 있었다. 시각에는 더 미묘한 움직임을 감지함으로써 세계를 더 명확히 볼 수 있는 이점이 있었던 것이 분명하며, 그 이점은 더 뛰어나고 더 좋은 시각의 진화를 촉진했을 것이다. 더 나아가 짝을 유혹하기 위해 색깔을 띠는 시점에 도달했다. 색깔은 목적을 지니게 되었다. 위장이라는 절묘한 속임수, 의태라는 책략, 자연의 팔레트 전체는 그로부터 나온 일종의 논리적 결과물이었을 것이다. 시각의 탄생이 없었다면, 자연세계의 색깔은 그저 여기 붉은 얼룩이 있고, 저기 초록이나 노란 얼룩이 있는 식으로 아무렇게나 나 있었을 것이다. 비록 색깔이 많은 생물분자들의 부수적인 특징이긴 해도, 색깔에 유용한 몫을 맡기고 지구를 어떤 목적에 따라 색칠하려면 시각이 필요하다.

그 일이 언제 일어났을까? 우리는 캄브리아기 초에 등장한 최초의 삼엽충들이 이미 정교한 시각계를 갖추고 있었음을 안다. 가장 오래된 종류인 모로코의 팔로타스피스*Fallotaspis*의 눈은 아주 크다. 이 동물의 연대는 약 5억 4,000만 년 전으로 거슬러 올라간다. 따라서 눈은 그보다 더 이전에 기원했을 것이 분명하다. 중국의 캄브리아기 초 청장澄江 동물상에 속한 부드러운 몸을 지닌 동물들 중에서도 눈을 가진 것들이 있다. 일부는 눈자루도 갖고 있다. 푸크시안슈이아*Fuxhianshuia* 같은 절지동물들은 눈이 훨씬 더 앞쪽에 있었던 듯하다. 말할 나위 없이 삼엽충의 눈은 머리 위 머리방패 범위 내에 있다. 따라서 캄브리아기가 시작될 무렵에 이미 관절다리를 지닌 동물들 사이에서 눈이 다양하게 진화했음이 분명하다. 그 일이 진화에 속도가 붙은 시기, 곧 캄브리아기 '대폭발' 때 일어났는지 여부는 나중에 살펴보기로 하자. 여기서는 화석증거로 볼 때 눈이 5억 4,000만 년 전보다 훨씬 더 이전에 기원했다는 것이 확실하다는 말을 해두자.

최초의 눈이 선캄브리아대에 기원했을지도 모른다는 추정은 다른 간접적인 경로를 통해 나온다. 선캄브리아대 지층에는 몸 화석, 실제 생물의 잔해가 드물며, 눈을 지닌 동물이 있었다는 확고한 증거도 사실상 없다. 아마 그 동물들은 아주 작고 부드러운 몸을 지녔을 것이다. 후손인 삼엽충의 껍데기처럼 단단하게 보존되기 쉬운 부위가 없었던 것이 분명하다. 우리는 직접적인 증거 없이, 현생동물들에게 흔적으로 남아 있는 영향들로부터 먼 과거의 사건들을 추론할 수밖에 없다. 우리는 나중 동물들이 앞선 동물들의 후손임을 알기에, 생명의 계통수에서 눈을 지닌 동물들이 눈 없는 친척들과 맨 처음 갈라진 시점이 언제인지 알고 싶다. 그 눈을 지닌 동물들은 그 뒤로 각자 서로 전혀 다른 경로들을 취했을 것이다. 고래와 벼룩, 문어와 오랑우탄처럼 서로 전혀 다른 존재가 되는 쪽으로 말이다. 그것은 기원 문제와 아무 관계가 없다. 우리의 관심사는 진화과정에서 경로가 갈라지기 시작한 지점, 다시 말해 새로운 가지가 뻗기 시작한 연대를 추정하는 것이다. 그것을 '분기시기'라고 한다. 우리는 '더 고등한' 동물들이 '눈을 만들어라!'라는 명령을 고스란히 간직한 채 편형동물과 갈라진 시기가 언제인지 알 필요가 있다. 분기시기는 분기가 일어난 뒤에 유전암호에 축적된 변화들을 종합함으로써 추정할 수 있다. 유전암호에는 돌연변이가 일어나며, 유전암호에 생긴 그런 변화는 죄의식을 담은 나쁜 기억처럼 쌓인다. 그리고 그 효과는 누적된다. 이 누적된 돌연변이들은 일종의 시계 구실을 할 수 있다. 곧, 유전체의 적절한 부위를 조사하면 몇백만 년이 흘렀는지 알아낼 수 있다. 여기에는 '빠른' 시계와 '느린' 시계가 있으며, 선캄브리아대를 돌아보려면 유전체 내에서 지극히 보수적인 부위에 있는 가장 느린 축에 드는 시계들이 필요하다. 우리는 모든 동물들이 공유하는 유전적 집단무의식을 찾아야 한다.

    유전암호 중에는 먼 진화사건들의 연대를 추정할 때 특히 유용한 부위들이 있다. 모든 생물의 세포에는 리보솜이라는 작은 입자들이 무수히 들어 있다. 리보솜은 단백질들이 합성되는 곳이다. 리보솜의 약 60퍼센트는 리보핵산(RNA)으로 이루어져 있다. 리보솜 RNA 분자에는 우리가 살펴보고자

1. 과학학술지에 실린 최초의 삼엽충일 르위드의 '넙치'. 남웨일스 란데일로 마을의 오르도비스기 지층에서 나온 것으로서 지금은 오기기오카렐라 데부키라고 불린다. 8개의 가슴마디와 커다란 꼬리를 갖고 있으며, 초승달 모양의 큰 눈이 있다. 사진은 실물의 2배 크기다.

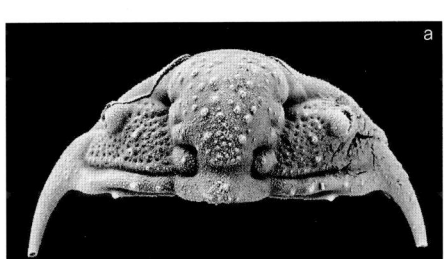

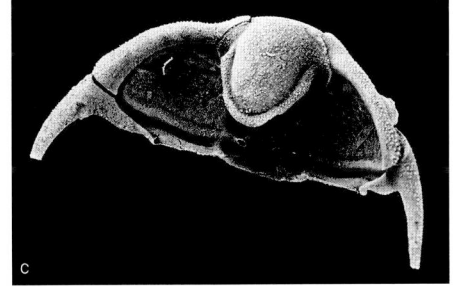

2. 산으로 석회암을 녹여서 추출한 규화한 삼엽충의 머리방패들. 미국 버지니아 주의 오르도비스기 지층에서 나온 케라우수스 *Cerausus*로서, 해리 휘팅턴이 추출한 것이다. 실물의 2배 크기, 밑에서 본 머리방패(b)는 히포스톰의 위치를 보여주며, 앞에서 본 것(c)은 머리방패가 미간 밑으로 뻗어 나와서 핵심기관들을 감싸고 있었음을 알려준다.

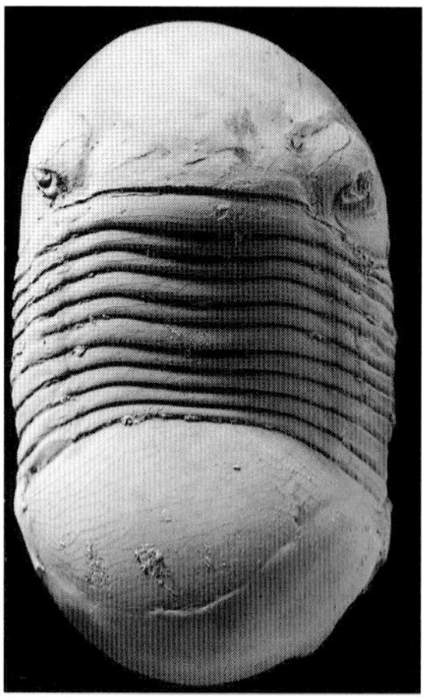

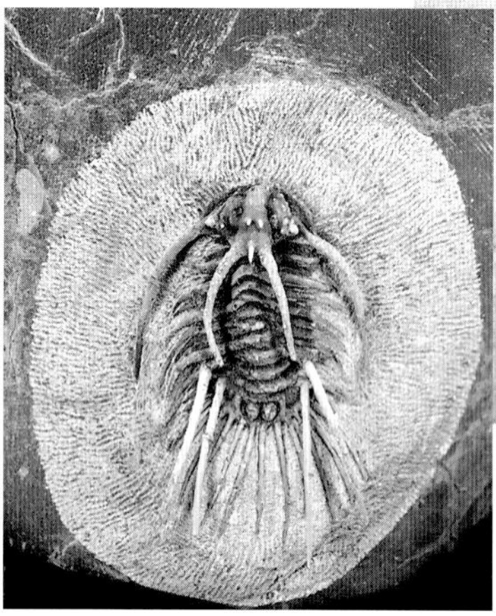

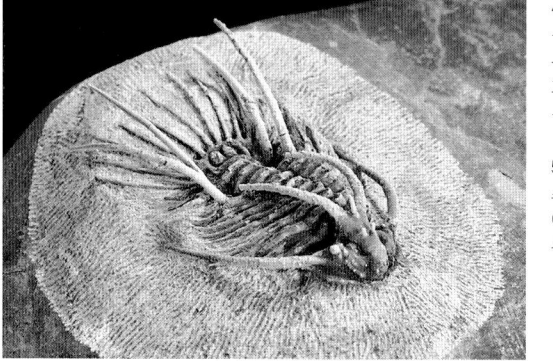

3. 위 왼쪽. 많은 특징들이 지워진 10센티미터 길이의 삼엽충인 부마스투스. 눈은 아주 뚜렷하지만 미간은 식별하기 어렵다. 영국 슈롭셔의 실루리아기 지층에서 발견되었으며, 전체적으로 보면 아르마딜로 같다.

4. 위 중간과 아래쪽. 모로코의 데본기 지층에서 발견된, 가시가 환상적으로 뻗어 있는 라디아스피스. 가슴부에서 나온 섬세한 가시들이 뒤로 굽어서 가시 달린 꼬리로 향하고 있다. '목' 부위에도 한 쌍의 가시가 뒤쪽으로 뻗어 있다.

5. 위. 최초로 발견된 삼엽충 가운데 하나인 달마니테스. 유럽의 실루리아기 지층에서 흔히 발견되며, 몸길이는 약 10센티미터다. 꼬리 뒤쪽의 짧은 가시가 독특하다. 이 표본은 영국 슈롭셔에서 나온 것이다.

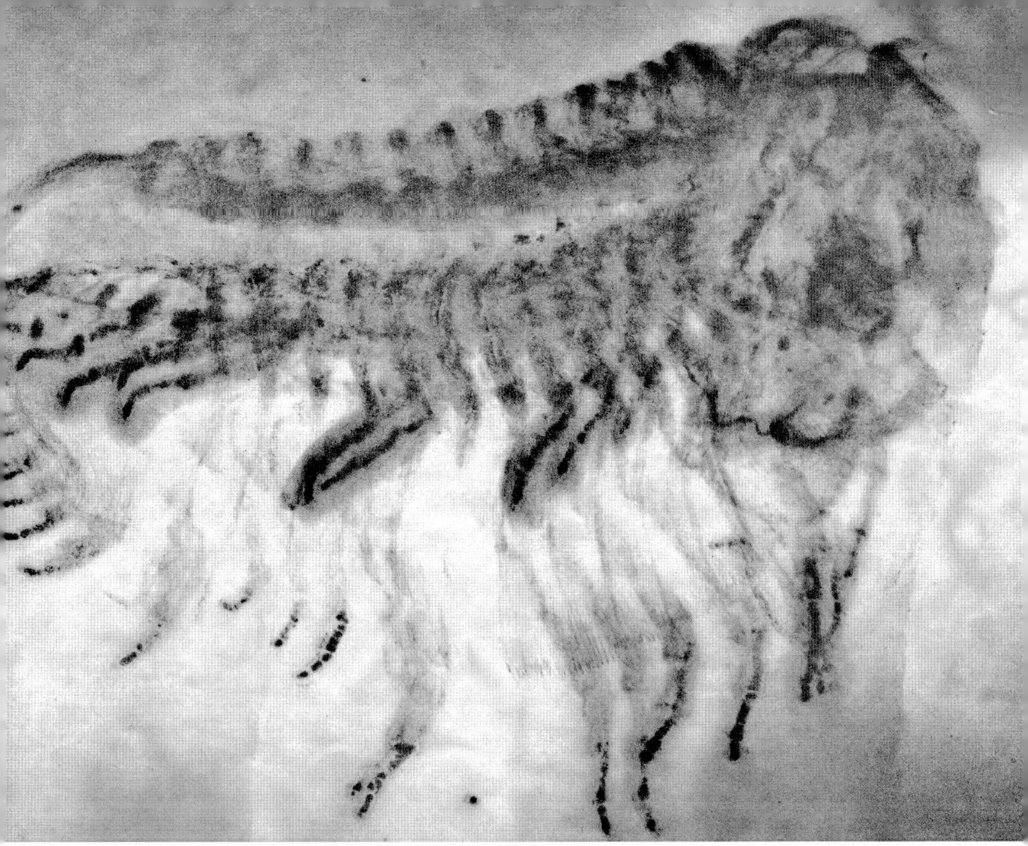

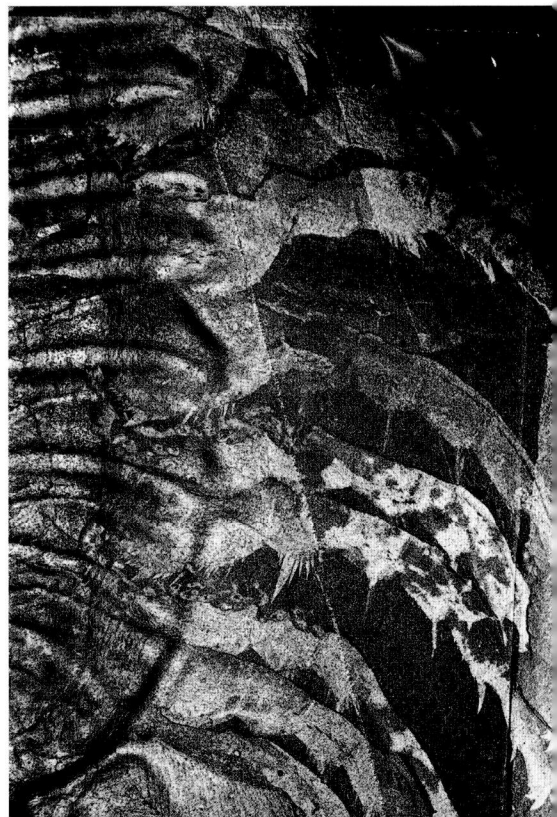

6. 위. 독일 훈스뤼크 셰일에서 나온 데본기 삼엽충 파콥스의 X선 사진. 마치 유령의 다리 같으며, 가장자리에 아가미 부속지가 술처럼 붙어 있다.

7. 오른쪽. 캄브리아기 버제스 셰일에서 나온 올레노이데스 세라투스 *Olenoides serratus*. 해리 휘팅턴의 사진에 실린 부속지의 세부구조. 왼쪽이 가슴마디. 가시가 많은 걷는 다리들이 오른쪽에 뻗어 있다. 다리 기부에 빽빽하게 나 있는 가시들이 보인다.

8. 오른쪽. 올레니드 삼엽충의 일종인 히페르메카스피스 *Hyperme-caspis*. 실물 크기로서 작은 머리방패와 많은 몸마디들로 이루어진 긴 가슴부가 보인다. 이 표본은 뒤집혀 있어서 히포스톰(위장을 덮고 있는)의 실제 위치가 드러나 있다. 볼리비아의 오르도비스기 지층.

9. 아래. 올레니드 삼엽충의 '묘지'. 영국 슈롭셔의 오르도비스기 초 셰일에서 나온 렙토플라스티데스*Leptoplastides*. 이 한 암석에 여러 크기의 개체들이 갇혀 있으며, 뒤집힌 것들이 절반쯤 된다. 대부분은 크기가 1~2센티미터다.

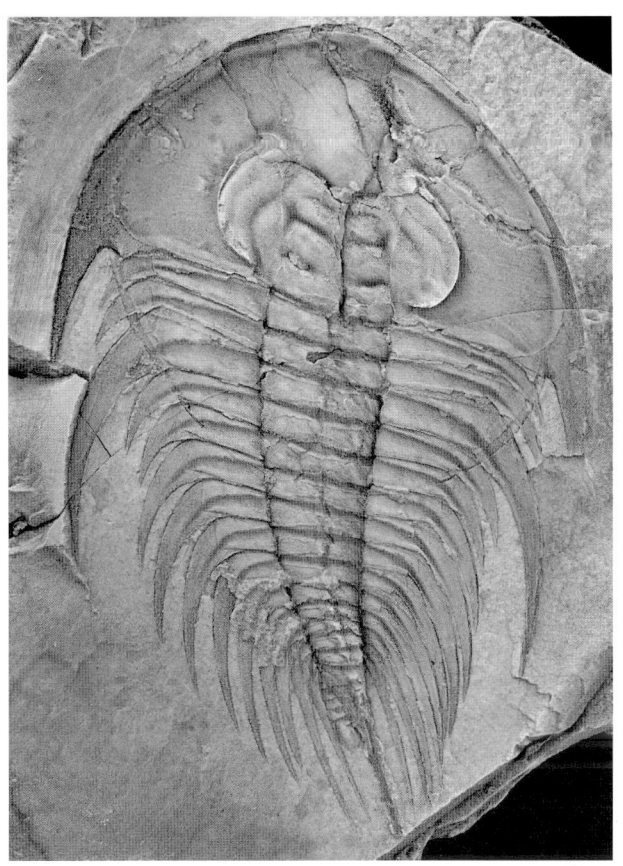

10. 위. 캄브리아기 전기 지층에서 나온 가장 오래된 삼엽충 가운데 하나인 올레넬루스. 이 표본은 미국 펜실베이니아에서 나왔다. 초기의 것임에도 커다란 초승달 모양의 눈이 뚜렷이 발달해 있다. 세 번째 가슴마디가 다른 것들보다 더 크다. 꼬리부는 작으며, 가슴부 뒤쪽으로 뻗은 가시들에 일부 가려져 있다. 올레넬루스는 약 10센티미터까지 자란다.

11. 오른쪽. 눈먼 작은 삼엽충인 아그노스투스 피시포르미스. 길이가 기껏해야 몇 밀리미터에 불과하며, 영국의 캄브리아기 말 지층에서 나온다. 머리부와 꼬리부는 모양이 거의 똑같고 가슴마디는 둘 뿐이다.

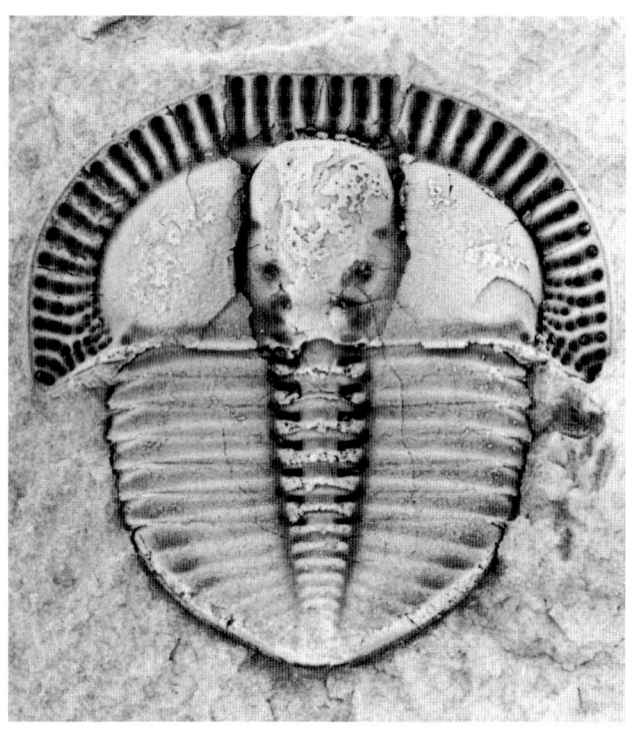

12. 위 왼쪽. 뉴욕 주의 오르도비스기 지층에서 나온 우아한 이소텔루스. 가슴마디가 8개로서 오기기오카렐라의 친척임을 보여준다. 머리와 가슴의 윤곽이 거의 비슷하다. 몸을 말 때 딱 맞도록 되어 있다. 굽은 눈이 머리 위에 솟아 있다. 몸길이가 약 10센티미터.

13. 위. 메달처럼 생긴 눈먼 트리누쿨레우스 핌브리아투스 *Trinucleus fimbriatus*. 머리에 놀라운 '테두리'가 달려 있다. 테두리의 기능은 아직 논란거리다. 허물벗기를 한 모습이며, 볼침을 잃은 상태다. 몸길이는 몇 센티미터이며, 웨일스의 오르도비스기 지층에서 나온다.

14. 위 왼쪽. 영국 동부의 시추공에서 나온 트리누쿨레우스의 친척인 오르도비스기 삼엽충 프로톨로이돌리투스 *Protolloydolithus*의 머리. 백여 개의 구멍이 나 있는 대칭적인 '테두리'를 갖고 있다.

15. 왼쪽. 눈이 큰 삼엽충 프리키클로피게. 오르도비스기에 남웨일스의 깊은 물속을 헤엄쳤다. 몸길이는 대개 3~5센티미터다.

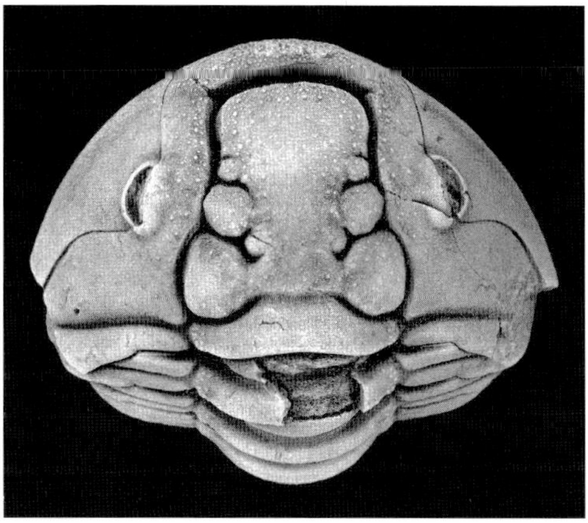

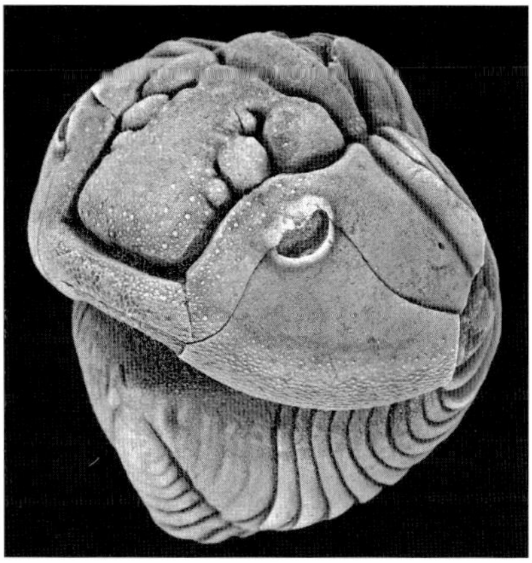

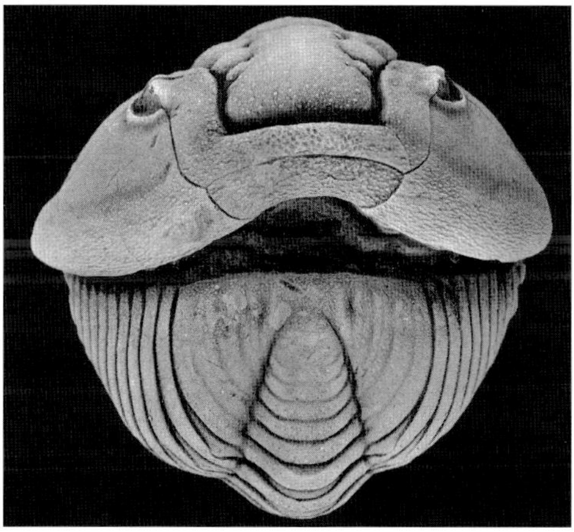

16. 데렉 시베터가 찍은 스웨덴 고틀랜드에서 나온 실루리아기 삼엽충 칼리메네를 네 각도에서 본 사진들. 전면 사진은 꼬리가 머리방패 안으로 완벽하게 말려 들어가는 것을 보여준다.

17. 실루리아기 삼엽충 칼리메네로 만든 특이한 금 브로치.

18. 다음 쪽. 모로코의 데본기 석회암에서 나온 완벽하게 보존된 말린 파콥스의 측면 사진. 북아메리카와 유럽, 극동의 종들이 아주 비슷하다. 미간에 커다란 혹들이 나 있다. 약간 들어간 둥근 수정체들이 박힌 눈이 보인다.

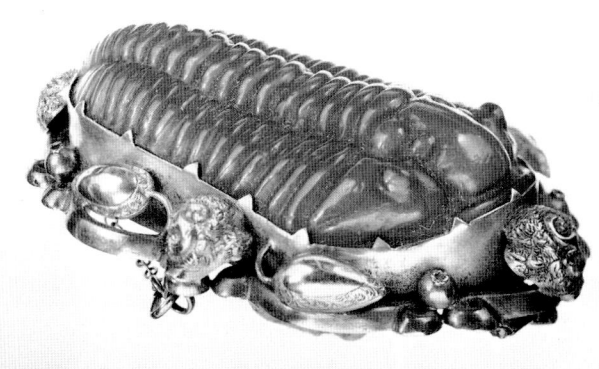

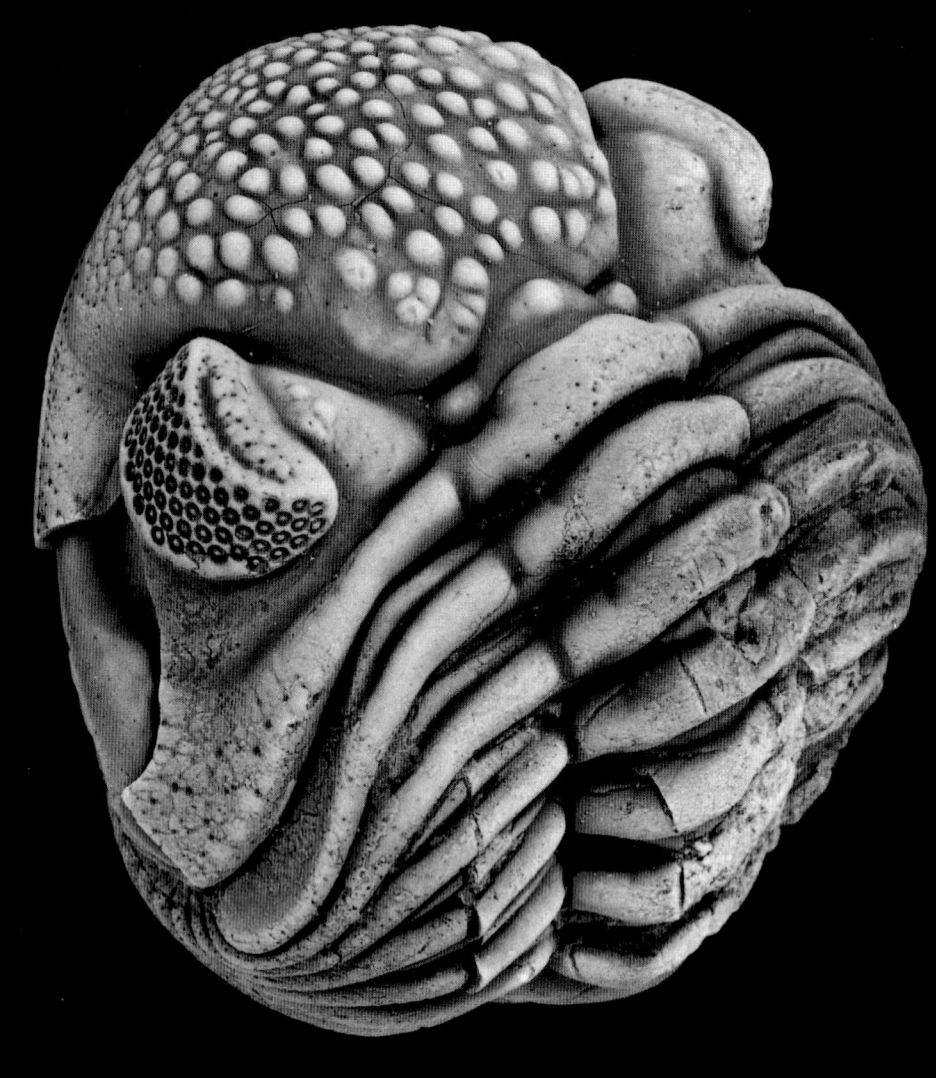

하는 변화들을 측정하고 보정하기에 알맞은 정도의 보수주의 경향을 보이는 부위들이 있다. 영구히 변하지 않은 채 남아 있을 정도로 '느리지'도 않고, 시계가 한 번 이상 돌아갈 정도로 '빠르지'도 않은 부위 말이다. 이 핵심분자는 우리의 관심대상이 될 만한 모든 동물들이 지니고 있으므로, 수억 년에 걸쳐 축적된 유전적 변화들을 보정하여 공통적으로 통용될 시간을 산출할 수 있다. 그러나 RNA '시계'를 신뢰할 수 있는지 여부는 아직 논란거리며, 내 동료들 가운데 많은 이들은 그 신호에 지질학적 시간의 째깍거림과 무관한 '잡음'이 얼마나 많이 들어 있을지 의심을 품고 있다.

지난 10여 년 동안(지금은 1999년이다) 다양한 유전자들과 RNA 분자의 여러 '부위들'을 토대로 분기시기를 추정한 많은 값들이 제시되어왔다. 최근에 엄청난 암호 도서관인 DNA 분자 자체가 해독되면서 분기시간과 관련된 또 다른 증거들이 나오고 있다. 단백질 암호를 지닌 유전자들 중 일부와 세포의 미토콘드리아에 들어 있는 DNA가 고대의 유전적 유산을 조사하는 '시계'로 쓰여왔다. 제시된 많은 분기시기 추정 값들의 연대 자릿수가 같기에, 나는 선캄브리아대 분기시기 추정 값들에 일말의 진실이 담겨 있다고 확신한다. 흡족하지 못한 것으로 드러나서 기각된 추정 값들도 많다. 그것은 몇 시인지 모른 채 낡은 시계들이 가득한 시계방을 둘러보는 것과 비슷하다. 기계식 또는 전자식 시계들의 째깍거리고 웅얼거리는 불협화음 속에서 당신은 일부 시계들이 자신만의 음악에 맞추어 춤을 추지만, 대다수의 시계는 약 2시 반을 가리키고 있는 것을 본다. 당신은 정확히 몇 시라고 확신할 수 없고 2시 반이라고 확신할 수도 없지만, 적어도 1시는 넘었고 오후 차 마실 시간은 아직 안 되었다고 꽤 확신할 수 있다. 분자 '시계들'도 그렇다. 불가사리와 인간으로 이어지는 계통과 삼엽충과 파리로 이어지는 계통의 공통조상은 7억 5,000만 년 전과 12억 5,000만 년 전 사이의 어느 시기에 살았을 가능성이 높아 보인다.* 생명의 역사상 점심은 먹었고 차 마실 시간은 아직 안 된 시점이다. 이 공통조상은 아마 원시적인 눈을 한 쌍 갖고 있었을 것이다.

이 연대가 근사적으로라도 옳다면, 그것은 삼엽충이 눈의 기원시기로부터 2억 5,000만 년 뒤에, 곧 약 5억 년 전에 생겨났을 가능성이 높다고 시사한다. 삼엽충은 눈 발달의 중간단계가 있었다는 가시적인 증거를 제공한다. 그것은 여전히 모든 배아의 발생에 개입하는 유전자들의 연속성을 증언한다. 현대 유전학 지식에 자극을 받는 우리는 19세기 연구자들이 이 돌이 된 눈을 처음 들여다보았을 때 미처 알아차리지 못했던 삼엽충과의 유대를 느낄 수 있다. 그 시대의 과학자들에게 삼엽충은 그저 이질적인 생물이었고, 현생동물들과의 연관성도 미미하거나 거의 알아볼 수 없을 정도에 불과했다. 그들이 공통조상이라는 끈을 인식하고 있었을지도 모르겠지만, 나는 그들이 삼엽충 몸설계의 특정 측면들이 우리의 배아에도 나타나고 있음을 이해했다고는 보지 않는다. 지식의 발전은 우리를 과거와 더 단단히 엮는 구실을 한다. 마치 삼엽충이 이렇게 말하는 듯하다. "내 눈을 보라. 당신 자신의 역사의 흔적이 보이지 않는가."

이 공유되는 시각의 역사는 결코 사소한 것이 아니다. 우리의 시각 우위의 세계에서 본다는 말은 이해한다는 말과 거의 동의어로 쓰인다. 우리는 '보았다'라는 말로 깨달았음을 알린다. 시각적 비유는 이해시키고자 시도할 때 널리 활용된다. 그 현안에 초점을 맞추자, 관점을 명확히 하자, 목표를 제대로 보자, 이 점을 살펴보자 등등. 우리는 자신의 눈으로 본 증거를 받아들인다. 마술사는 눈으로 본 것의 진실을 뒤엎는다. 자, 보세요. 하지만 당신은 제대로 보지 못한다. 우리는 그의 마술에 불편함을 느낀다. 우리

---

* 제대로 말하면 전구동물과 후구동물이 합쳐지는 시기다. 전구동물에는 모든 절지동물과 연체동물, 일부 벌레들이 포함되며, 후구동물에는 우리를 포함한 척추동물과 극피동물(성게류와 친척들)이 포함된다. 이 구분은 19세기 발생학자들이 양쪽 집단의 몸 발달 양상에 근본적인 차이가 있음을 발견하면서 확립되었다. 이 구분은 한 세기에 걸친 생물학적 조사와 더 최근의 분자분석을 통해서도 입증되었다. 최근에 탈피호르몬을 지닌 한 규모가 큰 동물집단이 알려지면서 전구동물 개념도 다듬어져왔다.

는 시각적인 진실에 집착하기 때문이다. 시각의 깊은 역사를 이해하면 먼 시실시대에 갈라져나간 가장 유연관계가 먼 동물들이 어떻게 세계를 이해하고 있는지를 파악할 방법을 얻게 된다. 우리는 현재 자신의 서식지에 적용할 수 있는 수단인 시각과 이미지와 색깔의 복합체를 통해 사라진 바다 경관을 그들이 어떻게 파악했는지 묘사할 수 있다. 삼엽충들이 보았던 것을 본다는 말은 곧 그들을 우리 자신의 이해범위 안으로 끌어들인다는 말과 같다.

삼엽충의 눈은 방해석으로 이루어져 있다. 그 점에서 그들은 동물계에서 독특한 존재다.

방해석은 가장 풍부한 광물 가운데 하나다. 도버의 하얀 절벽은 방해석으로 이루어져 있다. 미시시피 강을 따라 죽 솟아 있는 절벽도 주로 방해석으로 구성되어 있다. 중국 구이린桂林의 거대한 흰개미 둔덕 같은 기암괴석들도 오랜 세월에 걸쳐 풍화에 저항한 방해석으로 이루어져 있다. 석회암(방해석으로 이루어진)은 가장 기념비적이고 내구성이 강한 수많은 건물들을 짓는 데 쓰여왔다. 영국 바스의 장엄한 초승달 형태의 건물들, 기자의 피라미드, 고대의 원형극장과 코린트식 기둥들이 그렇다. 이탈리아 르네상스 시대 교회들의 방해석으로 된 반질반질한 바닥석판들, 하야트리젠시 호텔들의 우아한 내부, 대형회의실들, 진짜 암석만이 제공하는 듯한 장엄함을 내놓고 싶어하는 건축가들이 만든 모든 건물들이 그렇다. 거친 돌 형태의 석회암은 기암괴석을 형성한다. 더 곱고 더 하얀 석회암은 거대한 침식지형의 원료가 된다. 모래 중에서는 규사만이 흔한 듯하다. 그렇게 흔하고 친숙한 물질로부터 어떤 놀라운 일이 생겨날 거라고 기대할 사람은 없을 것이다. 그러나 삼엽충이 앞을 볼 수 있도록 해준 것은 바로 방해석이었다.

가장 순수한 형태의 방해석은 투명하다. 건축용 석재와 미장용 판석에서 색깔과 무늬를 제공하는 것은 불순물과 미세한 결정 덩어리들이다. 노란색과 회색 무늬, 미세한 반점 같은 것들이 그렇다. 이탈리아 교회 바닥돌로 흔히 쓰이는 스카글리오로사 석회암의 짙은 붉은색은 산화제이철의 얼룩이다. 방해석에서 이 모든 불순물들을 제거하면 무색이 된다. 그렇게 해도 투명하지 않을 수 있다. 백악은 거의 순수한 방해석이지만, 빛을 산란시키고 반사하는 미세한 입자 덩어리— 대부분 화석파편들—이다. 그래서 그것은 거의 추레한 흰색을 띤다. 영국 남부 해안의 세븐시스터즈가 바다안개 사이로 모습을 드러낼 때면 녹말반죽을 구부린 윤곽을 보는 듯하며, 너무 순수하여 눈이 시릴 정도다. 그러나 방해석 결정은 자연상태에서 더 느리게 성장하면 유리처럼 맑은 완벽한 결정형태를 취할 수 있다. 탄산칼슘($CaCO_3$)의 화학적 조성은 광물치고는 단순한 편이다. 결정이 성장할 때 구성원소들은 한쪽으로 치우쳐서 차곡차곡 쌓이며, 광물의 엄정함을 흐리는 엉뚱한 원자들의 침입을 허용하지 않는다. 원자들이 층층이 쌓이면서 결정의 형태가 서서히 드러나며, 그 보석 같은 거시세계에는 원자구조라는 미시세계가 고스란히 반영되어 있다. 석공장인이 솜씨를 발휘할 때처럼 원자쌓기에는 어떤 실수도 허용되지 않는다. 미세한 결정들은 모여서 광맥을 이루곤 한다. 더 귀한 노다지를 찾는 광부들은 이 광맥은 그냥 지나치곤 한다. 귀금속은 방해석의 완벽한 결정에 비해 칙칙해 보이는 불투명한 회색 광물 속에 숨겨져 있기 때문이다. 이 결정들 중에는 아주 뾰족한 것도 있는데, 이를 견치상 결정(dog's tooth spar)이라고 한다. 노르망디 지방 장인들이 교회문에 즐겨 새겼던 갈지자형의 장식과 비슷해 보인다. 한편 끝이 뭉툭한 종류도 있는데, 이를 두상 결정(head spar)이라고 한다. 하지만 아기의 행동처럼 투명한 가장 맑은 결정은 빙주석(Iceland spar)이다.

빙주석 결정을 살펴보면 삼엽충 시각의 비밀을 알 수 있다. 삼엽충은 맑은 방해석 결정을 눈의 수정체로 이용했기 때문이다. 그 점에서 그들은 특이했다. 다른 절지동물들에게서는 대개 몸의 나머지 부위를 구성하는 물질과 비슷한 큐티클로 이루어진 수정체, 곧 '부드러운' 눈이 발달했다. 삼엽충은 이런 한계 안에서 대단히 다양한 눈을 발전시켰다. 파리의 눈 같은 많은 수정체로 이루어진 눈, 대다수 거미들의 눈과 같은 크고 복합적인 눈, 어둠 속에서 볼 수 있는 눈, 눈부신 햇빛 아래에서 가장 제대로 작용하는 눈 등. 연체동물 가운데 문어는 척추동물의 눈과 비슷한 눈을 갖고 있으며, 동물계의 수렴진화의 대표적인 사례로 간주된다. 우리 대다수는 죽은 물고기의 슬픈 눈을 바라볼 때 크고 초점을 맞출 수 있는 우리 자신의 눈과 비교하곤 한다. 삼엽충만이 방해석의 투명도를 빛을 전달하는 수단으로 이용했다. 삼엽충의 눈은 껍데기 부위들의 연장선상에 있다. 눈은 볼 위쪽에 자리하고 있으며, 껍데기만큼 단단한 안경을 쓴 형국이다.

그 눈은 약간의 과학적 설명이 필요하다. 그 눈은 전적으로 방해석의 광학적 특성에 의존하며, 따라서 방해석의 결정학에 의존한다. 커다란 방해석 결정을 깨면 미세한 원자구조와 연관된 방식으로 부서질 것이다. 광물의 그런 쪼개짐은 물질 자체의 보이지 않는 배열의 명령에 따른다. 당신의 손에는 능면체라고 하는, 면이 6개인 광물이 놓여 있다. 능면체의 면은 정육면체의 면 같은 정사각형도 판 초콜릿 같은 직사각형도 아니며, 직각에서 기울어져 있다. 광물형태의 기하학은 결정의 중심을 지나는 축 몇 개의 방향을 갖고 설명할 수 있다. 가장 단순한 형태는 정육면체다. 다시 말해 각 면의 한가운데를 지나서 중심에서 만나는 축들이 모두 직각이고 거리가 같을 때다. 이 축들은 각각 a, b, c라고 한다. 한때 과학이 단순하게 명칭을 붙이던 시대의 산물이다. 방해석 구조에서는 하나의 축에 수직인 세 개의 축이 서로 120도를 이루고 있다. 그래서 능면체 구조가 된다. 이 정육면체가 아닌 투명한 방해석은 빛을 독특한 방식으로 전달한다. 광선이 능면체의 측면에서 들어오면 둘로 갈라진다. 그것을 복굴절이라고 한다. 하나는 '정상' 광선이 되고 다른 하나는 '이상' 광선이 된다. 두 광선의 경로는 능면체의 모양에 따라, 곧 개별원자들이 쌓이는 양상에 따라 정해진다. 런던자연사박물관의 1층에는 거대한 빙주석 표본이 놓여 있다. 들여다보면

몰타 십자가의 상이 두 개 보인다. 하나는 정상광선을 통해 생긴 것이고, 다른 하나는 이상광선이 만들어낸 것이다. 하지만 이런 빛의 광학적 쪼개짐이 일어나지 않는 방향이 딱 한 군데 있다. 광선의 방향이 c 결정축에 근접할 때다. 이 방향에서 오는 광선은 둘로 나뉘지 않고 곧장 지나간다.

  방해석이 빛을 처리하는 방식은 교양지식을 알아보는 시험에서 심오한 답인 양 자랑스럽게 제시하는 하나의 기이한 사실에 불과할지도 모른다. 그러나 c축의 선택성에 따라 그 각도에서 접근하는 빛은 특별한 대접을 받는다. 결정이 c축에 평행하게 길어져서 각기둥이 되어도, 그 축 방향으로 들어온 빛은 굴절되지 않은 채 각기둥의 긴 축을 따라 결정 속을 지나갈 것이다. 그러나 다른 각도에서 들어오는 빛들은 정상광선과 이상광선으로 갈라질 것이고, 그 광선들은 굴절되어 각기둥 가장자리에 도달했다가 부분적으로 내부반사가 이루어지거나 다시 굴절될 것이다. 각기둥이 충분히 길면, 한쪽 끝에서 들어온 빛들 중에 **오직** c 결정축 방향에서 오는 것만이 제대로 통과하게 된다. 달리 표현하자면, 그런 결정이 '보는' 빛은 한쪽 방향에서 접근하는 것이다. 삼엽충이 방해석의 특성을 자신의 목적에 활용했다니 놀랍기 그지없다. 다시 말해 그들은 결정 눈을 갖고 있다.

  삼엽충의 눈은 긴 각기둥 모양의 투명한 방해석으로 이루어져 있다. 대부분의 눈은 그런 각기둥들을 옆으로 많이 늘어세운 형태다. 다른 수십 종류의 절지동물들과 비교하면, 각기둥들은 하나하나 수정체 구실을 한 것이 분명하다. 파리의 눈이 수정체가 하나씩 있는 육각형들이 모인 벌집 모양인 것과 마찬가지로 말이다. 또는 잠자리의 눈이나 바닷가재의 눈처럼. 삼엽충은 또 다른 유형의 절지동물 겹눈을 머리에 달고 있는 셈이다. 세계의 그림을 그리기 위해서 서로 협력해야 하는 수많은 작은 시각단위들로 이루어진 눈 말이다. 구성단위는 수정체다. 특이한 점은 삼엽충의 수정체가 암석을 만드는 광물로 이루어져 있다는 것이다. 따라서 삼엽충이 돌처럼 당신을 응시한다는 말은 결코 과장이 아니다. 셰익스피어의 가장 기이한 희곡인 「템페스트」에 나오는 기이한 대목이 떠오른다.

> 물속 다섯 길 아래 그대의 아버지가 누워 있네
> 그의 뼈는 산호가 되었고
> 그의 눈은 진주가 되었지
> 그의 어떤 것도 사라지지 않네
> 바다의 부침을 겪으면서
> 귀중하고 기이한 무언가로 변해갈 뿐.

삼엽충의 시대로 거슬러 여행하는 것이 바다의 역사적 부침을 경험하는 것이라면, 우리가 경험하는 것들 중에 삼엽충의 석회질 눈보다 더 기이한 것이 또 있을까. 그리고 진주는 화학적으로 볼 때 삼엽충의 깜박이지 않는 수정체와 똑같다. 진주도 탄산칼슘의 또 다른 형태니까. 비록 진주는 빛을 투과하기보다는 절묘하게 반사하지만. 셰익스피어의 글귀에서 묘한 느낌을 받는 이유는 그가 불투명한 진주를 통해 시신이 변했음을 시사했기 때문이다. 죽었지만 보고 있다고 말이다. 삼엽충은 방해석 수정체들의 모자이크인 눈으로 수중세계를 보았다. 죽은 뱃사람과 달리, 삼엽충의 돌 같은 눈은 살아 있는 암석을 매개로 세상을 읽어낸다.

   삼엽충의 수정체에서 c 결정축은 각 수정체를 이루는 각기둥의 긴 축을 따라 놓여 있다. 대부분의 수정체에서는 이 축이 수정체 표면과 정확히 직각을 이룬다. 당신이 각 수정체의 표면 전체를 볼 수 있다면(확대경을 이용해야 하겠지만), 그 수정체도 당신을 바라볼 수 있을 것이다. 말할 나위 없이, 수정체 자체가 볼 수 있는 것은 아니다. 그러나 수정체는 특정한 방향의 빛이 통과하도록 허용한다. 일반적인 삼엽충의 눈은 미묘하게 조금씩 다른 방향을 가리키고 있는 작고 긴 각기둥들이 많이 모인 것이다. 길쭉한 반원형 눈에는 그런 수정체가 수백 개 또는 수천 개 모여 있다. 그 수정체들 중에는 c축이 앞을 향한 것들도 있기 마련이다. 옆을 향한 것들도 있고, 뒤를 향한 것들도 있을 것이다. 수정체들의 중심으로부터 미세한 바늘들이 c축들을 따라 삐죽 튀어나와 있다고 상상해보자. 커다란 눈은 그런 상상의 바늘들이 가득한 고슴도치나 호저가 된다. 각 바늘은 특정한 표적에 꽂힌 수많은 작은 화살들처럼, 수정체들을 통과할 수 있는 광선들을 뜻한다고 생각할 수 있다. 각 빛의 화살은 그 눈에 한 가닥 이해의 빛줄기가 될 것이고, 각 수정체는 그 나름으로 시야에 기여를 한다.

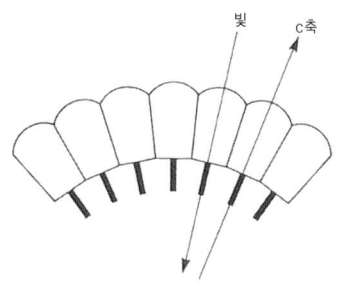

그림 10 삼엽충의 눈이 작용하는 방식. 광선은 c 결정축에 평행한 방향으로 방해석 수정체를 통과한다. 눈 안쪽에는 광수용체가 놓여 있다.

　삼엽충의 눈은 현생절지동물들의 겹눈과 같은 방식으로 기능했을 가능성이 아주 높다. 따라서 우리는 각 수정체의 바닥에 들어오는 광선에 반응할 수 있는 수용체 세포가 있었을 거라고 예상할 수 있다. 그 세포 위에 놓인 암석수정체는 영속하지만 그 세포 자체는 덧없이 사라지는 허약한 것이었다. 그 세포는 화석으로 남지 못하지만, 광선의 집합을 영상으로 전환시키려면 그런 세포가 있어야 한다. 빛 자체는 이해를 빚어낼 수 없다. 웅덩이에 비친 영상이 그토록 충실하게 재현한 풍경을 해석할 수 없는 것처럼 말이다. 정보는 신경을 통해 모이고 뇌를 통해 해석되어야 한다. 각 수정체의 시야가 선택적이기에, 삼엽충은 고대 세계를 수정체에서 수정체로 미묘하게 이동하면서 서로 겹치는 작은 상들의 왕복형태, 모자이크로 파악했을 것이 분명하다. 그 상의 해상도는 수정체의 수가 얼마 만큼인지에 달려 있었을 것이 분명하다. 수정체가 많으면 지각도 더 상세해졌을 것이다. 많을수록 더 좋다. 따라서 일부 삼엽충이 거의 헤아릴 수 없을 정도로 많은 수정체들을 지니고 있었다고 해도 그리 놀라운 일은 아니다.

내가 시도한 짓 가운데 가장 어려웠던 일 하나는 커다란 삼엽충 눈의 수정체 수를 세어본 것이었다. 나는 각도를 달리하면서 눈의 사진을 몇 장 찍은 뒤 수정체 하나하나가 보일 정도로 아주 크게 확대했다. 나는 누구나 하듯이 '하나, 둘, 셋, 넷……' 세기 시작했다. 백, 이백까지는 얼마든지 셀 수 있었다. 하지만 문제는 잠시 한눈을 팔거나 재채기를 하면 어디까지 세었는지를 까먹기 일쑤였다. 그러면 다시 처음부터 '하나, 둘, 셋……' 세어야 했다. 이를 갈고, 저주를 퍼붓고, 신의 이름을 불러대도 아무 소용이 없었다. 그러다가 문득 센 것을 또 세지 않도록 센 눈에 핀을 꽂아서 표시를 하자는 착상이 떠올랐다. 문제는 다음 사진으로 넘어갈 때였다. 마지막으로 센 수정체가 다음 사진의 어디에 붙어 있는 거지? 저 작은 할퀸 자국 같은 것일까? 아니면 저기 있는 진드기만한 눈일까? 그 일은 불면증에 시달리는 사람에게 딱 맞았다. 총 3,000개가 넘도록 센 다음에야 나는 앞으로는 눈의 일부분을 골라 수정체 개수를 센 다음 산수능력을 발휘하여 전체 개수를 추정하는 방법을 쓰겠다고 맹세했다.

삼엽충의 종별로 눈의 수는 한 개에서 수천 개까지 다양하다. 따라서 눈의 성능도 다양했을 것이 분명하다. 그러나 크든 작든 그 눈들은 방해석 결정의 c축을 통해 들어온 빛을 받았다.

이 사실에서 흥미로운 추론이 나온다. 각 수정체를 지나는 빛이 어디에서 오는지 안다면, 우리는 그 삼엽충이 정확히 어디를 볼 수 있는지 아는 셈이다. c축들을 따라 작은 화살들을 매긴 다음 삼엽충 주위의 바닷물 속으로 쏘아보자. 시선이 닿는 대상에 꽂히도록. 그 동물이 자기 환경에서 본 것이 무엇인지 파악하려면 수정체들의 시선들을 합치기만 하면 된다. 우리는 삼엽충의 눈을 통해 수억 년 전에 그들이 보았던 세상을 들여다볼 수 있다. 순수한 결정으로 이루어진 눈은 그 고대 풍경의 영상을 보여준다. 수평선상에 늘어선 수정체들은 수평선만을 볼 것이고, 휘어진 선을 따라 배열된 수정체들은 더 넓은 세상을 볼 것이다. 수정체들이 어디를 향하고 있는지 알면 삼엽충의 시야범위를 알 수 있을 것이다.

삼엽충의 시야를 처음으로 상세히 연구한 사람은 에든버러 대학의 유언 클락슨Euan Clarkson이었다. 유언은 한 노랫말을 따서 늘 삼엽충의 눈을 '엿보는 눈(peeper)'이라고 부른다.

지퍼스, 크리퍼스!
그 엿보는 눈을 어디서 얻었니?

그는 각 수정체의 극(c축) 방향을 극도로 정확히 측정할 수 있게끔 삼엽충을 배치했다. 그런 다음 입체투영망에 축들의 방향을 표시했다. 입체투영망은 360도 구형의 시야 전체에서 삼엽충이 실제로 활용한 부분이 어디인지를 표시하는 방법이었다.

유언이 연구한 삼엽충들의 대다수는 전 방위를 다 보지 않았다. 그는 많은 흔한 삼엽충들이 옆을 주로 보았다는 것을 증명했다. 눈은 옆과 앞을 보았고, 가끔 뒤를 약간 보기도 했다. 그들은 곁눈질을 했다. 왜 그랬을까? 탐조등이 땅과 낮은 덤불을 훑을 뿐 하늘 쪽은 별 관심을 두지 않는 것처럼, 그 동물의 시야도 주변영역을 향해 있었다. 시야가 이런 식으로 제한되어 있었던 이유는 간단히 설명할 수 있다. 대다수 삼엽충들은 바다 밑바닥이나 그 근처에서 살았고, 그것이 그들이 살펴보고자 하는 세계였다. 그 세계에서 적들은 다리를 놀려서 밑바닥을 따라 접근했고, 먹이는 부드러운 퇴적물에 반쯤 묻혀 있거나 진흙 표면 위를 느리게 기거나 걸어 다녔을 것이다. 짝은 바다 밑의 인접지역에 사는 이웃일 가능성이 높았을 것이고, 그렇다면 더 자세히 살펴볼 만했다. 경쟁자는 어느 때라도 다가올 수 있었기에, 깜짝 놀라 허둥지둥하다가 유리한 위치를 넘겨주기 전에 미리 알아차릴 필요가 있었다. 더듬이는 해류에 담긴 화학신호들을 감지하여 눈을 통해 오는 정보를 보완할 수 있게끔 몸 앞쪽으로 나와 물속에서 흔들거렸다. 촉각과 후각 기관들도 예전부터 예민한 시각을 보완하는 구실을 했다. 그 세계는 침전물 위에 있었고, 낮이나 밤이나 사건들은 대부분 똑같은 작은 반구 안에서 일어났다.

그 세계에 상응하는 현대의 세계들이 곳곳의 개흙이 깔린 바다 밑에 존재한다. 그러나 그것은 텔레비전에 나오는 산호초가 가득한 매력적인 곳과 다르다. 볼품없는 다양한 벌레들이 퇴적물에서 양분을 얻고, 훨씬 더 많은 벌레들이 퇴적물에 굴을 파대고, 또 다른 벌레들이 퇴적물을 휘저어 양분이 많은 수프를 만드는 곳이다. 그곳에는 슬그머니 다가오는 도둑들과 노상강도들에게 사냥당하는 순진한 초식동물들, 바닷말처럼 위장한 동물들, 사냥꾼들이 다 처치할 수 없을 정도로 빠르게 번식하여 수를 늘리는 동물들이 있다. 그곳은 퇴적물 자체의 풍부한 유기물을 먹고사는 생존자들의 협잡이 가득한 세계다. 그곳은 이웃을 감시하는 곁눈질하는 세계다. 이웃의 겉과 본색이 다를 수 있기 때문이다. 삼엽충이 자신의 진흙환경에 관심을 보였던 것도 놀랄 일이 아니다. 사냥꾼이었든 사냥당하는 쪽이었든, 목숨이 달려 있기에 씰룩거리고 감지하면서 출렁거리는 세상을 내다보아야 했다. 대다수 삼엽충들에게 눈은 생존의 핵심요소였다(비록 눈먼 삼엽충들도 있었지만). 식물들이 처음으로 육지를 향해 잠시 소풍을 나서기도 전인 1억 5,000만 년 전에 삼엽충이 시각이라는 위업을 달성했다는 점에 그 누가 감명을 받지 않으랴?

삼엽충의 눈을 자세히 들여다보면 작은 수정체들이 모여 벌집을 이루고 있음을 알 수 있다. 자연에서 빽빽하게 모여 있는 많은 것들이 그렇듯이, 이 수정체들도 대개 육각형이다. 수정체들은 많은 산호초들, 또는 곤충의 눈, 심지어 많은 조각보들이 그렇듯이 기하학의 명령을 따른다. 작고 비슷한 대상들이 서로 밀치고 부대낄 정도로 촘촘하게 압착되는 곳에서 그 대상들은 자연스럽게 육각형을 취하는 경향을 보인다. 그것은 공간에 가해지는 압력을 모든 이웃들과 평등하게 나누기 위한 한 방법이다. 인접한 육각형들의 중심을 잇는 거리는 어디에서나 똑같다. 따라서 평균적으로 삼엽충의 수정체는 길고 가늘며, 지름이 수만 분의 1밀리미터에 불과하고, 장축이 c 결정축과 평행하며 육각형이다. 눈이 완벽하게 편평하다면, 그것은 규칙적인 무늬가 있는 장판처럼 설계상으로 별 특징이 없을 것이다. 그러나 굽은 표면을 따라 육각형들로 이루어진 판을 '구부린' 기하학은 파악하기가 쉽지 않으며, 곡선을 따라 비좁은 공간에 끼워 맞추기 위해 때로 수정체가 기이한 모양을 하거나 수정체의 줄이 흐트러질 수도 있다(포장지로 축구공을 싸본 사람은 그런 절충이 어떤 것인지 잘 안다). 설령 그렇다고 해도 일부 삼엽충의 눈은 바닥에서 꼭대기까지 비스듬히 올라가는 완만한 나선들을 이루는 놀라울 정도로 규칙적인 육각형들의 선을 그리고 있다.

유언은 삼엽충의 눈 구조에서 색다른 특징을 찾아냈다. 꼭대기에 더 작은 수정체들이 몰려 있는 눈들이 많았다. 눈 표면—각막이라고 하는—도 몸이 자라면서 단단한 외골격을 벗는 허물벗기가 일어날 때 함께 벗겨져야 했다. 눈 자체는 몸의 다른 부위들과 조화를 이루면서 성장했다. 다시 말해 매번 허물벗기가 끝나고 새 골격이 단단해질 때 더 많은 수정체들이 덧붙여졌다. 허물벗기가 끝나면 눈의 꼭대기에서부터 새 결정들이 추가되었다. 허물벗기가 이어짐에 따라 이 수정체들은 눈의 본체에 통합되어 연쇄적으로 아래쪽으로 내려갔다. 수정체의 이런 크기 차이는 눈의 곡면상에서 설계의 규칙성을 유지하는 데에도 도움이 되었다. 이 '원시적인' 동물이 눈의 기하학을 위해 광물세계와 그런 게임을 할 수 있었다니 대단히 영리하다(명탐정 에르퀼 포와로는 그렇게 말했을 것이다).

우리는 결정 눈을 가진 삼엽충이 어떤 식으로 세상을 보았을지 **정확히** 알 수는 없다. 신경의 흔적이 전혀 남아 있지 않기 때문이다. 그것은 어느 외딴 문명의 유물을 발견하는 것과 같다. 곧, 우리는 그 유물의 일반적인 기능이 어떻다고 가정할 수는 있지만, 그것을 이용할 때 사용자의 머릿속에 어떤 생각이 스쳐갔는지 결코 알아낼 도리는 없다. 삼엽충은 언제나 우리와 어느 정도 거리를 두고 있을 것이다. 따라서 우리가 달성할 수 있는 친밀함에는 당연히 한계가 있다. 우리가 추측할 수 있는 것은 벌집 모양의 삼엽충 눈이 현생절지동물들의 비슷한 겹눈과 같은 양상으로 세계를 이해할 수 있게끔 했으리라는 것이다. 연립상안(Apposition eyes)은 주변세계의 완전한 상을 형성하지 않는다(일부 다른 절지동물들의 눈은 서로 협력하여 단일한 복잡한 상을 만들 수 있는 방식으로 배열되어 있다). 삼엽충의 수정체들이 빽빽하게 모인 눈은 움직임을 검출하는 데 아주 좋다. 퇴적물 표면을 통해 접근하는 동물은 상이 시야에 들어오는 지점이 변함에 따라 한 수정체에 맺혔다가 그 옆 수정체에 맺히게 될 것이다. 삼엽충은 그 변화에 경계심을 품고서 도피 행동을 할지도 모른다. 몸을 재빨리 공처럼 말거나 잽싸게 헤엄쳐 달아날지도 모른다. 삼엽충의 눈을 통해 보는 것은 세상을 정보의 파편들로 보는 것이다. 삼엽충(trilobite)을 정보의 단위로 표현(trilo-byte)하고 싶은 유혹을 느낀다. 그 동물은 우리가 보는 식으로는 볼 수 없었겠지만, 마치 뇌가 각기둥의 팔레트로 점묘화를 그리듯이, 수천 개의 빛의 파편으로 세계를 이해했다.

결정 눈에 관해 할 말이 더 있다. 비록 대다수의 삼엽충들은 내가 방금 설명한 것과 같은 눈을 갖고 있지만, 전혀 다른 눈을 지닌 종류들도 있다. 뉴욕, 오하이오, 온타리오, 독일과 모로코의 데본기 지층에서 가장 흔한 삼엽충 가운데 아담한 파콥스가 있다. 앞 장에 나온 삼엽충들의 퍼레이드에서 본 바 있다. 모로코의 파콥스는 아주 싸서 몇 푼이면 살 수 있다. 파콥스는 큰 박물관으로 감정해달라고 표본을 들고 오는 사람들이 가장 많이 내놓는 삼엽충 가운데 하나이기도 하다. 삼엽충 전문가라면 그것을 옛 친구처럼 환영할지도 모른다. 포르셰의 전면부에 멋을 더하는 쑥 들어가는 전조등처럼 볼에 자랑스럽게 솟아 있는 커다란 초승달 모양 눈을 가리키면서 파콥스라고 말할 때면 으레 뿌듯함을 느끼게 된다. 하지만 잠깐! 이 눈에는 좀 특이한 점이 있다. 아주 작아서 제대로 보려면 현미경이 필요한 수정체가 아니라, 그 눈의 수정체는 맨눈으로도 뚜렷이 알아볼 수 있다. 맨눈으로 볼 때 그 수정체들은 자그마한 완벽한 공들이 죽 늘어선 듯하다. '눈이 진주가 되었다'는 구절에 정말 딱 맞는 실제 사례다. 수정체들은 사이에 약간의 공간을 둔 채 수직으로 서로 아주 **빽빽**하게 늘어서 있는데, 육각형들처럼 배열되어 있어서 한 수정체의 이웃에는 6개의 수정체가 있다. 그것은 밀집대형의 한 사례며, 원리상 다른 눈의 수정체들이 모여 있는 것과 다르지 않다. 그러나 그 눈의 규칙성은 아주 놀라울 정도다. 우리는 으레 자연의 설계에는 약간 엉성한 부분이 있겠거니 예상하곤 한다. 표범의 반점들은 기계적으로 반복되지 않으며, 등의 갈지자 무늬가 똑같은 뱀도 없다. 그러나 이 눈은 마치 기계로 찍어낸 듯이, 상자에 든 당구공들만큼이나 산뜻하게 배열되어 있다. 그것들은 일반 삼엽충의 미세한 수정체 눈과 확연히 다르다. 평균 수백 개에서 수천 개의 수정체들이 모여 있는 대신에, 이 눈은 약 100개나 평균 핵가족의 손가락 개수를 다 모으면 충분히 셀 수 있을 만큼의 수정체들로 이루어진다.

삼엽충의 눈이 평범하지 않다고 한다면, 파콥스의 눈은 더 기이하다.* 그것을 더 상세히 연구하는 한 가지 방법은 수정체를 잘라 단면을 만들어서 고해상도 현미경으로 광학적 특성을 조사하는 것이다. 비록 삼엽충이 아주 오래전에 죽었다고 해도, 이 아름다운 생물들 가운데 하나를 골라 원형톱으로 머리를 가르는 일은 왠지 죄받을 짓을 하는 듯한 느낌을 준다. 수억 년의 세월을 견뎌온 이 **빽빽**하게 모인 진주들은 이제 한나절 만에 파괴될 수 있다.

그러나 이런 식으로 만든 단면들은 기이한 비밀을 드러낸다. 첫째, 이

---

* '정상적인' 삼엽충 눈은 전문용어로 완전복안(holochroal eye)이라고 하며, 파콥스와 그 친척들의 특수한 눈은 집합복안(schizochroal eye)이라고 한다.

그림 11 삼엽충의 눈. 많은 육각형 수정체로 이루어진 완전복안(위). 가장 미미한 움직임을 검출하도록 적응된 프리키클로피게Pricyclopyge의 눈. 더 적은 수의 구형 수정체들로 이루어진 파콥스의 집합복안(아래). 각 눈은 자신의 서식지에 맞게 조율되어 있다.

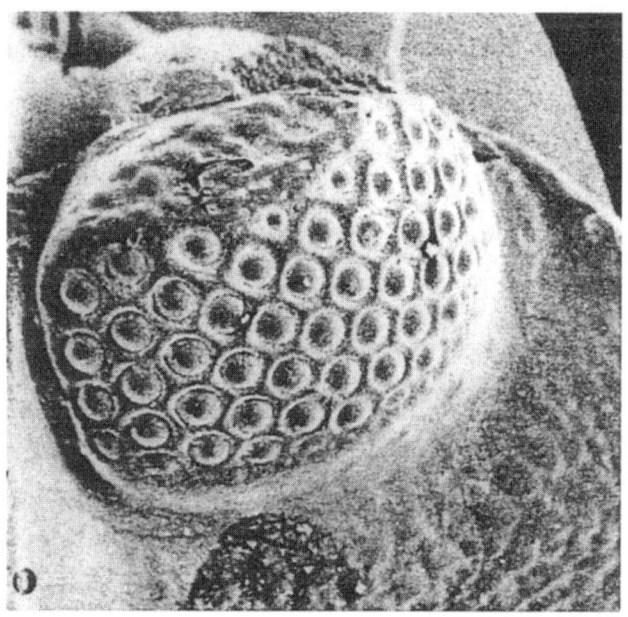

결정 눈 127

수정체들은 정말로 거의 구형이거나 물방울과 좀 비슷한 모양이다. 파콥스의 렌즈는 불편할 정도로 의안과 비슷하다. 나는 학창시절에 의안을 낀 어느 나이가 꽤 많은 형과 노동일을 한 적이 있었다. 그는 쉬면서 대화를 나눌 때마다 그것을 꺼내어 손으로 만지작거리다가 다시 끼우곤 했다. 끼우든 빼든 아무 차이가 없었다. 의안으로는 볼 수 없었으니까. 반면에 집합복안 수정체는 제 기능을 했다. 또 그것은 제거하거나 대체할 수도 없었다. 단단한 방해석 판에 봉인되어 있었으니까(비록 삼엽충의 모든 것이 그렇듯이 허물이 벗겨지곤 했지만). 둘째, 한 수정체의 빛이 옆 수정체의 빛과 겹쳐지는 것을 막기 위해 일종의 차단벽이, 쉽게 말해 인접한 수정체들 사이에 대개 작은 '벽'이 세워져 있다. 가끔 수정체가 약간 가라앉아 있고, 수정체 사이의 부위가 약간 부풀어 있을 때도 있다. 이 광학적 배열은 그 동물이 오래된 존재라는 것과 걸맞지 않는 아주 정교한 구조다. 그 점이 놀라울 수도 있다. 우리는 광학 역사의 중간단계에 있는 눈이라면 으레 좀 엉성해 보이거나 적어도 다른 많은 초라한 동물들의 눈과 대강 비슷할 거라고 예상하기 때문이다. 평범한 삼엽충의 눈처럼 말이다. 하지만 파콥스의 눈은 털털이 자동차의 시대에 등장한 스포츠카처럼 뜻밖의 것이다. 그들은 방해석 수정체를, 그것도 아주 독특한 유형의 것을 지니고 있다.

그렇게 분화한 눈은 분명히 아주 특수한 방식으로 기능을 했을 것이다. 현생동물들 가운데 그것에 상응하는 눈을 지닌 동물은 사실상 없다. 한 연구자는 다소 물방울처럼 생긴 눈을 지닌 개미귀신을 주목했지만, 그 눈은 방해석 결정으로 이루어지지 않았다. 워싱턴에 있는 스미소니언 협회의 미국인 연구자 케네스 토Kenneth M. Towe는 1972년에 파콥스 수정체의 성능을 가장 시각적인 방식으로 보여주었다. 그는 그 수정체들을 통해 사진을 찍었다.

당신이 업무차 스미소니언 협회의 국립자연사박물관을 방문하는 과학자라면, 정문 안까지는 관람객들과 함께 들어갔다가 한쪽으로 비켜나서 전화를 통해 장막 뒤쪽의 인물과 접촉하게 된다. 몇 분 지나지 않아 당신은 눈에 띄지 않는 문을 지나 대도시 군중들의 시선에서 벗어난 서늘하고 학구적인 세계로, 장식장들과 채집물들이 가득한 색다른 세계로 들어가게 된다. 켄 토(케네스 토)가 그곳에서 일할 때 그의 연구실에서는 대로 건너편에 있는 미국 중앙정보국(FBI) 건물이 한눈에 보였다. 스미소니언 측은 손님들을 그 건물로 데려가서 점심을 대접하곤 했다. 그러면 비밀공작원과 제5열에 관한 망상증이 사라지면서 좀 김이 빠지곤 한다. 켄은 사진기 렌즈 대신 삼엽충 수정체를 이용하여 FBI 건물의 사진을 찍었다. 완벽하진 않지만 그럭저럭 알아볼 만했다. 고대 화석의 눈을 통해 자기 사무실의 사진이 찍히다니, 당시 FBI 국장 에드가 후버가 알았다면 난리가 나지 않았을까? 당시 유행하던 빙긋 웃음을 띤 '스마일 배지'를 찍은 사진도 있었는데 잘 나온 편이었다. 파콥스의 수정체는 거리가 다른 다양한 크기의 대상들에 초점을 맞춤으로써 선명한 상을 형성할 수 있었던 투명한 방해석이었다. 파콥스의 수정체는 대다수 삼엽충들의 작은 수정체들보다 더 넓은 공간을 더 선명하게 보았다. 그것은 가장 흔한 광물인 방해석을 이용하여 달성한 경이로운 광학기술의 업적이었다.

곧이어 유언 클락슨과 리카르도 레비세티(Riccardo Levi-Setti)는 그 비결의 작동방식을 알아냈다. 파콥스 수정체의 구형구조와 크기가 크다는 점을 볼 때 작은 수정체를 이용하는 친척들과 달리 그들이 어떤 다른 방법을 써서 상을 형성한 것은 분명했다. 그들의 수정체는 초점을 맞출 수 있도록 고안된 두툼한 양면 볼록렌즈였다. 투명한 유리구슬을 빛이 들어오는 곳에 가져가서 들여다보면 그 과정이 어떻게 진행되는지 감을 잡을 수 있다. 모든 것이 휘어지고 일그러진 뒤집힌 세계가 보일 것이다. 파콥스의 상은 그보다는 훨씬 더 선명했을 듯하다. 어떻게 그럴 수 있을까? 볼록렌즈를 통과한 빛이 초점에 모이는 것은 서로 다른 빛줄기들이 렌즈를 지날 때 자기 궤도에 따라 각기 다른 거리를 이동함으로써 나타나는 현상이다. 방해석 같은 굴절물질에서는 빛줄기들이 서로 다른 각도로 꺾인다. 그래서 초점이 흐릿하다. 내 옛 동료의 의안이 그렇듯이 투명하다고 해서 다 볼 수 있는 것은 아니다. 이런 설계결함을 전문용어로 구면수차球面收差라고 한다.

리카르도 레비세티는 타고난 천재들이 우글거리는 시카고 대학의 핵물리학 교수다. 그는 개인적으로 삼엽충에 관심이 많으며, 많은 고생물학자들보다 더 열심히 그쪽으로 연구를 한다. 유언과 리카르도는 흥미로운 조합이다. 서글서글한 털북숭이 스코틀랜드인과 단정하고 쾌활한 이탈리아인이 만났으니 말이다. 그들은 파콥스가 구면수차 문제를 해결했다는 것을 알아차렸다. 유언은 삼엽충 집합복안의 각 수정체 내부와 바닥이 일종의 그릇 모양을 이루고 있음을 알아냈고, 그것이 그 수정체의 색다른 구조의 일부라고 판단했다. 때로는 이 그릇이 떨어져나간 표본들도 있는데, 그러면 눈은 작은 접시들이 죽 늘어선 것처럼 보였다. 유언과 리카르도는 눈의 그 부위를 얇게 잘라 단면을 살펴보았다. 그들은 그 방해석에 기이한 일이 일어났음을 발견했다. 불순물이 끼어 있었던 것이다. 결정구조의 칼슘원자들 중 일부가 가장 가까운 원소인 마그네슘으로 대체되어 있었다. 두 원자는 서로 비슷하기 때문에, 마그네슘은 같은 군복을 입고 군대에 침투한 스파이처럼 몰래 들어올 수 있었다. 가장 순수한 방해석에도 적긴 하지만 그런 숨은 요원들이 있기 마련이다. 이 과정이 계속되어 '고마그네슘 방해석(high magnesian calcite)'이 형성되면 결정이 빛을 휘는 능력인 굴절지수가 변한다. 수정체마다 고마그네슘 층의 두께가 구면수차를 보정하기에 딱 알맞을 정도로 다르며, 경이로울 정도의 섬세한 균형을 이루고 있다. 왼쪽으로 휘어지는 빛은 그만큼 오른쪽으로 휘어지는 빛으로 보정된다. 이 보정층이 바로 그릇 모양을 이루고 있다. 이 삼엽충은 현대 안경사들이 이중렌즈라고 부르는 것, 다시 말해 잘못 보이는 렌즈 두 개를 적절히 붙여서 만든 제대로 보이는 렌즈를 개발했던 것이다.

이 발견을 설명하면서 리카르도는 이 삼엽충이 17세기의 위대한 네덜란드 과학자인 크리스티안 호이겐스(1629~95)와 프랑스의 석학 르네 데카르트

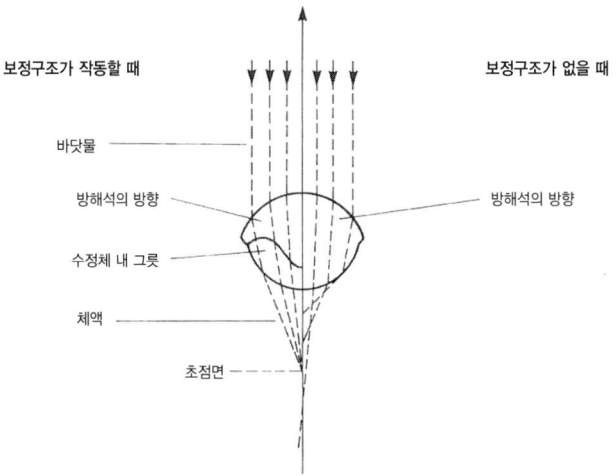

그림 12 유언 클락슨과 리카르도 레비세티가 파콥스의 수정체 안에 있는 고굴절 그릇이 어떻게 광선들을 구부려서 초점을 더 선명하게 맞추었는지를 보여주기 위해 그린 그림.

(1586~1650)가 고안했던 것을 훨씬 더 앞서 발명했다고 사족을 달았다. 두 사람은 그 삼엽충의 것과 거의 똑같이 설계된 보정 그릇을 통해 렌즈의 구면수차를 광학적으로 고칠 수 있다고 주장했다. 이것은 기술이 자연을 모방한다는, 아니 자연이 과학을 예견한다는 경이로운 사례가 아닐는지. 무려 4억 년 앞서 말이다. 스티븐 제이 굴드Stephen Jay Gould는 1984년 『내추럴 히스토리』에 이렇게 쓴 바 있다. "눈의 복잡성과 선명함을 볼 때 후대 절지동물들은 삼엽충에 미치지 못한다……. 나는 생명의 역사에서 명확한 '진보의 방향'을 발견하지 못한다는 것이 화석기록의 가장 당황스러운 사실이라고 본다." 굴드의 요지는 어떻게 삼엽충이 훨씬 더 복잡한 방식으로 광학적 설계를 할 수 있었는지가 쉽게 납득이 가지 않는다는 것이다. 데본기 이후로 절지동물들이 더 탁월한 시각기술들을 터득했어야 마땅하지 않겠는가 말이다. 생명의 이야기에서 진보개념은 일종의 지적 수렁이다. 그것은 '개선'에 대한 믿음을 옹호하기가 쉽지 않다는 것을 보여준다. 아마 그

삼엽충은 다리는 분명히 뒤떨어지는 데 반해 완벽한 눈을 가졌다는 이유로 법정에 서야 할지도 모른다. 또는 아마 우리는 그들이 너무 무거운 갑옷을 걸치고 있다는 점을 비판하면서도 누구도 따르지 못할 눈을 지니고 있음을 인정해야 할 듯하다. 우리는 삼엽충이 굼뜨고 꼴사납긴 하지만 철저하게 몸을 보호하고 있는 중세의 갑옷 입은 기사와 비슷하다고 상상할 수도 있다. 우리는 진보 이야기를 날렵한 전사들이 육중하게 관절을 삐거덕거리면서 걷는 파콥스 경을 앞서는 식으로 상상할 수도 있다. 그에게 마땅한 대우를 하라! 진보는 그런 것이다!

두말할 나위 없이 다 헛소리다. 파콥스 삼엽충의 눈은 경이롭고 독특하지만, 나는 날고 있는 말벌을 잡을 수 있을 정도로 상을 맺을 수 있는 잠자리의 광택 있는 눈과 그 눈을 어떻게 비교해야 할지 알지 못한다. 나는 은빛 상자들을 이용하여 물속 깊은 곳의 약한 빛들을 모아 정확한 상을 맺는 그 해양갑각류의 눈이 더 나은지 더 나쁜지 판단을 못 하겠다. 나는 그것이 몇몇 거미들의 놀라운 눈과 비교하여 어떠하다는 말을 하지 못하겠다. 진보를 헤아릴 눈금을 재고, 개선의 단위를 규정하는 자는 누구란 말인가? 삼엽충은 결코 당대의 완벽한 존재가 아니었고, 그 눈은 일상생활의 문제들에 초점이 맞추어져 있었다. 눈이 제 구실을 충분히 해냈기에 그들은 바다 밑에서 떼 지어 번성할 수 있었다. 경이로운 사실은 그 눈이 그렇게 완벽하게 설계되었다는 점이 아니라 바다가 당시에 그렇게 정교한 설계에 보상을 했다는 점이다. 우리는 그 삼엽충들이 언제 전성기에 도달했고 그 뒤에 정체나 쇠퇴가 이어졌다고 딱 꼬집어 말할 수 없다. 생명은 그런 식으로 살아가지 않는다.

내가 삼엽충의 눈을 연구하기 시작했을 때 처음 조사한 종은 눈이 툭방울만했다. 내가 스피츠베르겐 섬의 오르도비스기 지층에서 발견한 가장 특이한 표본들 중에서도 교과서에 실린 도판들에서 본 다른 삼엽충들과 전혀 다른 것이 하나 있었다. 그것은 길고 홀쭉했고, 축이 몸의 상당 부분을 차지하고 있어서 늑막엽이 작은 삼각형처럼 줄어들어 있었다. 반면에 눈은 정말로 유별났다. 엄청나게 크고 작은 풍선처럼 부풀어 있었다. 내가 이 삼엽충의 유리볼이 끼워질 위치를 알아냈다고 확신하기까지는 몇 주가 걸렸다(표본 전체를 갖고 있는 것이 아니었기에, 으레 그렇듯이 조각그림 퍼즐 맞추기가 되었다). 하지만 결국 별 문제가 안 된다는 것이 드러났다. 눈이 엄청나게 커서 몸길이를 따라 거의 직선으로 두개 가장자리에 끼워지기 때문이다. 내가 오르도비스기 석회암을 깨서 얻은 눈들 가운데 하나만이 제대로 들어맞았다. 이제 머리방패의 제 위치에 눈을 끼워 넣어 그 동물의 전체골격을 재구성할 수 있었다. 그러자 더욱더 기이하게 보였다. 눈이 어떤 갑상샘증후군을 지닌 약간 기괴하게 생긴 금붕어처럼 머리 양쪽으로 불룩 튀어나와 있었다. 비례를 따지면 더욱 컸다. 유리볼 전체가 거의 거대한 눈으로 변해 있었! 대체 어떻게 그럴 수 있지? 나는 이 기이한 동물에 오피페우테르 인콘니부스라는 이름을 붙였다. 고전학자인 친구의 도움을 받아 '응시하는 자'라는 그리스어 오피페우테르를 찾아냈다. 인콘니부스는 '잠이 없는' 이란 뜻이다. 당연히 삼엽충은 눈을 깜박일 수 없었지만.

그리고 내 주의를 끄는 몇 가지 세세한 사항들이 있었다. 눈을 끼우고 나자, 두 눈이 몸의 나머지 부위보다 더 낮게 달려 있다는 것이 명확히 드러났다. 대다수의 삼엽충은 옆에서 보면 옆면 밑부분이 그들이 살았던 바다 밑과 평행선을 이루고 있다. 오피페우테르는 그렇지 않았다. 게다가 볼의 가장자리가 날카로웠고, 앞부분이 아래쪽을 향하고 있었다. 이 부분에서는 결정수정체들이 볼 수 있는 방향에 관한 유언의 연구가 대단히 유용했다. 오피페우테르의 수정체들은 파콥스의 것과 같은 특수한 형태가 아니라, 대다수 삼엽충들이 사용하는 작고 **빽빽하게** 모인 육각형 기둥들이었다. 눈의 튀어나온 표면에 수많은 수정체들이 모여 있었다. 그러나 그 눈은 내가 앞서 본 거의 모든 삼엽충들과 달리 해저면을 따라 양옆을 보는 초승달 모양이 아니었다. 오피페우테르의 눈에도 옆을 바라보는 수정체들이

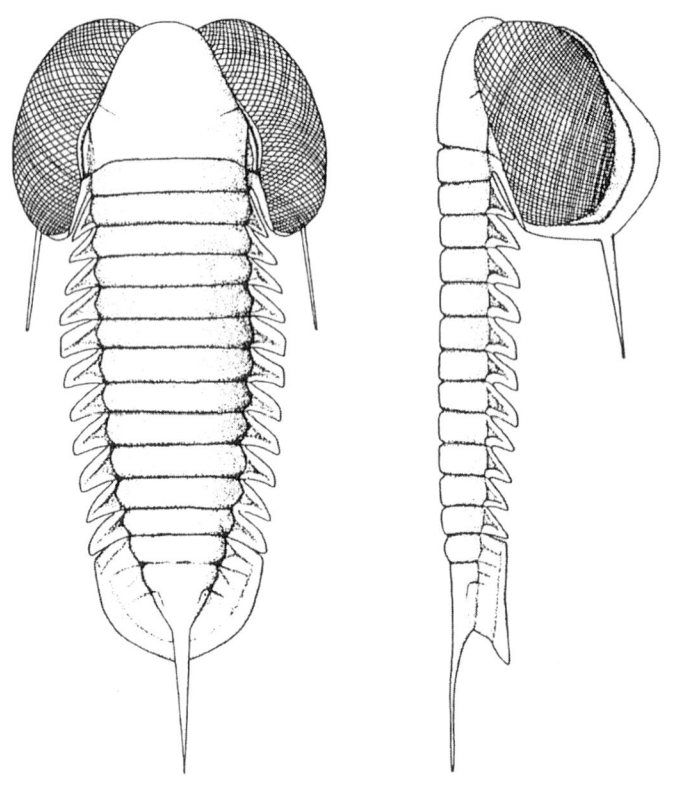

그림 13 지은이가 거대한 눈을 가진 오르도비스기 삼엽충, 오피페우테르를 재구성한 그림. 고대 바다를 헤엄쳐 다녔다. 위와 옆에서 본 그림.

있었지만, 앞을 바라보는 수정체들도 수백 개가 있었다. 내가 눈을 끼운 방향이 맞다면, 위를 보고 있는 수정체들도 거의 그만큼 있었고, 심지어 아래를 바라보는 것들도 있었다. 그리고 가슴부의 가장자리가 아주 짧아서 튀어나온 눈이 뒤쪽 멀리까지 볼 수 있었을 듯했다……. 다시 말해 수정체들이 사방을 응시하고 있었다. 그냥 엿보는 눈이 아니라, 추파를 던지는 눈에 가까웠다.

이 삼엽충에게는 사방을 볼 필요가 있었던 것이 분명했다. 하지만 과연 그럴 필요가 있었을까? 수중세계의 전방위를 다 볼 필요가 있는 곳은 어디일까? 아마 내가 삼엽충을 으레 바다에 사는 동물들이라고 간주했기에 명백한 사실을 깨닫지 못했던 모양이다. 당연히 그 삼엽충은 헤엄을 치는 종류가 아니겠는가? 상상의 도약을 통해 그 삼엽충은 바다 밑에서 도약했다. 오피페우테르는 오르도비스기 바다를 자유롭게 헤엄쳤다. 그러니 사방을 볼 필요가 있었다. 나는 갑자기 다른 관점에서 삼엽충의 삶을 보게 되었다. 해저를 기어 다니던 그들이 이제 바다도 채웠다. 현재 바다에 크릴이 떼 지어 다니듯이, 예전의 대양은 삼엽충으로 우글거렸을 수 있다. 그것이 바로 오피페우테르의 몸이 대다수 삼엽충들에 비해 길고 날렵한 이유이자, 밑바닥에 놓이기 어렵도록 설계된 이유였다. 이 삼엽충은 헤엄다리를 움직이는 근육을 담기 위해 아치형 축을 갖고 있었지만, 저어대는 부속지들에 과중한 부담이 가해지지 않도록 껍데기를 줄였다. 스피츠베르겐의 암석들 가운데 일부는 거의 전적으로 이 삼엽충과 그 친척인 카롤리니테스Carolinites만 들어 있었다. 이 작은 동물들이 수천 마리씩 떼 지어서 눈부신 햇살 아래 헤엄치는 모습이 절로 떠오른다. 그 아래 깊은 바다 밑에서 트리아르트루스가 부드러운 진흙 위를 느릿느릿 돌아다니고 있는 동안 말이다.

이 유영설계를 갖춘 삼엽충들이 많았다는 사실이 드러났다. 20세기 초의 위대한 지질학자 에두아르트 쥐스Eduard Suess는 앞서 외눈의 키클로피게가 유영자임을 간파한 바 있다. 그는 그들을 커다란 눈을 가진 현생갑각류와 비교했다. 나는 그의 걸작 『지구의 얼굴The Face of the Earth』의 중간쯤에 실린 그 관찰결과를 발견했을 때, 그 개념이 사실상 새로운 것이 아니었음을 깨달았다. 키클로피게는 오피페우테르보다 가슴마디의 수가 더 적고 더 아담했지만, 눈은 결코 그에 못지않았다. 또 이 삼엽충은 다른 몇몇 퉁방울 눈 삼엽충 속들과 함께 무더기로 발견되었다. 나는 웨일스와 보헤미아에서 키클로피게 삼엽충을 연구해왔다. 그들은 원래 비교적 깊은 물에 퇴적되었던 검은 이암에서 발견되었다. 그들은 깊은 물에서만 살았던 듯하다. 나는 웨일스의 '멀린의 성'이라는 카마덴 근처의 울타리 밑에 앉아 비를 맞으면서 검은 셰일을 깨고 있었다. 한순간 프리키클로피게의 불룩한 눈이 처음으로 내 눈앞에 나타났다. 4억 7,000만 년이라는 감금생활을 끝낸 그 눈이 나를 응시하고 있었다. 몇몇 수정체들은 아직까지 약간 반짝거리고 있었다. 마법사 멀린이 풀숲에서 튀어나왔다고 한들 그보다 놀라지는 않았을 것이다. 대조적으로 오피페우테르와 카롤리니테스가 나오는 석회암들 가운데 상당수는 얕은 바다에 퇴적된 것이다. 그렇다는 것을 입증하는 다른 화석들도 함께 발견되니까. 키클로피게와 친구들이 어두컴컴한 깊은 세계를 헤엄치고, 오피페우테르와 동료들이 햇빛이 환한 해수면 근처에서 살았던 것일까? 나는 레버흄름 신탁재단의 연구비 지원 덕분에 이 생각이 타당한지 조사할 수 있었다. '무가치한(blue sky)' 연구라고 불리는 것, 다시 말해 산업이나 상업 분야에 전혀 파급효과를 미치지 않는 연구에 기꺼이 지원을 하는 자선단체들이 아직 몇 군데 있다는 사실이 내게는 정말 행운이다. 오르도비스기 바다에 살던 삼엽충의 광학을 연구하겠다는 것보다 더 무가치한 연구는 아마 없지 않을까. 레버흄름은 몇 년 동안 삼엽충 눈 연구에 몰두할 수 있도록 젊은 박사후과정 연구원인 팀 매커믹Tim McCormick에게 연구비를 댔다. 우리는 겹눈을 아주 꼼꼼하게 측정함으로써 절지동물이 주로 생활하는 빛의 세기를 추론할 수 있음을 알아냈다. 그 방법은 다양한 현생종들에게 적용되어왔다. 그것을 삼엽충에 적용한다는 것은 꽤 좋은 착상 같았다. 팀은 인접한 수정체들 사이의 거리와 각도 같은 상세한 사항들을 측정하여 눈 매개변수라는 수학적 값을 얻기 위해서 먼저 완벽하게 보존된 표본들을 준비해야 했다. 우리는 6개월에 걸쳐 힘겹게 일을 했다. 마침내 우리가 추정한 해수면 유영자들이 적당한 조도하에서 살고, 삼엽충계의 키클롭스는 어둠을 벗어나지 않았다는 것이 드러났을 때 우리가 얼마나 기뻤을지 상상해보라. 그렇게 해서 우리는 애지중지하는 그 동물들의 일상생활 속으로 슬며시 들어갈 수 있었다. 우리에게는 이 동물들을 그럴싸하게 모사하여 살아 움직이게 할 스티븐 스필버그가 없었다. 삼엽충의 삶에 대한 우리의 생각은 그저 우리 상상 속에 머물러 있지만, 그만큼 그것은 더 강렬하다. 이제 우리는 애덤 세지윅, 제임스 홀, 로더릭 머치슨이 경악할 정도로 오르도비스기의 바다를 선명하게 눈앞에 그려볼 수 있다. 우리는 말 그대로 삼엽충의 눈을 통해서 헤엄치는 삼엽충들이 우글거리는 바다를 볼 수 있다. 일부는 수면 근처에서 작은 동물성 플랑크톤들을 먹고, 일부는 어슴푸레한 깊은 물속에서 살며, 그 아래 바다 밑에서는 다른 삼엽충들이 빠르거나 느리게 돌아다니고 있다.

그리고 시각 이야기는 여기서 끝이 아니다. 깊은 물에 사는 작은 키클로피게류 가운데 색다르고 몸집이 큰 드문 종류가 있다. 이 삼엽충도 눈이 크지만, 불룩 튀어나와 있지는 않다. 반대로 그 눈은 머리 옆에 쑤셔 넣어져 있다. 머리부는 정말로 특이했다! 그것은 유별나게 길었다. 주둥이나 코라고 말할 수밖에 없는 것이 앞으로 삐죽 튀어나와 있기 때문이다. 이 '코'는 미간(미간 자체도 유달리 매끄럽고, 주름이 모두 사라지고 없다)의 앞쪽과 그 밑에 놓인 도블러가 늘어나서 생긴 것이다. 그 결과 작은 상어인 돔발상어의 '코'처럼 보이는 것이 형성되었다. 약간 큰 편인 꼬리부는 접시 모양이다. 전체적으로는 어뢰처럼 아주 매끄럽다. 이 삼엽충의 형태는 예전에 어느 교과서에서 본 이상적인 수중익선의 그림을 생각나게 한다. 마찰저항을 최소화하면서 물을 가르며 나아가도록 설계된 형태 말이다. 이 삼엽충이 삼엽충계의 고래였을까? 내게는 조언자가 필요했다.

자연사박물관에서 엑서비션 도로 바로 맞은편에 유명한 임페리얼 과학기술대학이 있다. 임페리얼 대학은 오랫동안 모든 과학 분야를 이끄는 최고의 기관이었다. 그곳 어딘가에는 온갖 잡동사니를 연구하는 만물박사도 분명히 있을 터였다. 곧 나는 내 돌고래 코를 지닌 삼엽충(그것은 파라바란디아*Parabarrandia*라는 멋없는 이름을 얻었다)이 유선형인지를 검사하는 실험을 설계하는 것을 도와줄 데이비드 하드윅David Hardwick이라는 강사를 찾아냈다.

그곳 수력학과에는 인공수로를 비롯하여 물과 관련된 온갖 실험장비들이 있었다. 가장 단순한 실험은 안이 들여다보이는 용기에 다양한 삼엽충의 실물크기 모형을 띄운 뒤 물이 흐르도록 하는 것이었다. 그 흐르는 물에 염료를 넣으면 동물의 형상에 따라 물이 몸을 따라 어떤 식으로 흐르는지 알 수 있었다. 우리가 실험한 모형들은 대부분 온갖 난류를 일으켰다. 한 예로 튀어나온 눈은 뒤쪽으로 약한 소용돌이 모양의 염료흔적을 남겼다. 이제 우리는 파라바란디아가 몸의 측면에 평평한 눈을 지님으로써 어떤 이득을 얻었는지 알 수 있었다. 사실 이 삼엽충의 몸을 따라 흐르는 물은 산들바람에 흩날리는 긴 머리카락 같은 흔적을 남겼다. 이 삼엽충이 유선형이라는 이론이 멋지게 설명된 셈이었다. 우리는 오르도비스기에 이 삼엽충이 다른 유영자들을 우아하게 앞질렀을 거라고 상상할 수 있었다. 하지만 회의적인 동료들을 납득시키려면 증명을 해야 했다. 그래서 우리는 항적 자체를 측정하는 방법을 고안하여 아주 정확히 모사한 모형을 잔잔한 해류에 넣었을 때 물의 흐름이 어떻게 바뀌는지를 측정했다. 유선형이 아닌 좀은 몸이 해류에 저항하면서 물의 흐름이 더 크게 왜곡될 터였다. 우리는 위가 트인 용기에서 실험을 했다. 고생대 어부가 드리운 미끼인 양 삼엽충은 물속에 떠 있었다. 이제 물을 흐르게 할 차례였다. 그런 다음 이동식 현미경으로 흐름 변화를 측정했다. 하얀 실험복을 입고 민감한 측정장비를 만지작거리고 있자니, 진정한 과학자가 된 듯한 기분이 들었다.

 실험이 진행되는 동안 나는 재빨리 담배를 한 대 피우고자 밖으로 나갔다(아직 담배를 끊기 전이었다). 실험실로 돌아온 나는 실험실 전체가 물에 잠겨 있는 모습을 보고 경악했다. 임페리얼 대학 출입이 영구 금지당하고 만물박사에게 모든 장비를 압수당할지 모른다는 생각이 뇌리를 스쳤다. 절망에 빠진 나는 그 실험실 연구원에게 도움을 청했다. 그는 자동차 정비사 같은 태도를 보이면서 실험실 한가운데로 첨벙거리며 걸어가더니, 내가 전에 본 적이 있는 엄청나게 큰 배수마개를 뽑았다. 물은 콸콸 소리를 내면서 몇 분

그림 14 인공수로에 넣은 자유유영하는 삼엽충, 파라바란디아(체코슬로바키아의 오르도비스기 지층). 염료의 흐름은 이 삼엽충의 몸이 유선형임을 보여준다.

만에 다 빠져나갔다. 나는 처량한 마음에 그저 입을 헤 벌린 채 서 있었다. 그래도 그 실험은 핵심을 증명했다. 오르도비스기 바다에 유선형 삼엽충이 빠르게 돌아다니고 있었다는 것을 말이다.

희한한 사실은 아름답고 복잡한 눈을 쓸 수 있었음에도, 눈 없이 아주 잘 살아간 삼엽충들도 매우 많은 듯하다는 점이다. 눈먼 삼엽충들도 대단히 많았다. 눈은 쉽게 버릴 수 있는 것이었음이 분명하다. 그 일이 어떻게 이루어졌는지를 몇몇 사례를 들어 살펴볼 수도 있다. 조상 종은 커다란 눈을 갖고 있었는데, 그 후손 종들은 눈이 차례로 점점 작아지다가 결국에는 수정체는 흔적도 없고 볼에 안선만 남은 사례가 있다. 트리누클레우스와 유연관계가 있는 몇몇 삼엽충들은 수정체 하나만이 볼 위에 높이 달려 있었다. 나는 국립웨일스박물관의 동료 밥 오웬스와 함께 남웨일스의 몇몇 지역에서 함께 살았던 눈이 멀었거나 거의 먼 삼엽충 화석을 10여 종 채집했다. 그들은 어둠의 세계에 속한 바다 밑을 기어 다녔던 것이 분명하다. 우리가 그들을 채집한 채석장도 대단히 검은 진흙에서 형성된 오르도비스기 암석이 나오는 곳이었다. 숯처럼 검은 암석이었다. 아마도 그들은 쌓였던 당시부터 죽 그러했을 것이다. 그러니 우리는 검은 암석으로 가득한 어두컴컴한 채석장에서 영원한 어둠 속에서 살았던 검은 삼엽충을 찾아낸 셈이다. 나는 그 삼엽충들에게서 눈을 뗄 수가 없었다. 더 기이한 점은 같은 암석에 퉁방울 눈을 지닌 유영자들도 있었다는 것이다. 눈먼 삼엽충들이 사는 빛이 없는 바다 밑 위쪽의 물속에서 그 유영자들이 헤엄치고 있었던 것이다. 그들은 깊은 바다 밑에서야 서로 만났다. 눈은 필요 없이 남아돌기 때문에 사라진 것이다. 이 삼엽충들은 해마다 새로운 것들이 발견되곤 하는 눈먼 동굴 갑각류들과 유사성이 있었다. 몸에서 색소가 빠져나가고 눈에 빛을 쬔 적이 없는 창백한 동물들 말이다. 밝은 곳에서 보면, 그들은 지하실에 너무 오래 처박아둔 덩이뿌리처럼 병이 든 듯하다. 말할 나위 없이 그들은 병들지 않았다. 그저 어두컴컴한 곳에서 생활할 때 불필요한 것들을 몸에서 빼냈을 뿐이다.

눈먼 삼엽충들이 깊은 바다에 가장 많긴 했지만, 꼭 거기에서만 살았던 것은 아니다. 굴을 파는 종류들도 눈이 멀었을 테니까. 그들을 퇴화했다고 생각한다면 잘못이다. 나는 지질사로 보면 동물이 어떤 전성기에 도달했다가 그 뒤로 쇠퇴단계를 거쳐 궁극적으로 사라진다고 보는 사유전통 속에서 자랐다. 거기에는 인간의 허약한 모습에 대한 생각이 반영되어 있기 마련이었다. 눈이 멀거나 특수하게 분화한 생물들은 퇴화했다고 묘사되기 마련이었다. 빅토리아 시대 한 집안의 망나니가 이름 모를 병에 걸려 집안 재산을 탕진하여 몰락했다는 식의 분위기를 풍기면서 말이다. 내가 한때 이 시나리오에 끌렸다는 점을 고백해야겠다. 그것이 생명의 역사에 나타나는 일화들을 소설처럼 극화했기 때문만은 아니었다. 그것은 다윈 '적응도'의 어떤 부정확한 개념들과 연관되어 있었다. 일부 동물들은 결코 벗어날 수 없는 막다른 골목에 갇혀 있을 운명이며, 더 적응한 동물들은 번성하여 진화적 후손을 낳는다는 식이었다. 희한하게도 나는 눈을 잃었다가 되찾은 사례를 전혀 알지 못한다. 삼엽충들이 본래 눈을 지니고 있었다는 것은 분명하다. 따라서 눈의 상실은 이차적인 적응이다. 그리고 처녀성과 마찬가지로, 시각은 한번 잃으면 되찾을 수 없다. 핵심요점은 눈먼 삼엽충들도 모두 당대의 뛰어난 거주자들이었다는 것이다. 그들의 수가 앞을 볼 수 있는 사촌들의 수보다 더 많을 때도 있었다. 영국 슈롭셔의 레킨이라는 독특한 산 근처의 세인튼 계곡에는 부드러운 초록색을 띤 셰일이 드러나 있다. 그곳에는 슈마르디아라는 눈먼 삼엽충 화석이 가득하다. 슈마르디아는 가슴마디가 6개뿐이고 스페이드 에이스와 똑같이 생긴 미간을 지닌 자그마한 삼엽충이다. 이 삼엽충은 아르헨티나의 오르도비스기 셰일에도 풍부하다. 나는 중국 남부에서도 그들을 채집한 적이 있는데, 마찬가지로 수백 마리씩 무더기로 나왔다. 그들은 길 잃은 개체들이 아니었다. 그들은 오르도비스기의 세계에 무수히 퍼져 있었던 것이 분명하다. 여기서 얻을 수 있는 교훈이 하나 있다면, 그것은 우리가 성공적인 적응이라고 부르는 것이 환경이 제공한 기회를 뜻하는 말이기도 하다는 것이다. 삼엽충의 눈이라는 독창적인 발명이 탁 트인 바다에서 헤엄치며 사냥을 할 수 있게끔 서식지의 범위를 넓힌 것처럼, 눈의 상실도 부드러운 진흙으로 된 바다 밑에서 살아갈 수 있게끔 했다. 자연계의 풍성함은 적응의 다양성을 의미하며, 그것은 삼엽충의 시대부터도 그러했다.

지금까지 한 삼엽충의 눈 이야기는 점진적인 설명의 원리를 보여준다. 과학도 종종 그런 식으로 이루어지곤 한다. 더 많이 알수록 새로운 질문들이 떠오르는 것처럼. 우리는 방해석에서 시작하여 확실한 무언가를 추정하는 단계로 나아갔다. 말할 필요 없이 그 과정에서 상상력도 기여를 하지만, 우리가 이해하는 눈은 새뮤얼 테일러 쿨리지가 말한 '분간하는 눈이 아닌, 꿈꾸는 눈'이 아니다. 우리는 꿈을 출판된 과학논문이라는 확고한 것으로 전환하고자 하기 때문이다. 지식의 발전은 먼저 다양한 종류의 눈들을 파악하고, 그다음에 그것들이 어떻게 작용하는지 파악하는 데 달려 있다. 근본적으로 그 일은 분류의 또 다른 형태, 인류의 식별능력의 또 다른 표현이다. 게다가 그 과정에는 끝이 없다. 내가 이 글을 쓰고 있을 때 한 헝가리 과학자가 논문을 보냈다. 거기에는 이중초점 눈을 지닌 삼엽충들이 있다는 주장이 담겨 있었다! 나는 그 개념이 후대 연구자들의 비판을 견뎌낼지 여부를 알지 못한다. 내가 아는 것은 그저 삼엽충의 눈에 관해 우리가 알아내야 할 내용이 더 많이 남아 있다는 사실이다. 과학이 의지하는 상상과 엄밀함의 조합은 아직 모든 비밀을 알아내지 못했다. 보면 깨닫게 되리니.

05

삼엽충의 대번성

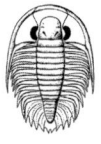

이 지질학적 순간에 그토록 많은 화석들이 갑자기 출현한 것을 캄브리아기 진화적 '대폭발'이라고 한다. 그러나 이것은 파괴적인 폭발이 아니라 창조적인 폭발이다.
삼엽충은 그 폭발의 관찰자였을 뿐 아니라, 이른바 캄브리아기 진화 '실험'에서 많은 동물들이 자손을 남기는 혜택을 누리지 못하고 사라진 데 반해 강인하게 살아남아 캄브리아기에서 오르도비스기를 거쳐 그 이후까지 생존했다. 삼엽충은 캄브리아기에 최초의 절지동물들과 함께 출현했기에 그 '폭발'의 핵심을 이루었을 것이 분명하다.

삶은 연극이다! 막이 오르면 우리는 사전정보도 없이 등장인물들의 삶과 맞닥뜨린다. 프로그램 안내전단에 실린 배역설명에는 그들이 우리 눈앞의 무대에 등장하기 전에 어떤 삶을 살았는가 하는 과거사는 전혀 나와 있지 않다. 우리는 그저 세 시간 정도 좌석에 앉아 있으면서 역사까지 기대하지는 않는다. 모든 예술작품이 그렇듯이, 연극이 좋다면 그것은 그 한계 안에서 그 나름의 흡족한 경험을 안겨줄 것이다. 우리는 맥베스에게 회한에서 벗어나 다음번에 적들을 물리치라고 요구하지 않듯이, 등장인물들의 과거사에 관해 알고자 조바심을 내지도 않을 것이다.

생명의 역사는 흔히 드라마에 비유되곤 한다. 동물들은 생태학적 '무대'에 선 '배우'들이라고 묘사된다. 일상적인 진화와 쇠퇴의 근원인 더 평범한 수준에서 요동치는 운명에 개입하는 대멸종사건은 그 '이야기'에서 '극적인' 개입이라고 할 수 있다. 이런 서술방식은 '멸종률이 배경수준보다 통계적으로 의미 있게 상승한다'는 식의 엄밀한 과학적 진술보다 더 쉽게 시선을 사로잡기 마련이다. 자그마한 극장은 좀 마음에 안 드는 것일까? 생명의 역사에는 스티븐 나이트가 해수면에서 조금 솟아오른 곳에서 삼엽충과 대면하고 운명의 전환점을 맞이한 것처럼, 그 나름으로 극적인 일화들이 있을 것이다. 기나긴 관점에서 생명을 바라보면 정말로 극적인 전환이 일어나고 배역이 뒤바뀌는 순간들이 있다. 포유류가 공룡을 대신하여 무대 중앙을 차지했을 때처럼. 또는 익숙한 장면에서 한 늙은 배우가 다른 배우로 대체되는 것처럼. 삼엽충이 예전에 맡았던 생태지위를 지금 게와 바닷가재가 맡고 있다는 말이 흔히 들리며, 자연사를 조금이라도 아는 사람들은 어룡이 쥐라기의 돌고래라는 말을 들어보았을 것이다. 우리는 이런 교묘한 비유들이 정확히 옳지는 않다고 짚고서 그냥 넘어가기로 하자.

연극(특히 추리물)이 약간 지루해지기 시작할 때, 불씨를 되살리기 위한 연극계의 표준기법 가운데 하나가 동원되어 폭발이 일어난다. 쾅! 관객은 놀라서 이목을 집중한다. 그리고 극적으로 말해서 그 소리는 살인을 시사할 수도 있다.

삼엽충의 화석은 지질기록에 일찍부터 갑자기 출현했지만, 5억 4,000만 년 전인 캄브리아기의 맨 처음부터 등장한 것은 아니었다. '극적인'이라는 단어는 삼엽충이 등장하는 그 시점에 딱 어울린다. 뉴펀들랜드, 몽골, 시베리아 같은 캄브리아기 초기의 지층들을 볼 수 있는 곳에서 한 지층을 살피고 다음에 쌓인 지층을 살피면서 올라갈 때, 처음에는 삼엽충의 흔적이 전혀 보이지 않을 것이다. 덧붙이자면 그것이 지질시대를 가장 체계적으로 살펴보는 방식이다. 그러다가 갑자기 게만한 크기의 프로팔로타스피스 $Profallotaspis$나 올레넬루스가 암석을 쪼개는 당신의 손 위에서 툭 모습을 드러낼 것이다. 이 삼엽충들은 몸마디가 많고 눈이 크다. 놀랍게도 보잘것없는 작은 녀석들이 아니다. 그들은 〈백조의 호수〉에 등장하는 마법사만큼이나 극적으로 등장한다. 그 마법사가 등장하는 장면이 내가 극장에서 처음으로 경험한 폭발의 순간이었다. 당신은 이렇게 외치고 싶은 유혹을 느낀다. "쾅!" 그리고 30센티미터쯤 더 젊은 지층으로 올라가면, 또 다른 삼엽충들이 나타날 것이다. 대여섯 종쯤 되며 모두 독특하다.

10여 년 전에 나는 뉴펀들랜드 섬에서 캄브리아기 초의 삼엽충들을 조사한 적이 있다. 그 섬의 서쪽에는 마치 욕하듯이 치켜세운 손가락 같은 노던 반도가 튀어나와 있다. 그 반도(Peninsula)*에는 디어 호수에서 세인트앤서니까지 북쪽으로 쭉 뻗은 하나뿐인 도로가 있다. 도로를 따라 30분쯤 달리면 그로스몬 국립공원이 나온다. 그곳에서 도로는 본 만을 따라 휘어진다. 본 만 주변의 낮은 산들이 다소 가파르게 내리 뻗은 곳에 형성된 물에 잠긴

---

* 뉴펀들랜드인들은 대개 친절하고 유머가 넘친다. 캐나다 본토 사람들은 그들이 약지 못하다는 점을 두고 농담거리로 삼아왔다. 내가 접했던 그들의 진짜 농담 가운데 기억나는 것이 하나 있다. 식사를 하러 그로스몬 국립공원을 떠날 때였다. 카우헤드 여관 앞에 분필로 들쭉날쭉하게 정성껏 쓴 안내판이 보였다. "카우헤드 모텔은 반도(PENISULA) 전체에서 가장 맛 좋은 식사를 제공합니다."

아름답고 큰 후미다. 본 만이 들어서 있는 곳은 오래전에 강이 깎아놓은 계곡이었는데, 지난 빙하기 말에 해수면이 상승하면서 물에 잠겼고, 지금은 바닷물이 뻔뻔스러울 정도로 구석구석까지 넘보고 있다. 내륙으로는 전나무와 미루나무, 자작나무가 관목인 오리나무와 서로 경쟁하면서 거의 발 디딜 틈 없이 빽빽하게 자리고 있다. 게다가 먹파리와 모기가 극성을 부리는 바람에 차마 뚫고 나갈 엄두가 나지 않는다. 도로는 이리저리 굽어 있어서 운전자는 멀리까지 볼 수 없다. 도로를 내기 위해 곳곳에 잘려나간 지층 단면들이 보인다. 지층들은 다양한 각도를 이루면서 바다로 빠져드는 양 구부러져 있다. 커다란 갈색의 납작한 암반에 과시욕에 빠진 어리석은 자들이 흰 페인트로 약 30센티미터 크기의 글자들을 써놓았다. "RW는 SDM을 사랑해." 차라리 이렇게 써야 마땅했을 것이다. "이곳에서 경이로운 삼엽충들이 발견되었도다!" 그러나 삼엽충을 찾으려고 했다가는 좌절을 겪었을 것이다. 캐나다 국립공원 당국은 그곳의 화석채집을 엄격히 규제하고 있기 때문이다. 당신이 나와 마찬가지로 채집허가를 받는다면, 흡족한 마음으로 셰일을 깰 수 있을 것이고, 운이 좋으면 커다랗고 통통한 올레넬루스를 얻게 된다. 또는 본니아*Bonnia* 같은 다른 삼엽충의 조각을 발견할 수도 있다. 본니아는 그 만의 이름을 딴 듯하다. 또는 전혀 다른 종류의 화석들을 발견할 수도 있다. 프로토키스티테스 왈코티*Protocystites walcotti*라는 아주 원시적인 극피동물(불가사리와 성게가 속한 집단)의 멋진 화석을 한 점 발견했던 일이 생각난다. 그 이름이 누구 이름을 딴 것인지는 조사하지 않아도 알 수 있다. 또 그 옆에서는 작은 연체동물 화석이 나왔다.

   캄브리아기 초기의 지층들은 어느 곳에 있든 대체로 비슷한 양상을 띤다. 다양한 껍데기 화석들이 발견되며, 그중 일부는 현재 존속하는 이런저런 대규모 '문'에 속한다. 문은 동물계의 상위 분류단위로서, 연체동물문, 절지동물문, 극피동물문 따위가 있다. 최초의 삼엽충이 나타나는 지층 밑에 놓인 캄브리아기 지층들에는 관, 판, 여러 형태들이 모여 형성된 그물

같은 다양한 모양의 작은 껍데기 화석들이 발견되곤 한다. 그중에는 우리가 아는 그 어떤 동물의 부위에도 들어맞지 않는 것들도 많다. 그것들은 통칭 '작은 껍데기 화석들'이라고 불린다. 최근에 그 다양성이 실제보다 과장된 것일 수도 있다는 연구결과가 나온 바 있다. 사이먼 콘웨이 모리스Simon Conway Morris와 존 필John Peel은 다양한 '작은 껍데기들'이 사실상 할키에리아Halkieria라는 더 크고 판들로 뒤덮인 생물의 파편들임을 밝혀냈다. 작은 판들은 일종의 사슬갑옷을 이루었던 조각들일지도 모른다. 그러나 여기서 중요한 점은 단단한 부위든 골격이든 뭐라고 부르든, 껍데기들이 갑자기 출현했다는 사실이다. 동물들이 캄브리아기 초에 아주 단기간(지질학적으로 말해서)에 광물들을 이용하여 부드러운 해부구조를 보강할 방법을 고안해낸 것이다. 그뿐 아니라 캄브리아기 때부터 단단한 골격이 없이도 예외적으로 보존이 된 많은 동물화석들이 발견되기 시작한다. 몸이 부드러운 동물들이 화석으로 남는 경우가 극히 드문데도 말이다.

그런 화석들이 나오는 지역들 가운데 가장 유명한 곳은 브리티시컬럼비아의 버제스 셰일이다. 캄브리아기 중기 지층이다. 스티븐 제이 굴드가 『생명, 그 경이로움에 대하여Wonderful Life』(1989)에서 그 멋진 화석들을 상세히 설명한 덕분에, 그곳은 세계에서 가장 잘 알려진 화석산지가 되어 있다. 하지만 지금은 그보다 더 이른 시기, 다시 말해 캄브리아기 전기의 암석에서도 그에 못지않게 다양한 화석들이 발견되고 있다. 중국의 청장과 그린란드의 시리우스파셋이 가장 유명한 지역이다. 그 화석들은 하나의 개념을 뒷받침한다. 캄브리아기에 이미 대단히 다양한 생물들이 살고 있었다고 말이다. 그 동물들 중에는 외골격, 곧 껍데기를 지닌 것들도 있었고, 그렇지 않은 것들도 있었다. 또 우리에게 익숙해 보이는 것들도 있었고, 낯설고 수수께끼 같은 것들도 있었다. 절지동물들이 가장 많았다는 것은 확실하다. 관절 다리를 못 알아볼 사람은 없을 테니까. 그러나 호리호리한 다리를 지닌 절지동물들이 그렇게 갑자기 대규모로 출현하다니, 놀랍지 않은가? 여기서 그 동물상에 속한 온갖 기이한 동물들을 상세히 묘사할 수는 없다. 그저 예수를 박해한 악마들처럼 그들이 떼거지로 몰려나왔다는 말만 계속할 것이다. 굴드는 캄브리아기의 생명 '다양성'(아니 그의 말을 부정확하게 전달할 위험이 있으니 정확히 말하자. 그는 '상이함[disparity]'이라는 용어를 썼다)이 그 뒤의 생명의 역사에서 두 번 다시 없던 수준이었다는, 유명하지만 틀린 주장을 했다.

장막이 올라가고 생명의 드라마가 펼쳐지고 있을 때, 무대에 복잡한 배역이 하나 등장했다. 익숙하면서 낯선 복장을 다 갖춘 상태였다. 연출가 피터 브룩도 해내지 못할 극적인 효과였다. 화려한 의상들에 현혹된 관객은 반짝거리고 하늘거리는 것들이 갑자기 튀어나오는 바람에 혼란스러워하면서 압도당한다. 이것은 환각제(hallucinogen)에 취해서 상상해낼 수 있는 온갖 형태의 동물들보다 더 이질적인 형태들의 행렬, 궁극적인 쇼다(그래서인지 아예 할루키게니아라는 이름을 지닌 동물도 있다!). 이 쇼는 전례가 없었다. 모든 쇼들이 그렇듯이, 배역들은 과거경력과 무관하게 그 순간을 연기하기 위해 무대에 섰다. 돌발적이고 영광스러운 첫 공연을 위해서 말이다. 드라마가 지루해지는 순간이 지난 뒤 갑자기 폭발적으로 수많은 배역들이 등장했다.

연극 비유가 들어맞지 않는 부분은 무대 연극과 달리 생명의 역사가 이전과 이후, 시작과 (일부 사례에서는) 끝을 요구한다는 점이다. 우리는 배우에 대한 동경을 그리 오래 유지할 수 없으며, 곧 분장을 벗겨내려 시도하고, 처음의 경이로움을 벗어 던지고 등장인물들의 정체를 파악하고자 한다. 생명의 일대기는 과거에 뿌리를 두고 있다. 모든 동물은 궁극적으로 공통조상 종, 다시 말해 진화적 아담의 후손이기 때문이다. 그래서 크든 작든 모든 생물들은 유전적 유산을 공유한다.

이 지질학적 순간에 그토록 많은 화석들이 갑자기 출현한 것을 캄브리아기 진화적 '대폭발'이라고 한다. 그렇게 극적인 비유가 쓰이는 것은 결코 우연이 아니다. 그것은 다소 통제에서 벗어난 연쇄반응이라는 개념을 담고 있다. 곧, 진화속도가 엄청나게 증가했다는 것이다. 그리고 모든 폭발이 그렇듯이, 그 폭탄은 작지만 그에 걸맞지 않게 폭발력은 엄청나다. 그러나 이것은 파괴적인 폭발이 아니라 창조적인 폭발이다. 화석기록이라는 장막이 올라가자마자 창조적 '폭발' 의 혼돈의 여파를 보여주는 장면 전체가 환한 조명을 받아 한눈에 들어온다. 그런데 도대체 폭발은 왜 필요한 것일까? 그것은 캄브리아기 밑 선캄브리아대 말, 다시 말해 벤드기(Vendian) 지층에서 발견되는 화석들이 거의 모두 다 단순한 식물과 세균, 또는 부드러운 몸을 지닌 기이한 생물들뿐이기 때문이다. 에디아카라 동물군이라고 하는 그 화석들은 그 뒤에 출현한 다른 어떤 생물들의 조상이라고 보기가 어렵다. 그 이전의 무대에는 기이하게도 우리가 알아볼 수 있는 그 어떤 배역도 등장하지 않았다. 마치 캄브리아기 드라마의 배우들이 다른 어딘가에서 몰래 의상을 차려입고 분장을 한 뒤에 튀어나온 듯하다. 그렇다면 선캄브리아대 말의 완족동물, 연체동물, 극피동물, 절지동물은 어디에서 서막을 공연한 것일까?

나는 캄브리아기 '폭발' 문제를 쓰기가 좀 꺼려진다는 고백을 하지 않을 수 없다. 몇몇 해석가들이 그 문제를 놓고 지나치게 흥분하여 논박을 벌여왔고, 그중에는 성깔이 대단한 사람들도 있기에, 내가 안전모도 없이 이 불붙기 쉬운 지대로 걸어 들어가는 것이 과연 현명한 일인지 의구심이 든다. 찰스 다윈Charles Darwin의 『자서전Autobiography』에 나온 한 대목이 생각난다. "논쟁을 피할 수 있어서 기쁘며, 그것은 찰스 라이엘Charles Lyell 덕분이다.* 그는 내게 절대로 논쟁에 휘말리지 말라고 강력하게 조언했다. 좋은 일은 거의 없고 시간과 성질만 버릴 뿐이라고 말이다." 그러나 삼엽충은 논쟁을 요구한다. 5억 년 이전의 사건들이 현대인들 사이에 원한을 불러일으킬 수 있다니 독자로서는 좀 낯설게 여겨질지도 모르겠다. 가장 확

---

* 찰스 라이엘 경의 『지질학 원리The Principle of Geology』는 젊은 다윈에게 깊은 영향을 미쳤다.

실하다고 여겨지는 '폭발들' 가운데 일부는 이런저런 이론의 옹호자들이 제시한 것들이다. 캄브리아기 초에 껍데기들이 갑자기 출현했다는 수수께끼는 오래전부터 알려져 있었다. 다윈도 분명히 알고 있었다. 『종의 기원 On The Origin of Species』(1859) 9장에서 그는 '그 사례는 현재로서는 불가해하다'고 단념했다. 그로부터 140년이 흐른 지금, 설명은 넘친다. 그저 견해가 일치하지 않을 뿐이다. 나는 그 소동에 참여하라는 압박을 받고 있다. 두말할 나위 없이 삼엽충이 그 폭발―그 폭발이 정말로 한 번 일어난 것이었다면―의 관찰자였을 뿐 아니라, 이른바 캄브리아기 진화 '실험'에서 많은 동물들이 자손을 남기는 혜택을 누리지 못하고 사라진 데 반해 강인하게 살아남아 캄브리아기에서 오르도비스기를 거쳐 그 이후까지 생존했기 때문이다. 삼엽충은 캄브리아기에 최초의 절지동물들과 함께 출현했기에 그 '폭발'의 핵심을 이루었을 것이 분명하다. 적어도 집중포화를 맞았을 것이다.

버제스 셰일 화석들 가운데 올레노이데스라는 삼엽충이 있다. 부속지를 뚜렷이 관찰할 수 있는 희귀한 종에 속한다. 버제스 셰일 특유의 보존성 덕분에 우리는 반들거리는 석판에서 다리와 아가미, 심지어 창자가 찍힌 자국까지 볼 수 있다. 트리아르트루스처럼 올레노이데스(별지화보 7)도 발견자인 찰스 둘리틀 월컷 때부터 삼엽충학계의 권위자 대다수의 연구대상이 되었다. 1980년대에 해리 휘팅턴이 그 동물에 관한 거의 최종판에 해당하는 설명을 내놓았다고 해도 놀랄 일은 아니다. 본질적으로 그 삼엽충도 앞서 기술한 다른 종들과 부속지의 배열이 비슷했다. 머리부에는 세 쌍의 부속지와 유연한 더듬이가 있었고, 가슴마디마다 둘로 갈라진 일반적인 부속지가 달려 있었다. 일반적인 양상과 다른 점은 올레노이데스가 꽁무니에 더듬이처럼 생긴 꼬리마디(caudal furca)라는 특수한 부속지를 한 쌍 지니고 있었다는 것이다. 그러나 삼엽충의 기본설계는 같다는 것이 다시 한번 입증되었다. 해리는 걷는 다리의 기부에 몸의 중심선 쪽인 안쪽을 향해 날카로

그림 15 캄브리아기 전기 지층에서 발견된 최초의 삼엽충 가운데 하나인 올레넬루스. 이미 분화한 특징들을 지니고 있었다.

운 가시들이 빽빽하게 나 있음을 알아차렸다. 그는 이 가시통로가 먹이를 바수어 히포스톰 뒤에 있는 입으로 전달하는 영역이라고 해석했다. 다시 말해 올레노이데스는 다양한 '벌레들'을 먹어치울 수 있는 포식자였다. 게다가 그들은 버제스 셰일에 풍부하다. 포식자와 먹이는 함께 출현했다.

  삼엽충은 캄브리아기 버제스 블록버스터에서 장막이 올라갔을 때 극적으로 출현한 많은 동물들 가운데 하나였다. 하지만 1909년 월컷이 버제스 셰일을 발견하기 전 여러 해 동안 삼엽충은 캄브리아기 지층에서 절지동물로서는 거의 유일하게 발견되는 종류였다. 방해석 외골격 덕분에 보존이 잘 되었기 때문이다. 그들은 관절다리를 지닌 동물들 가운데 모든 원시적인 것들의 대변자가 되었다. 삼엽충이 절지동물의 조상일 수 있다는 주장도 암묵적으로 받아들여졌다. 그들이 눈을 비롯한 여러 측면에서 아주 복잡한 동물이라는 사실은 초기 관찰자들도 알아볼 수 있는 사항이었다. 그렇다면 그들이 갑작스럽게 출현한 것을 어떻게 설명해야 할까? 찰스 다윈은 『종의 기원』에 유달리 자신 있는 어조로 썼다. "나는 (캄브리아기) 삼엽충들이 모두 (캄브리아기)보다 훨씬 전에 살았던 어떤 갑각류의 후손임을 의심할 수가 없다."* 토머스 하디가 소설 주인공을 그런 '원시 갑각류'와 대면시키기 13년 전에 쓴 글이었다.

삼엽충을 절지동물에 소속시킨 것은 거의 직관적인 태도라 할 수 있다. 인류학자 케니스 오클리Kenneth Oakley는 프랑스 욘 지방의 삼엽충 동굴(Grotte du Trilobite)에서 목걸이로 쓰였을 듯한 구멍이 난 삼엽충 표본을 발견했다. 고생대 말기의 이 동굴에서 인류와 삼엽충의 상호작용을 전하는 기록이 최초로 발견된 셈이다. 그 동굴에는 아름다운 딱정벌레 조각품도 한 점 발견되었다. 오클리는 1965년에 이렇게 말했다. "학식은 없었지만 관찰력이 뛰어나고 사려 깊은 마들렌기 인류에게 삼엽충은 돌로 된 곤충처럼 보였으리라고 추론하는 것이 합리적인 듯하다." 옳은 말이다. 마들렌기 인류는 곤충을 보았고, 다윈은 갑각류를 보았고, 월컷은 (드디어) 거미류를, 곧 거미와 전갈의 친척을 보았다. 그들이 모두 다 옳을 수는 없다.

하지만 그 단순한 질문에는 객관적인 답이 있다. '삼엽충의 가장 가까운 친척은 누구일까?'라는 질문은 다소 애매하며, 좋든 싫든 캄브리아기 진화적 '폭발'이라는 문제와 긴밀하게 얽혀 있다. 무엇보다도 캄브리아기에 존재했다는 것이 드러난 다양한 절지동물들은 삼엽충으로부터 배타적인 원시성을 주장할 자신들의 권리를 되찾았다. 이 동물들 가운데 누구라도 우

---

* 원문에는 (캄브리아기) 자리에 '실루리아기'가 적혀 있다. 다윈이 그 글을 쓴 당시에는 캄브리아기와 실루리아기의 구분이 아직 받아들여지지 않은 상태였다(2장 참조).

선권을 주장할 수 있을 것이다. 또 그들 중에는 이제 우리에게 친숙한 갈라진 부속지를 지닌 종류들도 있었다. 그런 부속지들이 긁어서 남긴 '흔적들'도 익숙한 화석이며, 몸 화석 자체보다 좀더 먼저 나타났다. 이 흔적들—루소피쿠스Rusophycus와 크루지아나Cruziana라는 이름으로 불린다—은 이전에는 삼엽충이 남긴 것으로 여겨졌지만, 그것은 떠올릴 만한 용의자가 삼엽충밖에 없던 때의 일이었다. 이제는 다른 많은 가능성들이 나타났다. 버제스 셰일뿐 아니라 더 이전의 부드러운 몸을 지닌 캄브리아기 화석 동물군이 발견됨으로써 모든 것이 더 복잡해졌다.

그럼에도 나는 단순한 설명을 시도하고자 한다.

해리 휘팅턴은 연구원생인 데렉 브리스와 사이먼 콘웨이 모리스(지금은 둘 다 유명한 교수다)와 함께 1970년대와 80년대에 버제스 셰일을 꼼꼼하게 연구할 때, 그 화석들의 독특한 점들을 강조하는 경향을 보였다. 어쨌든 그들은 월컷이 무대장막을 걷어 올렸을 때 드러난 배우들의 화려한 의상을 처음으로 상세히 기술했다.* 일부 종이 지닌 독특한 부속지, 일부 종이 지닌 특이한 등딱지, 또 다른 종들이 지닌 해석 불가능한 특징들 따위는 절지동물(그 외의 다른 동물들도)이 하나 이상의 조상에게서 유래했다는 당시 유행하던 개념을 뒷받침하는 듯했다. 다시 말해 '다계통'에서 기원했다는 것이다.

'폭발주의'의 인기가 절정에 달했을 때, 다계통 이론도 성숙했다. 해리 휘팅턴은 한때 버제스 셰일의 다양한 절지동물들이 선캄브리아대의 부드러운 몸을 지닌 각기 다른 조상들에서 독자적으로 생겨났다고 믿었다. 캄브리아기의 일부 동물들이 설계가 너무나 독특하기 때문에 그들을 동물분

---

*많은 교수들이 버제스 동물들을 연구했다는 말을 해두어야겠다. 1920년대 하버드 대학의 퍼시 레이먼드, 1940년대 오슬로 대학의 레이프 스퇴머의 절지동물 연구는 그 동물들의 해석 이야기에 흥미로운 일화를 덧붙였다. 특히 그들은 이 동물들이 '삼엽충형' 부속지를 지니고 있다는 것을 간파했다.

류의 가장 상위 범주인 문(phylum)에 놓아야 한다는 극단적인 견해도 나타났다. 곧, 연체동물문에도 절지동물문에도 다른 어떤 동물문에도 속하지 않고 독자적인 문을 이루었다는 것이었다. 사이먼 콘웨이 모리스가 서랍을 열었을 때 새 화석동물을 보고 소리쳤다는 말은 유명하다. "이런, 새 문이 아니잖아!" 그는 아마 그 말을 한 것을 후회하지 않을까 싶다. 더 온건한 견해는 독특한 형질들을 지닌 기이한 절지동물들을 '실패한 설계'의 대변자로 여기는 것이었다. 그런 신기한 것들은 흘러넘칠 정도로 많았다. 앞쪽에 거대한 부속지가 달리거나, 거대한 깃털 같은 더듬이가 있거나, 몸마디의 수가 엄청나게 많은 절지동물 등. 이 모든 것들이 5억 4,500만 년 전 캄브리아기가 시작되기 직전에 일어난 특별한 진화적 창조성 분출의 결과라고 여겨졌다. 다시 말해 그것은 '폭발'이었다. 지질학적 무대에 지나칠 정도로 많은 생물들이 극적으로 출현한 것이 진화사의 진정한 척도로 여겨졌다. 삼엽충은 같은 시기에 분출한 많은 설계안들 가운데 하나에 불과했지만, 거기에 속한다는 것은 분명했으며, 그들은 독특한 결정 눈을 통해 허약하거나 억센 별난 이웃들을 관찰했을 것이다. 캄브리아기 '실험' 대상들 중에서 그 독특한 광학기술을 터득한 동물은 없었다.

　스티븐 제이 굴드는 『생명, 그 경이로움에 대하여』에서 폭발이론의 초기 형태를 설명할 때, 다양한 동물들을 기술한 뒤에 거기에서 결론을 이끌어내는 방식을 채택했다. 그는 관대하게도 캄브리아기 사건들에 대한 참신한 새로운 해석들이 상당 부분 사이먼 콘웨이 모리스에게서 나온 것이라고 인정했다. "이 책의 많은 부분들이 그렇듯이, 이 사례도 사이먼 콘웨이 모리스의 주장과 연구에 빚을 지고 있다." 그런 말들이 많이 나온다. 해리 휘팅턴의 주도로 연구진이 구성되어 버제스 셰일 화석들 전체를 다시 기재하는 연구가 이루어졌다. 콘웨이 모리스, 데렉 브릭스, 데이비드 브러튼David Bruton, 크리스 휴즈Chris Hughes가 저마다 다른 동물들을 맡아 연구했다. '버제스 친구들'이 케임브리지의 세지윅박물관 연구실에 틀어박혀서 매일 같이 경이로운 동물들의 표본을 다듬고 사진을 찍고 토론을 하던 시기에, 나는 삼엽충 전문가로서 첫 직장을 막 얻은 상태였다. 나는 구경꾼이 되어 그들 사이에 오가는 대화와 생각을 흥미롭게 지켜보았다. 나는 데렉 브릭스와 함께 아주 평범해 보이지만 표면에 별난 형상이 찍혀 있는 검은 셰일들이 담긴 평범한 나무함에서 산크타카리스 Sanctacaris나 카나다스피스 Canadaspis 같은 절지동물 화석들을 조사했다. 처음부터 나는 그 새로 해석된 동물들이 삼엽충의 유연관계를 알려줄 수 있을 것인지에 관심이 있었다. 이상하게도 그 초창기에는 '폭발'이라는 단어를 들은 기억이 없다.

새롭고 매혹적인 이론들이 으레 그렇듯이, 곧 중요한 시기에 급속히 진화적 변화가 일어났다는 것을 지지하거나 설명하는 온갖 증거들이 제시되었다. 우리는 앞 장에서 혹스 유전자들을 살펴본 바 있다. 모든 동물들의 발달순서를 통제하는 유전자들 말이다. 절지동물들은 대개 몸마디 '꾸러미'로 구성되어 있다. 독자는 이제 삼엽충이 머리부, 가슴부, 꼬리부로 배열되어 있다는 데 익숙할 것이다. 하지만 주요 절지동물들마다 이 꾸러미들은 서로 다르게 배열되어 있다. 한 예로 머리나 가슴을 이루는 몸마디의 수가 다르다. 마치 화차와 객차가 저마다 다르게 배열되어 늘어선 열차 같다. 캄브리아기 '폭발'이 혹스 유전자들의 발현 측면에서 중요한 시기를 나타낸다는 이론도 있다. 혹스 유전자들이 커지면서 부속지와 몸마디의 새로운 배열들이 나타난 시기라고 말이다. 혹스 유전자들은 생물학적 조차장에서 새로운 차량들을 속속들이 파악하고 통제하는 귀재 같은 구실을 했다. 캄브리아기 초의 원대한 민주주의 세상에서 이 새롭게 생겨난 동물들은 살아남을 수 있었고, 앞서 나갈 수 있었다. 일부는 진화적 자손을 낳았고, 일부는 있을 법하지 않은 다산성이 판을 친 지질학적 순간이 지나자 몰락했다. 한편 이 창조적인 시기에 유전암호의 길이가 두 배로 늘어났다고 보는 이론도 있었다. 그럼으로써 몸설계에 혁신과 변이가 일어날 가능성이 증가했다는 것이다. 잠시나마 다윈의 '불가해한 사례'가 해결될 수 있을 것처럼 보였다. 그 '폭발'은 생명의 가능성들이 눈부실 정도로 팽창하고 진화 연극에서 각 배역들이 갑자기 개성을 뽐내는 특수한 시기였다. 그것은 캄브리아기 세계가 어떤 환경적 문턱을 건넘으로써 촉발되었을 수도 있다. 잠시나마 유별나기 짝이 없는 배역도 등장할 수 있었다. 그것은 고대의 광기 어린 시기, 장엄한 진화적 축제일, 지질학적으로 하루에 초현실주의자가 고안할 수 있을 만한 온갖 기이한 것들의 퍼레이드가 펼쳐지도록 허용된 때라는 식으로 설명되었다. "저 결정 눈을 가진 괴물 좀 봐!" "친척 하나 없는, 저 빛나는 관 모양의 흔들거리는 고아 같은 동물 좀 봐!" 기이한 쇼가 펼쳐졌다.

의상을 벗겨 연기자의 본 모습을 드러냄으로써 그 쇼를 망치는 것은 유감스러운 일처럼 느껴진다. 대다수의 사람들은 분석보다는 매력을 선호한다. 매력은 웃음을 머금고 즐거운 마음으로 만끽할 수 있는 반면, 분석은 사유와 지적 작업을 요구한다. 하지만 캄브리아기의 이 대소동에서 삼엽충이 어떤 구실을 하는지를 이해하려면, 이 중요한 일을 해야 한다.

처음부터 많은 과학자들은 굴드의 설명이 비록 전달효과 측면에서 탄복할 만큼 뛰어나다고 할지라도 그것에 의구심을 드러냈다. 나 자신도 그런 회의론자였다. 나는 『생명, 그 경이로움에 대하여』가 출간된 직후에 『네이처』에 서평도 썼다. 당시 나는 버제스 동물들과 그 친척들을 다른 방식으로 살펴보려는 시도에 이미 착수한 상태였다.

연구는 데렉 브릭스와 공동으로 했다. 그는 버제스 절지동물들에 통달해 있었다. 우리는 그 동물들의 독특한 점들을 강조하는 대신에, 그들이 **공유하는 의미 있는 유사점들을** 탐색했다. 우리가 이용한 분석기법은 분지론(cladistics)이었다. 세부적으로 들어가면 너무 전문적인 내용이 되겠지만, 분지론의 주된 원리는 아주 단순하다. 그것은 진화적 파생형질을 토대로 생물들을 분류하는 방식이다. 쉬운 예를 하나 들어보자. 땃쥐, 코끼리, 도마뱀을 대상으로 분지분석을 하면, 땃쥐와 코끼리는 자궁, 젖샘, 온혈, 털(코끼리는 드문드문 나 있지만) 같은 몇 가지 형질들을 공유할 것이다. 그 형질들을 보면 둘이 도마뱀보다 서로 더 가깝다는 것을 쉽게 알 수 있다. 땃쥐와 코끼리는 포유동물이다. 우리는 젖샘 같은 복잡한 형질이 진화적으로 한 번이 아니라 두 번 이상 생겨났을 것이라고는 상상할 수 없다. 반면에 코끼리는 나무를 먹는 반면 땃쥐와 도마뱀은 곤충을 먹지만, 그것은 생물학적 유연관계를 가리키는 것이 아니라, 살기 위한 적응양상을 나타낸다. 또 코끼리의 유별난 특징인 엄청난 코가 포유동물임을 나타내는 것도, 땃쥐가 도마뱀보다 더 가까운지 여부를 판단할 때 도움을 주는 것도 아니다. 분지론은 오로지 의미 있는 진보한 형질들만을 분류의 토대로 삼으며, 단지 앞서 같은 역사를 공유했음을 보여줄 뿐인 유사점들은 고려하지 않는다. 도마뱀, 땃쥐, 코끼리의 네 다리는 모두 그들이 데본기까지 거슬러 올라가는 더 큰 집단인 사지류에 속한다는 사실을 반영할 뿐이며, 그것은 당면문제 해결에 아무런 도움이 안 된다.

그래서 데렉과 나는 버제스 셰일에 있는 절지동물들이 지닌 형질들의 목록을 작성하는 일에 착수했다. 다리의 특징들, 머리에 달린 부속지의 수 등등. 우리는 이 형질들의 분포를 토대로 그 화석들의 유연관계를 담은 계통수를 그리고 싶었다. 윈저 왕가의 콜먼들리-스미스 가계도처럼, 우리는 누가 누구와 가장 가깝고 어느 지점에서 가장 먼 친척은 누구인지를 보여줄 수 있는 계통도를 원했다. 어니스트를 사실상의 조상이라고 꼽는 대신에 계속 공통조상을 추적한다는 점이 다를 뿐이다. 조사할 동물의 수가 늘어날수록, 그들을 계통수에 배열할 수 있는 방법은 기하급수적으로 늘어난다. 그래서 최상의 배열방법을 찾아내는 컴퓨터 프로그램이 필요하다. 어떤 형질이 진화하면서 두 번 이상 독자적으로 출현하면 문제가 더 복잡해지기 때문에 컴퓨터 프로그램이 더욱 필요해진다. 말할 나위 없이 '최상'이라는 말은 논란의 여지를 안고 있다. 무엇이 최상인지 어떻게 안단 말인가? 그리고 분지론 프로그램마다 어느 것이 최상인지를 결정하는 방식이

다르다. 하지만 대다수 프로그램들은 최종적으로 가장 단순한 계통수를 내놓는다. 1980년대 말에 이 기법에 관심을 보인 과학자들은 대부분 미국 일리노이 주의 데이비드 스워포드David Swofford가 개발한 PAUP(Phylogenetic Analysis Using Parsimony)라는 프로그램을 이용했다. 스워포드는 진화학계에서 천체물리학계의 스티븐 호킹에 맞먹을 정도로 유명하다.

우리는 삼엽충인 올레노이데스를 비롯한 이 캄브리아기 절지동물들이 계통수의 어디에 끼워지는지 알아보기 위해 그들의 의상을 벗기고 본질을 드러냈다. 일부 별난 동물들을 계통수에 확실히 끼워 넣을 수 있다면, 그것은 폭발론자들이 그들의 독특함을 지나치게 과장했을 수도 있다는 의미일 터였다. 폭발론자들은 그들의 현란한 의상에 쉽사리 현혹되는 바람에, 그들이 그 밑에 같은 속옷을 입고 있다는 사실을 알아차리지 못한 것인지도 모른다.

우리는 버제스 셰일 절지동물들 거의 전부가 포함되는 계통수를 쉽게 그릴 수 있다는 사실을 알고 깜짝 놀랐다. 그런 객관적인 계통수가 나온 것은 그때가 처음이었고, 우리가 가장 흥미를 느낀 부분은 삼엽충이 그 계통수의 꽤 높은 곳에 놓인다는 사실이었다. 원시절지동물의 원형이라는 전통적인 역을 맡기에는 무리일 정도로 말이다! 그들이 원시적이었다면, 바닥 근처에 있었어야 한다. 갑자기 결정 눈이라는 독특한 특징이 더 설득력 있게 다가오는 듯했다. 모든 절지동물들이 궁극적으로 한 공통조상에서 유래했음을 보여주는 전적으로 타당한 계통수를 재구성할 수 있다는 사실은 여러 절지동물들이 독자적으로 기원했다는 개념에 심각한 타격을 입혔다. 버제스 셰일에서 나온 기이한 절지동물들 중에는 진정으로 삼엽충보다 더 기이한 것들도 몇몇 있었다. 그것은 그저 우리가 100년이 넘는 세월 동안 삼엽충에 익숙해졌기 때문일 수도 있었다. 익숙함은 익숙함을 낳는 법이니까. '폭발'이 있었다면, 그것은 놀라울 정도로 질서 있는 폭발이었다. 우리의 원래 계통수는 세부적으로 문제가 많았지만, 아무튼 그것은 최초의 시도였다. 그리고 최초의 시도가 으레 그렇듯이 엉성했다. 그러나 그 뒤로 10년이 채 지나기 전에 여러 학자들이 각자 나름대로 작성한 계통수를 내놓았다. 그중에 우리 친구인 매튜 윌스Matthew wills도 있었다. 그 계통수들 중에는 우리의 계통수에 있던 특징들을 고스란히 보존하고 있는 것들도 많았다. 다시 말해 우리 계통수는 진리의 싹을 품고 있었던 것이 분명하다.

데렉과 나는 이 계통수를 『네이처』에 논문으로 발표할 수 있겠거니 생각했지만, 『네이처』의 생각은 달랐다. 독자는 과학학술지에 논문을 게재하는 것이 간단하지 않다는 것을 알아야 한다. 먼저 형식과 길이 따위에 관한 온갖 깐깐한 규정들을 지키면서 쓴 원고를 학술지에 제출해야 한다. 학술지는 그 원고를 심사자들에게 보낸다. 그 학술지가 『네이처』라면 심사자들은 해당 분야에서 가장 까다로운 사람들일 것이다. 그들은 대다수의 원고에 '거절' 의견을 낼 것이다. 리처드 파인만이나 스티븐 호킹 같은 천재들만이 으레 심사를 통과할 뿐, 나머지 사람들은 어느 정도 아픔을 겪는다. 처음으로 소설을 투고한 소설가가 '유감스럽지만, 편집진은……' 이라는 구절로 시작되는 짧은 답신을 받을 때의 심경과 그리 다르지 않다. 따라서 『네이처』가 버제스 계통수를 담은 논문을 퇴짜 놓았을 때 우리가 얼마나 상심했는지 짐작할 수 있을 것이다. 우리는 마음의 상처를 추스르면서 『네이처』에 상응하는 북아메리카의 학술지 『사이언스』에 그 논문을 보냈다. 『네이처』에 상응하는 명성을 지닌 학술지는 그것뿐이다. 초조한 한두 달이 지난 뒤에 다행히도 논문은 받아들여져서 1989년에 게재되었다.

그 이후로 버제스 셰일보다 더 앞선 캄브리아기 시대의 화석 동물군에 관해 아주 많은 것들이 밝혀졌다. 버제스 셰일에서 나온 절지동물들 가운데 더 오래된 캄브리아기 지층에서 발견되는 화석과 친척인 것들이 많다는 사실이 명확해졌다. 중국의 청장 동물군에는 많은 아름다운 동물들이 있다. 그 화석 발굴 이야기에 비추어보면 버제스 셰일을 둘러싼 논쟁은 예의바른 편이다. 그곳에서는 서로 먼저 발견하기 위해 채집가들이 앞 다투어 경쟁을 벌였다. 농민들은 화석을 들고 와서 짭짤한 부수입을 올렸고, 때로는 경쟁자들의 코앞에서 화석을 낚아채기도 했다. 논문발표 경쟁도 벌어졌다. 음모가 횡행했고 뒤통수 때리기가 판을 쳤다. 천진위안陳均遠과 서양인 동료들은 허우셴광侯先光 박사와 그 서양인 동료들과 경쟁을 벌였고, 성공할 때도 있었다. 그러다보니 어떤 화석을 놓고 천과 허 가운데 누구의 이름을 인용해야 할지 모르는 상황도 종종 발생한다. 이 동물들을 세계에 알리는 데 많은 기여를 한 아주 다정다감한 귀화 호주인인 그렉 에지콤Greg Edgecombe은 내가 청장에 또 갈 것인지 묻자 씁쓸하게 말했다. "다신 안 갑니다! 그런 엿 같은 곳에는요!" 이 고대 화석들에는 흥분해서 욕설을 내뱉게 만드는 무언가가 있는 모양이다.

말할 필요 없이 과학은 이런 격렬한 싸움에 별 관심이 없다. 진실은 드러날 것이며, 누군가 마음의 상처를 입든 부정을 저지르든 그것은 중요하지 않다. 앞으로 10년이나 20년이 더 지나면 중국 화석을 놓고 벌어진 기득권 싸움은 19세기에 미국에서 누가 가장 많은 공룡이름을 짓는지를 놓고 벌어진 마시 교수와 코프 교수의 다툼 같은 희비극이 되지 않을까. '폭발'에 관한 한, 버제스 셰일보다 더 앞선 지층들까지 거슬러 올라가는 진화계통들의 연속성은 굴드가 나중에 캄브리아기 초기 사건들의 '흥미와 수수께끼'라고 부른 것을 그저 증가시킬 뿐이다. 브릭스/포티 계통수(또는 더 나은 후속판본들)에 무언가 기여를 하려는 사람에게 묻고 싶은 아주 단순한 질문이 하나 있다. 다양한 절지동물들이 캄브리아기 초까지 이어진다면(그 계통수의 꼭대기 근처에 놓인 삼엽충도 포함하여), 그 계통수에서 더 이전 가지들이 갈라진 시기는 선캄브리아대일 수밖에 없지 않겠는가? 그리고 이 절지동물 가지들은 동물의 분지 역사 전체에서 더 오래되고 더 깊이 갈라진 가지들과 연결되므로, 우리는 더 오래되고 더 깊은 어딘가로 거슬러 올라가게 된다. 증조부 없이는 증손자도 없는 법이다. 우리는 앞 장에서 눈의 역사를 다룰 때 이런 논리를 이미 접한 바 있다. 눈은 생명의 역사와 깊은 관련이 있다. 삼엽충의 눈은 다른 동물들의 눈과 유전적으로 이어져 있으며, 계속 거슬러 올라가면 최초의 단순한 안점(eye-spot)에 도달한다. 분자시계(당연히 단점이 있음을 인정한다)를 토대로 한 주요 동물집단들 사이의 분지 추정시기는 약 10억 년에서 6억 5,000만 년 사이인데, 아무튼 둘 다 5억 4,500만 년 전인 캄브리아기보다 훨씬 더 앞선다. 아마 그 현란하게 펼쳐진 동물들의 등장장면에 현혹된 나머지, 더 소박한 훨씬 더 이전의 드라마를 보지 못한 것은 아닐까.

몇 년 전 나는 가장 앞서 출현한 삼엽충에 관해 솔직한 견해를 피력한 바 있다. 캄브리아기 지층에서 처음 출현할 때부터 이미 그들은 세계 각지에서 다양한 모습을 하고 있다. 단지 종 수준의 차이가 아니라, 속 수준, 더 나아가 과 수준의 차이를 보인다. 중국에 가면 올레넬루스가 아닌 에오레들리키아*Eoredlichia*라는 아담한 삼엽충을 발견할 것이다. 뉴욕 주로 가면 올레넬루스와 그 친구들을 발견할 것이고, 에오레들리키아의 가까운 친척들은 전혀 나오지 않을 것이다. 모기가 득실거리는 여름에 레나 강을 따라 시베리아로 가면, 세계에서 캄브리아기 지층이 가장 잘 드러난 곳을 만난다. 그곳에서 발견되는 최초의 삼엽충은 베르게로니엘루스*Bergeroniellus*라는 또 다른 종류다. 모든 삼엽충은 아마도 한 조상의 후손들일 것이므로, 화석기록에서 어떤 단계가 누락된 것이 분명한 듯하다. 각 지역에서 다양한 형태들이 진화하는 데 필요한 시간 말이다. 그것들은 모두 캄브리아기 초의 이 지층 단면에서 상당한 부분이 누락되었음을 가리킨다. 이 아름다운 레나 유역의 지층 단면에서 캄브리아기 화석들이 출현하기 이전에 침식된 부분이 있다는 것은 의심의 여지가 없다. 이 침식된 단계가 찰스 다윈이 말한 것처럼, 삼엽충이 '캄브리아기의 시작 이전에…… 어떤 갑각류에서 유래한' 때가 아니었을까?

우리가 확신할 수 있는 것은 삼엽충이 어떤 종류든 갑각류에서 유래하지 않았다는 점이다. 삼엽충과 협각류인 투구게(그림 19 참조)는 공통조상을 갖고 있으며, 그 조상은 갑각류와 공통조상을 갖고 있다. 따라서 삼엽충은 갑각류의 자손이 아니라 먼 친척이었다. 그러나 절지동물 계통수에서 아래쪽에 자리한 화석들 가운데 한때 전형적인 삼엽충의 것이라고 여겨졌던 특징들을 지니고 있는 종류가 많다는 것도 사실이다. 월컷이 고생하여 밝혀낸 두 갈래로 갈라진 부속지들은 캄브리아기의 부드러운 몸을 지닌 모든 절지동물들에게 아주 흔한 것으로 드러났다. 갑각류의 선조인 절지동물들도 아마 그런 부속지를 지니고 있었을 것이다. 투구게와 전갈을 낳은 절지동물들도 그러했을 테고. 한마디로 두 갈래 부속지는 원시적인 것이다. 그리고 그 동물들 중 어느 누구라도 뉴펀들랜드 동부의 캄브리아기 최초의 지층에 나타나는 것과 같은 단순한 긁은 자국들을 남겼을 수 있다. 그 밖에도 점점 명확해지고 있는 몇 가지 사실들이 있다. 전형적인 절지동물의 가장 가까운 친척은 발톱벌레(Onychophora, 유조동물)라는 다리가 아주 짧은 작은 동물들이다. 발톱벌레는 지금도 살고 있다. 주로 따뜻하고 습한 지역의 썩어가는 통나무 밑에서 살아간다. 캄브리아기에는 훨씬 더 수가 많고 다양했으며, 바다 밑에서 살았다. 그레이엄 버드Graham Budd는 아주 기이해 보이는 많은 동물들이 사실은 발톱벌레라는 사실을 밝혀냈다. 버제스 셰일에서 나온 이루 말할 수 없이 별난 동물인 할루키게니아Hallucigenia도 사실 발톱벌레다. 그것은 굴드의 이론을 액면 그대로 받아들이면 심각한 오류가 생길 수 있음을 보여주는 사례다. 그랬다면 대단히 독창적인 설계라고 떠받들던 이 동물들을 그저 '실패한 실험'이라고 꼬리표를 붙이고는 제쳐놓고 말았을 것이다. 지금 그 동물들은 그 뒤의 생명의 역사를 이해하는 데 중요한 구실을 한다고 받아들여져 있다. 분지론은 친척들을 파악하는 데 중요한 것이 기이함이라는 우리의 주관적 판단이 아니라 동물들이 공유하는 특징들이라는 교훈을 안겨준다. 우리는 자연의 시나리오에서 후피동물이 어디에 적혀 있는지 알려면, 코끼리 코가 아니라 코끼리의 자궁에 초점을 맞추어야 한다.

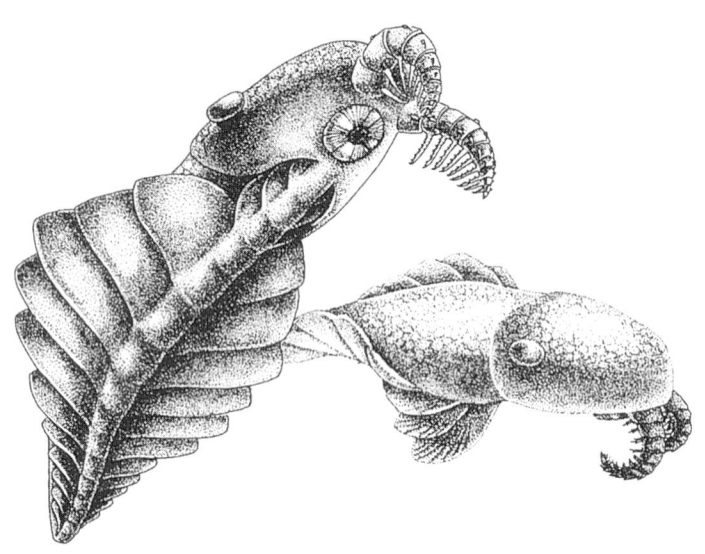

그림 16 아노말로카리스 Anomalocaris. 처음에는 '기이한 것이' 라고 주장되었으나, 지금은 원시절지동물, 따라서 삼엽충의 친척임이 밝혀졌다.

이제 우리는 하나의 역설과 마주친다. 배우들이 현란한 모습으로 무대에 등장하기 전의 역사를 이해하도록 도와줄 계통수가 있다. 하지만 이 이전의 역사를 알려줄 증거는 전혀 없다. 심지어 선캄브리아대의 가장 마지막 시기 이전으로 가면 동물들이 남긴 긁거나 판 자국 같은 흔적들조차도 드물다.* 그 동물들은 어디에 있었을까? '폭발' 하면서 이해할 수 없을 정도로 모든 기원속도가 빨라졌다고 보든지—그리고 이 '폭발' 로 나온 다양한 삼엽충들이 세계 곳곳에서 기어 다녔어야 한다—다른 어떤 설명이 있어야

---

* 이 글을 쓰는 현재 인도에서 10억 년 또는 그 이상인 암석에서 흔적과 자국 화석이 발견되었다는 새로운 논문들이 발표되었다. 이 흔적들을 동물이 만든 것은 거의 확실하며, 사실 앞서 인도 지질학자들이 여러 인도 학술지에 발표한 논문들이 지금까지 거의 무시되어왔다. 하지만 연대의 정확성을 의심할 만한 이유가 있기에, 당분간은 판단을 유보하기로 한다.

한다. T. S. 엘리엇의 수수께끼의 고양이처럼 말이다.

하지만 당신이 범죄현장에 도달할 때면 매캐비티는 거기에 없네!

시베리아 지층 같은 곳에서는 누락된 시대가 있다는 설명이 가능하지만, 뉴펀들랜드 동부처럼 암석기록이 완전한 곳에서는 그렇지 않다. 내가 선호하는 이론은 그 계통수의 더 이전 가지들이 화석으로 잘 남지 않는 작은 동물들이었다는 것이다. 반드시 몸집이 커야 완벽한 절지동물(또는 연체동물)이 되는 것은 아니다. 현재 바다에는 화석기록을 전혀 남기지 않는 미세한 절지동물들이 우글거린다. 나는 작은 요각류를 즐겨 인용한다. 플랑크톤의 일종인 그들은 바다를 검게 변하게 할 정도로 수가 많다. 하지만 그들의 화석은 오로지 한 물고기 화석의 몸속에 든 것 한 점뿐이다. 호박 속에 기적적으로 보존된 것들이 없었다면, 우리는 과거의 곤충들에 관해 거의 모를 것이다(곰팡이를 먹는 마이세토필리드mycetophyllid라는 곤충은 바람이 한 번 혹 불면 파괴될 정도로 아주 섬세한데, 호박 덕분에 우리는 수백 종류가 있었음을 알고 있다). 캄브리아기 초에 일어난 일은 아마도 몸집이 커짐으로써 새로운 종류의 동물들이 갑자기 출현한 것인 듯하다. 그것은 진정으로 급속한 변화였다. 우리는 많은 화석들을 통해서 크기 증가가 진화적으로 아주 쉬운 목표임을 알고 있다. 예를 들어 포유류는 6,500만 년 전 공룡이 사라진 뒤 아주 급속히 몸집이 증가한 듯하다. 껍데기 분비도 그런 몸집 증가에서 비롯되었을 가능성이 있다. 동물이 어떤 임계크기에 도달하면 근육의 지지력이 훨씬 더 중요해진다. 따라서 그 '폭발'은 1억 년 이상 눈에 보이지 않은 채 예행연습을 하고 있던 배역들이 극적으로 출현한 것이었다.

이 설명은 발견 가능성을 시사한다. 아마 이 책의 독자 가운데 누군가가 나중에 호박에 상응하는 선캄브리아대의 무언가를 발견할지도 모른다. 아주 최근에 중국에서 선캄브리아대 말의 동물배아가 발견된 바 있다. 인산칼슘 광물 속에 세포 하나하나까지 놀라운 정도로 잘 보존되어 있었다. 그러니 연대 자체는 기적의 시험대가 되지 못하는 것이 분명하다. 미래 생명의 설계안들을 담은 작은 동물들이 진화의 누락된 단계들을 보여준다면 놀랍지 않겠는가. 어딘가에 3억 년에 걸쳐 거의 한없이 다양한 의상들을 지을 잠재력을 지닌 동물, 곧 작은 삼엽충이 있을 것이다. 탐구는 계속된다.

폭발은 거기에서 끝나지 않는다.

『생명, 그 경이로움에 대하여』 이후에 버제스 셰일과 캄브리아기를 설명하려는 시도가 몇 차례 있었다. 문들의 '폭발'이 진실이냐 아니냐를 둘러싼 논쟁은 대부분 품위를 유지하는 규칙이 적용되는 학술지라는 지면을 통해 이루어졌기에 볼썽사나운 일은 그다지 벌어지지 않았다. 언제나 예의를 지켜라! 굴드는 내가 자신의 결론에 동의하지 않는다는 것을 알았지만, 그래도 우리의 우정에는 아무런 변화가 없었다. 우리는 으르렁대지 않고 학회에서 서로를 환영할 수 있었다. 나는 그가 내 인형을 바늘로 찔러대고 싶어 할 것이라는 생각은 전혀 하지 않았으며, 나 역시 그의 개인물품을 몰래 가져다가 주술을 걸고 싶은 유혹을 느낀 적이 없다. 과학자들은 거의 그런 짓을 하지 않는다. 그들의 주된 관심사는 진리를 향해 다가가는 것이다. 리처드 도킨스Richard Dawkins는 한 선배교수의 멋진 이야기를 들려준다. 어느 젊은 과학자가 그 노교수가 애지중지해온 이론이 틀렸음을 입증하자 그 노교수는 강단으로 올라가서 그에게 악수를 청했다. 청중은 기립박수를 보냈다. 예의범절에 관한 책들에 따르면 마땅히 그래야 하지 않겠는가.

워싱턴의 스미소니언 박물관은 버제스 셰일 전시회를 연 적이 있다. 대중은 경이로운 동물들을 자기 눈으로 직접 볼 수 있다. 함께 전시된 문헌은 흠잡을 데 없이 사실에 입각한 것이다. 이 전시회가 열리던 그 무렵에 미국 동부 해안에 있는 한 작은 대학의 마크 맥메너민Mark McMenamin과 다이애나 맥메너민Dianna McMenamin 교수가 공동으로 『동물들의 출현The Emergence of

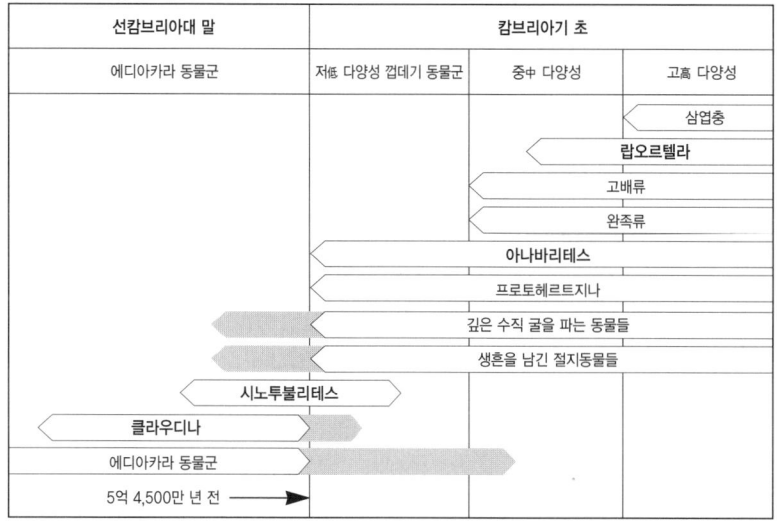

그림 17 두 맥메너민 교수의 『동물들의 출현』을 토대로 할 때, 캄브리아기 초에 출현한 동물들 가운데 삼엽충의 위치. 그런데 삼엽충의 조상은 어디에 있는 것일까?

Animals』(1991)이라는 책을 통해 '폭발'의 극단적인 견해를 피력했다. 그 책에서 그들은 캄브리아기에 100개*에 달하는 동물문이 '폭발해' 나왔다는 주장을 펼쳤다. 또 그중 대부분은 자손을 남기지 못한 채 사라졌다고 했다. 그들은 상자를 열면 튀어나오는 인형처럼 튀어나왔다가 후기 다다주의자들이 무도한 행위로 자멸했듯이 자멸했다는 것이다. 굴드의 견해를 10배로 뻥튀기한 것이었다. 객관적인 독자가 볼 때 특이한 점은 이 100개나 되는 '캄브리아기 문들'을 각각 동물계의 가장 큰 분류단위로 보아야 하는 근거를 전혀 대지 않고 있다는 사실이다. 그들이 대체 서로 얼마나 다르기에

* 현대 교과서들은 대부분 현생동물들이 약 30개 문을 이루고 있다고 본다. 온갖 다양한 동물들이 그 안에 포함된다. 각 문은 해부학적 구조상의 근본적인 차이를 대변한다. 따라서 두 맥메너민 교수는 캄브리아기의 세계가 적어도 세 배는 더 풍성한 곳이었다고 본다.

문이라고 불려야 한다는 것일까? 한마디도 언급되어 있지 않다. 공통조상에서 유래하지 않았다면 서로 각자 진화한 이 많은 동물들이 어떻게 신기한 유사점들을 공통으로 지니고 있는 것일까? 그리고 그들이 공통조상에서 유래했다면, 같은 문에 속해 있어야 하지 않겠는가? 그 책에는 그런 논의가 아예 없다. 이 저자들은 그저 온갖 기이한 의상을 차려입은 채 캄브리아기 무대에 등장한 것들을 문이라고 불러야 한다고 본 듯하다. 오로지 공연시기를 새로움의 판단기준으로 삼은 것이다.

『생명, 그 경이로움에 대하여』가 출간된 지 거의 10년 뒤에 또 다른 책이 등장하면서 이 분야를 더 폭발적인 상황으로 치닫게 했다. 저자는 케임브리지의 무서운 아이들에 속한 샛별이자 굴드의 캄브리아기 세계관을 떠받들었던 인물인 사이먼 콘웨이 모리스였다. 굴드가 버제스 셰일의 의미를 번역하여 세상에 내놓은(적어도 당시 케임브리지에서는 그의 견해를 그렇게 이해하고 있었다) 이후로 10여 년 동안, 사이먼은 심사숙고를 거듭했다. 현재 그가 수정해서 내놓은 견해는 내가 앞서 개괄했던 견해와 비슷해 보인다. 그것은 뇌관이 제거된 '폭발'과 흡사하다. 사이먼은 더 이전의 동물 역사가 있어야 한다는 것을 받아들였고, 캄브리아기가 껍데기들이 진정으로 급속히 출현했을 때 껍데기가 없는 화석 동물군도 꽤 많이 함께 나온 유별난 시기였다는 점을 제대로 지적했다. 여기에 그다지 선동적인 내용은 없었다. 나는 사이먼이 생각을 바꾸어 캄브리아기 동물군을 생명의 계통에서 중요한 국면에 도달했다는 맥락에서 보게 되었다고 말하고 싶다. 폭발은 스티븐 제이 굴드를 위해 남겨두었다. 나는 전문가가 쓴 책에서 그렇게 화풀이하는 말을 한 번도 본 적이 없었다. 나는 깜짝 놀랐다. 사이먼에 따르면 굴드는 글을 쓰는 것이 아니다. 다시 말해 그는 저자가 아니다. 그는 '연설'을 한다. 그는 독창성이 없음에도 그것에 대한 권리를 주장한다. 『창조의 도가니 *The Crucible of Creation*』(1998)에 나온 이 짧은 대목은 그 글이 어떤 식인지 짐작할 수 있게 해준다. "굴드는 반복해서 전투에 뛰어들곤 하는데…… 기이하게도 치명적인 찌르기에는 당하지 않는다……. 굴드는 현재 진화과정에 대한 우리의 이해수준이 위험할 정도로 낮다고 겁먹은 구경꾼들에게 선포한다……. 그 불행을 설파하는 자에게서 눈을 돌리면 햇살 아래 진화론이라는 대건축물이 거의 변함없이 서 있는 것이 보인다." 이런 식으로 굴드가 협잡꾼임을 다소 호들갑스럽게 말하고 있다.

성공이 질시를 낳는다는 것은 인류의 그다지 매력적이지 않은 단점이며, 굴드만큼 생물학계에서 널리 비평으로 성공을 거둔—적어도 지식인들 사이에서—인물은 없을 터이기에, 그의 경쟁자들 가운데 일부가 그에게 초점을 맞추는 것도 놀랄 일은 아니다. 말할 나위 없이 서로 과학적 견해가 다른 것은 지극히 합당한 일이다. 사실 그것은 과학발전의 핵심요소다. 하지만 여기서 내가 놀란 것은 예사롭지 않은 폭발, 성깔 사나운 탄도학 때문이었다. 굴드를 깎아 내리려는 시도는 각주까지 세세하게 이루어졌다. 굴드는 리처드 르원틴Richard C. Lewontin과 함께 1979년 '산마르코 성당의 스팬드럴과 팡글로스 패러다임: 적응론 프로그램에 대한 비판'이라는 다소 과장된 제목의 유명한 논문을 발표했다. 논문은 자연에서 발견되는 모든 구조들이 반드시 목적을 지녀야 하는가, 하는 중요한 점을 다루고 있었다. 사이먼 콘웨이 모리스는 독살스러운 주석에서 굴드가 건축학적으로 부정확했다고 비판한다. 산마르코 성당의 구조물들을 '스팬드럴'이라고 불러서는 안 된다는 것이다! 쯧쯧. 마치 그런 용어상의 문제를 콕콕 찍어대면 부풀어 오를 대로 부풀어 오른 그 논문에 구멍을 낼 수 있을 거라고 보는지. 그렇게 열정적으로 혹평을 하는 데에는 그 나름으로 심각한 이유가 있을 수밖에 없다. 사이먼은 왜 한때 자신을 먹여주었던 손을 물어뜯고 싶어 했을까? 조촐한 함에 담긴 은빛으로 반짝이는 작은 화석들을 보고 있으면, 그것들이 그런 격렬한 논쟁의 근원이 될 수 있다는 사실이 도저히 믿기지 않는다. 그뿐 아니라 삼엽충과 그 친척들은 그런 언쟁에 아무런 책임이 없다. 콘웨이 모리스와 굴드는 그 뒤에 『내추럴 히스토리』의 지면을 통해 격렬하게 싸웠다. 나는 그런 논쟁이 출판부수를 올리고자 하는 '선전'의 일환이라는 빈정거리는 견해를 받아들이지 않는다. 그런 반감은 거짓으로 꾸며낼 수 있는 것이 아니니까. 19세기에 화석 뼈를 둘러싸고 한 과학협회에서 벌어진 소동을 다룬 브렛 하트의 시가 떠오른다(〈스타니슬라우스를 둘러싼 학회의 소동〉).

> 나는 그것이 점잖은 과학자 신사가 할 짓은 아니라고 봐
> 적어도 어떻든 간에 누군가를 멍청이라고 부르는 것 말이지
> 또 어떻든 간에 돌을 던지는 것으로
> 대답을 해서도 안 되는 거지…….
> 내가 채 기록할 시간도 없이, 모든 회원들이
> 고생대 유물들을 던지면서 한바탕 싸움을 벌였어
> 그들이 분개하여 화석들을 던져댄 것은 잘못된 일이었지.
> 결국 매머드의 머리뼈가 톰슨의 머리를 함몰시켰으니까.

나로서는 사이먼의 분노가 굴드가 전에 그를 몹시 칭찬한 데에서 비롯되었다고 진단할 수밖에 없다. 리처드 도킨스의 이야기로 돌아가서 보면, 그것은 젊은 교수가 늙은 교수의 발등을 짓밟는 것과 비슷하다. 『생명, 그 경이로움에 대하여』는 전 세계에서 대단한 성공을 거두었다. 안 찍으려야 안 찍을 수 없었던 그 인쇄물에는 '이런, 새 문이 아니네!'라고 말한 콘웨이 모리스의 모습이 그대로 담겼다. 다시 말해 1980년대 초의 콘웨이 모리스였다. 1990년대의 모리스는 이전의 생각을 버렸고, 그것은 지극히 옳다. 과학자들은 시대의 흐름에 맞추어 변한다고 여겨진다. 그러나 그는 이전의 생각이 있었다는 것을 아예 인정하지 않았다. 현재에 맞게 역사가 수정되는 특이한 사례였다. 따라서 사이먼이 폭발한 근본원인은 굴드에 대한 시샘이 아니라, 그 자신의 과거에 대한 분노였다. 그 역사를 모른 채 『창조의

『도가니』를 무심결에 읽은 독자는 저자가 예전에는 굴드와 비슷한(실제로 공유하지는 않았다고 할지라도) 견해를 갖고 있었다는 사실을 결코 모를 것이다.* 그런 독자는 사이먼이 굴드의 추천으로 1989년에 미국 고생물학회로부터 영예로운 슈처트 메달을 받았다는 사실을 짐작조차 하지 못할 것이다. "역사는 헛소리다!" 헨리 포드는 1919년에 그렇게 말했다. 자동차 제작자로서는 품을 만한 감상일지 모르겠지만, 역사가의 입장에서는 그리 받아들일 만한 말이 못 된다.

삼엽충은 그 모든 것을 목격했으며, 나는 인간들 사이의 까다로운 폭발들에 무심한 그들의 결정 눈을 통해 보는 더 장기적인 관점을 취하고자 한다. 삼엽충 연구자들이 볼 때, 삼엽충은 설명이 안 되는 수수께끼의 존재에서 갑각류의 사촌임이 드러나는 과정을 거쳤다. 그들은 잠시나마 독자적인 문이 되기도 했다. 지금 그들은 되돌아와서 다른 절지동물 사이에 있다. 다윈이 생각한 것보다 투구게와 더 가까운 곳에 있다. 그들은 가장 가까운 친척들이 폭발했으며 그들 자신도 폭발에 사로잡혔다는 이론들을 간직한 적이 있었다. 아마도 이제 다이너마이트를 치우고 폭발 비유를 잠시 접어 둘 때가 된 듯하다. 이미 충분히 문제를 일으켰으니 말이다.

---

* 콘웨이 모리스가 굴드를 비판한 것을 긍정적으로 받아들이는 리처드 도킨스 같은 사람들 중에서도 일부는 '폭발적인' 견해들의 역사를 잘 모르는 듯하다. 다른 분야들에 속한 굴드 반대자들은 그 책을 '내 적의 적은 내 친구다'라는 원리하에서 '그 케임브리지(메사추세츠의) 현자'를 때리는 몽둥이로 이용해왔다.

06

박물관

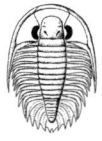

대형박물관의 등장은 문명의 증표 가운데 하나다. 문화가 쇠퇴할 때는 그런 지식의 보고는 버려진다. 중세 암흑기에 그리스의 위대한 과학저서들이 사실상 사라진 것이 그 좋은 사례다. 그 저서들은 알 마문 칼리프가 지시하여 833년 바그다드에 지혜의 집, 곧 박물관 겸 도서관이 완공된 덕분에 살아남았다. 그곳은 활기 없는 창고가 아니었다. 고전문명과 르네상스를 잇는 핵심고리였다. 나는 오늘날의 자연사박물관이 인류가 자신의 행성에서 무엇을 하며 그 행성을 어떤 생물들과 공유하는지를 담은 증거라고 본다.

휴일이면 많은 사람들이 멸종한 동물의 뼈대가 전시된 곳이나 고무와 기계장치로 만든 뼈를 통해 1억 년 전의 모습을 관객에게 보여주고자 만든 공룡모형들 사이를 어슬렁거리며 돌아다니지만, 그중에 그 괴물들 뒤편 벽에 문이 있음을 눈치채는 사람은 열에 한 명 정도일 것이다. 잘 다듬은 마호가니로 된 그 문을 열려면 특수한 열쇠가 필요하다. 가끔 학예사가 그 문으로 나와 군중들에게 압도된 양 잠시 머뭇거리다가 걸음을 옮길 것이다. 그 문은 전시실을 떠나 다른 세계로 들어가는 입구다. 뼈와 껍데기 표본들이 있는 세계로 말이다.

나는 30여 년 전에 처음으로 그 문을 통해 들어갔다. 내가 런던자연사박물관 직원이 될 때, 그곳은 통칭 'BM'이라고 했다. 대영박물관의 약자였다. 장엄한 시대의 장엄한 풍조가 낳은 유산이었다. 자연사 표본들은 오래전에 블룸스버리에 있는 대형건물의 선반에 놓인 고대 유물들, 다시 말해 파라오의 유물들, 고대 약병들, 범선에 실렸던 보물들, 옛 안경들, 그리고 이집트, 고대 그리스와 로마, 동양 등의 고대 유물을 연구하는 부서들에서 떨어져나왔다. 하지만 우리는 여전히 BM 소속이다. 공식적으로는 대영박물관(자연사)이라고 불린다. 이탈리아의 내 동료들은 지금도 우리를 '영국'이라고 부른다. 국가에 대한 본질론적 관점을 채집물들 속에 구현한 놀라울 정도로 절대적인 묘사다. 나는 그것이 성직에 입문하는 것과 비슷하다는 사실을 깨달았다. 가난의 맹세를 함으로써 입문과정이 끝나는. 하지만 나는 원하는 직업이 실제 직업과 일치한 극소수에 든, 아주 운 좋은 사람이었다. 열네 살에 삼엽충과 사랑에 빠졌던, 공짜로도 했을 일을 돈을 받고 하는, 세상에서 몇 안 되는 사람이었다! 나는 열쇠뭉치를 받았다. 흔히 감방을 잠그는 데 쓰는 것과 같은 무거운 강철열쇠들이었다. 열쇠들은 강철고리에 끼워져 있었고, 언제나 몸에 지니고 다녀야 한다는 당부를 들었다. 열쇠들에는 '습득한 분에게 20실링을 드립니다'라는 말이 새겨져 있었다. 1파운드만 있으면 애인과 맛있는 생선으로 저녁을 먹고 잔돈으로 버스

그림 18 런던자연사박물관의 삼엽충 표본들. 라벨에는 누가, 언제, 어디에서 채집했나 하는 내용이 적혀 있다. 지식의 보고다.

를 타고 집에 갈 수 있었던 시절에 새겨진 것이다. 거의 모든 문이 그 열쇠들의 마력 앞에 수월하게 열렸다. 찰스 디킨스가 좋아했을 만한 한 골방에는 상근 자물쇠 수리공이 있었다. 따뜻한 악수를 나누듯이 열쇠가 자물쇠로 미끄러져 들어갈 수 있도록 손보는 것이 그의 일이었다.

내가 배정된 곳은 고생물학과였다. 멸종한 생물들의 사라진 세계를 다루는 곳. 처음 자연사박물관에 임용되었을 때, 내 연구실은 미로의 일부였다. 자연에서 얻은 모티프들로 장식된 고딕성당 문 같은 거대한 의전용 박물관 입구 아래에 놓인 눈에 안 띄는 내 연구실에는 장엄한 낡은 진열장들이 있었고, 그 안에는 주로 삼엽충 표본들이 가득했다. 학구적인 분위기가 물씬 배어나오는 방이었다. 게다가 철제 발코니가 방 중앙을 가르고 있었고, 그

위에도 진열장들이 놓여 있었다. 연구실 밖에는 전시할 필요가 없어진 코끼리 박제가 먼지가 쌓인 덮개 천 사이로 삐죽 모습을 드러내고 있었다. 이곳은 예전에 따개비에 관한 세계적인 권위자인 T. H. 위더스Withers의 연구실이었다. 내 전임자는 W. T. (빌) 딘(Bill) Dean이었는데, 그도 새 직장을 구해서 캐나다로 떠나기 전까지 이 방에서 삼엽충을 연구했다. 나는 아주 운이 좋은 편이었다. 'BM'에 자리가 나는 일은 극히 드물었기 때문이다. 어떤 자리가 나든 그 자리를 채울 적임자가 있었다.

첫 직무설명서를 받아보니 거기에 '삼엽충에 관한 연구를 하는'이라고 적혀 있었다. 마치 '즐기면서 돈을 번다'는 말 같았다. 옥스퍼드셔 헨리온 테임스에서 함께 통근하는 사람들은 아마 지금도 그렇게 여길 것 같다. 그들이 주식 공개매입이나 공공위원회의 복잡한 규약초안이나 쇠고기 버거의 새 광고방법을 놓고 씨름하는 동안, 나는 여전히 삼엽충을 보러 다닌다. "진짜로 하는 일이 뭡니까?" 그들은 정말로 희한하다는 표정으로 묻는다. 국립자연사박물관에서 하는 기본업무는 종을 연구하는 것이다. 거기에서부터 다른 업무들이 파생되지만, 다양성의 이해가 다른 모든 것들의 기반이 된다. 나는 종(이 분야의 다소 자화자찬하는 용어를 쓰면, '학계에 새로운 종')의 이름을 붙이는 특권을 받은 극소수의 연구자에 속한다. 이것들이 이를테면 그 뒤의 모든 연구의 원자들이다. 종이 과학의 매혹적인 끝은 아니다. 과학에서 은하는 노리개며 아원자 입자는 거래대상이다. 종은 생물학적 작업현장이다. 설명을 해보자.

이 세상에 얼마나 많은 종이 살고 있는지 정확히 아는 사람은 아무도 없다. 일부 동물들, 가령 새들은 크고 눈에 잘 띄기 때문에 이름이 없는 새로운 종을 발견하는 일은 다소 드물다. 하지만 딱정벌레는 나무나 썩은 통나무 밑에서 번성하는 종들 가운데 일부만이 이름이 붙여졌다. 이름 붙이기는 끝이 없는 일이다(아무 딱정벌레 연구자에게 물어보라). 과거의 지질시대를 다룰 때는 문제가 약간 다르다. 우리는 한때 살았던 것들 가운데 일부만을 채집할 수 있다. 우리는 그 자체로 변덕스럽기 그지없는 암석에 든 화석들의 보존양상에 의존한다. 그리고 발견의 행운에 의존한다. 딱 맞는 망치가 딱 맞는 시간에 딱 맞는 지점을 두드려야 하니까. 앞서 말했듯이 삼엽충은 대개 파편형태로 발견되므로, 우리는 모든 조각들을 찾아내는 인내심 많은 채집가에게 크게 의존한다. 그런 다음에야 우리는 현미경으로 들여다보면서 신종인지 여부를 판단하는 일에 착수할 수 있다. 그것은 쉬운 일이 아니다.

우선 종이 무엇이냐 하는 문제가 있다. 현생동물들의 종은 대개 쉽게 구분할 수 있다. 서로 가까운 종들은 세부적인 특징들이 일관성 있게 다르며 훈련을 받은 사람은 그런 특징들을 쉽게 간파할 수 있다. 같은 과에 속한 유럽의 흔한 두 새인 노래지빠귀와 노랑부리검은지빠귀는 전반적으로 비슷해도 깃털, 알, 노래, 행동을 보면 쉽게 구별된다. 서로 더 가까운 겨우살이지빠귀와 노래지빠귀도 노련한 조류관찰자들은 그리 오래 걸리지 않아 구분할 수 있다. 노래와 습성으로 충분히 구분이 된다. 하지만 삼엽충 화석들에서는 오로지 등딱지만 갖고 구분을 해야 한다. 다행히도 삼엽충들은 한 가지 측면에서 지빠귀들과 비슷하다. 그들은 '의상'이 다르다. 그들은 종끼리 진정으로 다르다는 점을 반영하듯이 표면에 독특하고 아름다운 세세한 도안과 문양을 지니곤 한다. 서로 다르지만 친척인 종들은 이런 식으로 자신의 독특함을 알리곤 한다. 그것은 자기 종에 속한 짝을 알아보고 번식을 하기 위한 방법이다. 그것은 로커들이 이를테면 하레 크리슈나 교도(긴 예복과 빡빡머리)의 신자들이 아니라 같은 로커(장식단추가 박힌 가죽재킷)와 묶이는 것과 대강 같은 원리다. 잘 보존된 화석이 있다면, 우리는 현생 종을 대할 때와 거의 똑같은 확신 아래 어느 화석 종이 진정으로 구별되는 것이라고 인정할 수 있다. 그렇다면 이 깨달음을 어떻게 기록할까? 신종이라는 인식을 어떻게 공식선언할까?

이 시점에서 과학출판이라는 절차가 개입한다. 어느 비 오는 월요일 아침, 잠에서 깨자마자 새로운 종을 정해야겠다고 결정할 수 있는 것이 아니다. 종은 학술지에 게재되기 전까지는 공식적으로 존재하지 않는다. 논문 저자—권위자일 때가 많다—는 그 종이 새로운 것이라고 주장하면서 적절한 삽화와 함께 정확히 왜 그렇다는 것인지 이유를 제시한다. 그것은 만만치 않은 일이다. 당신은 같은 속에서 기재된 다른 모든 종들과 신종을 구분해야 한다. 전문용어로 말하면, 그것을 '동정同定해야' 한다. 그것은 10여 편의 과학논문들을 꼼꼼히 조사하고, 지금까지 이름이 붙여진 가까운 모든 종들의 표본을 구해서 비교해야 한다는 의미다. 그것은 고된 과정이 될 수도 있다. 관련논문들이 노보시비르크, 노리치, 뉴델리 같은 곳의 잘 알려지지 않은 학술지에 발표되어 있을 수도 있기 때문이다. 이용할 수 있는 좋은 도서관이 있다면 전문가에게는 엄청나게 큰 혜택이 아닐 수 없다. 대형박물관에 딸린 참고문헌실은 연료가 자동차에 하듯이 채집물을 보완한다. 운이 나쁘거나 게을러서 문헌조사를 철저히 하지 못하면 자신의 종에 맨 처음 이름을 붙인 문헌이 있음을 알아차리지 **못할** 수도 있다. 그러면 애석하게도 당신이 붙인 이름은 이명(synonymy, 분류학자들이 잊혀질 거라는 의미로 쓰는 용어)이 될 것이다. 가장 오래된 이름이 우선권을 지니기 때문이다. 학명은 당대의 정치상황에 따라 변하는 동유럽 도시들의 거리이름과 다르다. 학명은 거의 영구적이다. 그 어떤 이름이 붙여지든, 장미는 식물학자들에게 언제나 로자Rosa일 것이다.

  신종은 새로운 두 번째 이름인 종명을 가져야 한다. 분류학에는 종의 이름은 고전적인 형식을 취해야 한다는 전통(얼마 지나지 않으면 사라지겠지만)적인 오래된 규칙이 있다. 알맞은 단어의 그리스어나 라틴어 어근을 찾아 써야 한다는 것이다. 예를 들어 아름다운 종은 그것이 정말로 대단히 아름답다면 풀케르pulcher나 풀케리마pulcherrima를 써야 한다(라틴어에서 유래). 베리프리티verypretti나 졸리아트락티비티jolliattractivi 같은 일상용어에서 나온 말은 안 된다. 로자 풀케리마Rosa pulcherrima는 지극히 제대로 된 이름이다. 로자 풀케리무스Rosa pulcherrimus는 그렇지 않을 것이다. 속명과 종명은 성이 일치해야 하기 때문이다. 그것은 사실 발음했을 때 듣기 좋은가 하는 문제다. 나는 언제나 이런 고전어 어원을 좀 고수하는 편이다. 그것이 라틴어로 글을 썼고 아마 생각도 라틴어로 했을 18세기의 선구적인 분류학자들과 나를 연결해주는 구실을 하기 때문이다. 그럼으로써 나는 위대한 존 레이(John Ray)와 범접할 수 없는 카롤루스 린네우스(비라틴어식 이름으로는 카를 폰 린네)와 공통점을 갖게 된다. 우리들은 자연세계를 분류하는 원대한 노력을 통해 서로 연결된다. 200년이 넘는 세월을 건너뛰어 우리는 지식의 체계를 잡으려는 똑같은 열정을 공유한다. 사실 나는 박식한 고전학자들이 집대성한 육중하고 오래된 사전들(지금 내 앞에는 루이스와 쇼트가 편찬한 라틴어 사전이 펼쳐져 있다)을 들추어서 '부끄럼을 잘 타는'이나 '혹이 많은' 같은, 종에 붙일 단어를 찾아보기를 즐겨한다. 그리고 용법을 알려주는 오비디우스의 작품들에서 뽑은 인용문들을 즐겨 읽곤 한다. 이런 지난 고전문화에 대한 애착은 예속이 아니라 결속이다.

다음 단계는 그 이름의 원천인 특정한 표본에 새로운 과학적 꼬리표를 붙이는 것이다. 그 표본은 영구히 그 이름의 근원이 된다. 그것이 바로 신종의 기준표본(holotype)이다. 여기에서 박물관이 아주 중요해진다. 종의 기준표본들이 영구히 보관되어 있는 곳이 박물관이기 때문이다. 채집물들은 자연세계의 과거와 현재의 다양성을 살펴보는 궁극적인 참조대상들이다. 기준표본들 옆에는 남극 대륙에서 에콰도르와 톈산(天山)이나 팀부크투에 이르기까지 세계 각지에서 채집한 살아 있거나 죽은 온갖 채집표본들이 있다. 런던자연사박물관에는 화석표본들만 해도 축구장보다 더 큰 면적을 차지하고 있다. 게다가 4층으로 되어 있다. 각 층에는 진열장들이 죽 늘어서 있고, 진열장 하나에는 약 40개의 서랍이 있다. 서랍 하나에는 약 50점의 표본이 들어 있다. 지금 그러면 표본이 총 몇 점이나 될지 계산하느라 머리가 바쁘게 돌아갈지도 모르겠다. 삼엽충을 지금 살고 있는 어떤 절지동물과 비교하고 싶다면, 나는 동물학과로 가야 한다. 스피리트 건물에 있는 그

학과에는 어류, 뱀, 문어나 바닷가재 따위가 살아 있을 때의 모습 그대로 담긴 병이 수십만 개나 있다. 거기에는 찰스 다윈이 채집한 도마뱀들도 있다. 심해바닥에서 파낸 벌레들도 있다. 여기에 내가 원하던 것이 하나 있다. 남극 대륙 빙원 아래 해저에 살고 있는 세롤리스*Serolis*라는 동물로서 쥐며느리의 몸집 큰 친척이다. 겉모습은 삼엽충과 비슷하며(하지만 가까운 친척은 아니다), 나는 그것의 가슴부 구조를 상세히 살펴보고 싶었다. 노골적인 인간중심주의자가 아니라 해도 대구들의 뒤집힌 입술이 100년 동안 병 속에서 지내 울적하다는 말을 하고 있음을 쉽게 알아차릴 수 있다. 오랜 세월을 버틴 생체표본들은 그에 걸맞게 색깔이 사라지면서 유령 같은 분위기를 풍긴다. 이 창백한 용기들과 병들의 행렬을 뒤로하고 문을 나서면 자연히 목소리가 낮아진다. 당신은 곰곰이 생각한다. 죽음은 자신의 서글픈 얼굴이라는 것을. 유령처럼 절여짐으로써만 부패를 막을 수 있음을.

따라서 종의 이름이 붙여지고 나면, 다른 학자들은 자신의 수중에 있는 표본이 같은 종인지 다른 종인지 알고 싶을 때 언제나 기준표본을 참조할 수 있다. 생물다양성의 공식 필경사인 학예사는 번호를 정해서 대개 작은 라벨에 써서 표본에 풀로 붙인다. 그 번호는 참조하는 개체가 어느 것인지를 알려준다(컴퓨터 덕분에 지금은 이 모든 정보를 훨씬 더 쉽게 이용할 수 있다). 덜 본질론적인 종 개념이 유행하면서 기준표본의 중요성도 다소 약해졌다. 자연에서 나타나는 변이를 설명해줄 수 있는 기준이 되는 표본들의 집단이 더 낫다는 인식이 확산되었다. 어쨌거나 동물이나 식물이나 정확히 똑같은 개체는 없다. 그것은 기준표본과 함께 채집된 표본들 **전체**가 중요하다는 점을 강조한다(이 표본들 가운데 일부를 '종縱기준표본[paratype]'이라고 한다. 말 그대로 기준표본 옆에 있었다는 뜻이다). 스피리트 건물에는 병 속에서 나를 바라보는 창백한 얼굴들 가운데 유일하게 알려진 표본일 정도로 아주 희귀한 종의 기준표본들도 있다. 그러니 그들이 침울해 보이는 것도 놀랄 일이 아닌 듯하다.

나는 이 기준표본들의 모습이 월드와이드웹을 통해 전 세계에서 볼 수 있는 날이 오기를 기대한다. 동남아시아의 한 연구자가 자신의 나비가 초기 서양 탐험가 중 한 명이 100년 전에 이름 붙인 것과 같은 종인지 알고 싶어한다고 가정해보라. 그는 오로지 현장에서 컴퓨터로 적절한 웹사이트에 들르기만 하면 된다. 거기에는 생생한 기준표본 컬러사진들이 있을 것이고, 그는 그것들과 자기 앞에 있는 표본을 비교하면 된다. 그때가 되면 100년에 걸쳐 좀약으로 보살핀 모든 것들과 번호를 매기고 기록하는 학예사의 노고가 인정을 받을 것이다. 그런 명확한 참고자료를 통해서만 우리는 무엇이 어디에 얼마나 사는지 진정으로 알 수 있다. 나는 당분간은 그런 생생한 시각적 이미지들이 계속 필요할 거라고 믿는다. 종의 DNA '지문분석'이 점점 중요해지고 있긴 하지만, 그것은 유사점과 차이점을 판단하는 인간 눈의 경이로운 섬세함을 대신하지 못한다. '눈으로 판단하는' 게 여전히 더 실용적이고 빠를 것이다(게다가 비용도 적을 것이다). 아무튼 우리 종에게 그렇게 뛰어난 눈과 뇌가 주어진 이유가 바로 그런 섬세한 식별을 위한 것일 테니까.

나는 삼엽충 신종에 이름을 붙일 특권을 지닌 몇 안 되는 사람 가운데 하나다. 삼엽충에 이름을 붙이는 것이나 나비에 이름을 붙이는 것이나 별다를 바 없다. 비록 신종의 기준표본이 대개 인시류鱗翅類의 표본보다 덜 바스러지지만 말이다. 나도 나비 표본들을 많이 채집했다. 망치로 채집한 것이긴 하지만. 일부 화석 종들은 채집하기가 어렵기 때문에 드물다. 하지만 채집하기 어렵다고 해서 반드시 자연에서 원래 드물다는 의미는 아니다. 가시투성이일 수도 있고 껍데기가 얇을 수도 있다. 나는 오랜 세월에 걸쳐 150종이 넘는 새로운 삼엽충에 이름을 붙였고, 지금도 '학계에 새로운' 종을 발견했다는 것을 알아차리면 약간 호들갑스러워진다. 또 속의 이름도 서너 종류 붙였다. 내가 명명법상의 재앙을 가까스로 피한 사례가 딱 한 번 있었다. 나는 새로운 삼엽충에 고전어 사전들을 뒤져서 프리기아의 잘 알려지지 않은 님프인 오이노네*Oenone*에서 딴 이름을 붙이기로 했다. 그 동물에게 잘 어울리는 아주 매력적인 이름 같았다. 다행히도 나는 막판에 어느 벌레에 이미 그 이름이 붙어 있다는 사실을 알아차렸다. 같은 이름을 붙이는 것은 『동물학 명명규약*Rules of Zoological Nomenclature*』이라는 두꺼운 규정집에 실린 규정에 위배된다. 나는 케네디의 『라틴어 입문서*Latin Primer, the Rules*』 외에 잠이 안 올 때 읽는 책으로 그 규정집만한 것은 없다고 장담한다. 그 책에는 동물의 이름을 붙일 때 이렇게 하라, 이렇게 해서는 안 된다라는 규정들이 죽 나열되어 있다. 회계장부나 열차시간표처럼 그 규정집도 어떤 체제*를 매끄럽게 운영하는 데 필요하지만, 한편으로 탁상공론가들의 낙원 구실도 한다. 가장 중요한 규칙 하나는 이미 있는 속명을 또 쓰지 말라는 것이다. 다행히 나는 논문이 발표되기 전에 이름을 오이노넬라*Oenonella*로 바꿀 수 있었다. 그 이름은 한 번도 쓰이지 않은 것이었다. 그래서 오이노넬라는 지금까지 쓰이고 있다.

　동물에 누군가를 모욕하기 위해 이름을 붙이는 것은 허용되지 않지만, 명명규약은 동료의 이름을 붙이는 것은 허용한다. 체코의 두 고생물학자는 내 이름을 따서 한 삼엽충에 포르테이옵스*Forteyops*라는 이름을 붙였고, 휘팅토니아*Whittingtonia*와 왈코타스피스*Walcottaspis*라는 이름의 삼엽충도 있다. 따라서 동물에 이름을 붙임으로써 연구자를 기념하는 셈이다. 분류학계에는 어딘가에 접미사가 키스메(-chisme, 그리스어에서 유래했으며, 영어식으로 발음하면 'kiss me'처럼 들린다)로 끝나는 동물왕국이 있다는 전설이 있다. 연구자들은 그 접미사에 자신의 여자친구가 될 사람의 이름을 붙이고 싶은 유혹을 느낀다. 폴리키스메*Polychisme*, 아나키스메*Anachisme* 등등. 나는 모래시계

---

* 분류학에 문외한인 독자를 위해 덧붙이자면, 속명은 종의 이름에서 앞에 나오는 것이며 첫 글자를 대문자로 쓴다. 속에는 여러 종이 있으며, 각 종은 속명 다음에 종명을 지니며, 종명의 첫 글자는 대문자로 쓰지 않는다. 학명은 일반이름들과 구분하기 위해 반드시 이탤릭체로 표기한다.

모양의 특이한 미간을 지닌 한 삼엽충에 몬로이아이monroeae(마릴린 먼로의 이름을 따서)라는 이름을 붙였고, 한 동료는 곱사등이처럼 보이는 한 화석에 쿠아시모도quasimodo라는 이름을 붙였다. 기분을 전환시키는 이런 사소한 사항들은 사실 이름을 기억하는 데 도움을 준다. 규약은 자신의 이름을 따서 종 이름을 붙이는 것은 허용하지 않지만, 모욕을 주는 것이 아니라면 농담을 곁들여서 이름을 붙이는 것은 허용한다. 존스를 기리기 위해 신종에 조네시jonesi라는 이름을 붙이는 것은 아첨이 아니다. '주로 똥더미에 사는 작고 별 특징 없는 종'이라고 기재한다면 말이다. 대개 종의 이름은 라틴어든 그리스어든 그 동물에 관한 무언가를 알려준다. 아그노스투스 피시포르미스(완두처럼 생긴 아그노스티드류 삼엽충, 별지화보11), 파라독시데스 오일란디쿠스Paradoxides oelandikus(올랜드 섬에서 나온 파라독시데스)처럼 말이다.

이름에는 명명자의 이름이 붙는다. 그래서 스피츠베르겐에서 나온 아주 매력적인 오르도비스기 삼엽충의 이름을 제대로 쓰면 파라필레키아 자쿠엘리나이 포티Parapilekia jacquelinae Fortey, 1980이 된다(당연하지만 내 아내의 이름을 땄다). 이런 세세한 사항들은 후속 연구자들에게 그 종이 원래 어디에서 기재되고 이름이 붙여졌는지 알려주는 유용한 구실을 한다. 다시 말해 1980년에 포티가 발표한 논문에 실렸다고 말이다. 한 세기 전이나 그 이전에 이름이 붙여진 종은 그 뒤에 설명이 붙을 수도 있다(수정사항들). 내가 한 번도 직접 보지 못한 많은 고생물학자들은 아마 학명에 붙은 내 이름을 통해 나를 알고 있을 것이다. 나중에 직접 보았을 때 그들은 내가 젊다는 것을 알고 놀라지 않을까.

약간 왜곡되긴 했지만, 로미오와 줄리엣에 나오는 유명한 말이 있다. "장미는 어떤 이름으로 불러도 향기가 날 겁니다." 그 말은 이름을 붙이는 것이 헛된 일이라는 의미다. 물리학자 어니스트 러더포드가 '우표수집'이라고 지칭한 과학 분야들―그는 아마 분류학을 염두에 두었을 것이다―에도 똑같은 비난이 적용될 거라고 생각할지도 모르겠다. 이보다 오도시키는 견해는 없을 것이다. 비록 학명을 짓는 것이 장난처럼 여겨질지도 모르겠지만, 그 이름들은 진정한 지적인 목적에 봉사할 수 있다. 내가 앞으로 살펴볼 중요한 질문들 중 몇 가지에서는 엄밀한 동정이 핵심적인 구실을 한다. 유능한 분류학자들이 측정단위(종, 속 따위)를 정확히 정의하지 않았다면, 과거의 생명다양성을 어떻게 논의할 수 있겠는가? 자신이 조사하는 종들이 어떤 것들인지 알지 못한다면, 진화를 어떻게 추측할 수 있겠는가? 이 동물이 이 대륙에서 발견되고 저 동물이 저 대륙에서 발견되었다는 것을 알려줄 믿을 만한 꼬리표가 없다면 고대 생물의 지리학을 어떻게 추론할 수 있겠는가? 어느 책에서든 이 세 가지 질문은 깊이 다루어도 좋은 것들이므로, 여기서 나는 일단 간략하게 답할 생각이다. '당연히 할 수 없다' 고 말이다. 왜 그런지 내 생각을 말해보기로 하자.

러더포드에게는 실례지만, 나는 완벽하게 온건한 우표수집 활동과 과학적 분류학은 다르다는 점을 지적하지 않을 수 없다. 우표수집을 할 때에는 스탠리 기번스 연감을 뒤적여서 우표의 발행연도와 색깔, 진품 여부, 천공 상태, 심지어 현재 가치 따위를 꼼꼼히 살펴본다. 거기에는 해당 우표의 정체를 말해주는 단 하나의 정답이 있다. 그러나 과학의 질문들은 모두 정답을 향한 여행이다. 여기에는 로버트 루이스 스티븐슨의 경구가 딱 맞는다. "희망에 부푼 여행이 도착보다 더 낫다." 과학은 지속적인 낙천주의 정신 속에 존재한다. 우리는 내가 고심하고 오랜 경험을 토대로 미간과 꼬리의 특징을 관찰하여 파악한 삼엽충 종이 수억 년 전에 살던 시기에 진정으로 생물학적 종이었는지 결코 확실히 알 수 없다. 다른 연구자가 그것이 단지 변종(대개 자신이 연구하는 종의)일 뿐이라고 말하면서 내 종에 대해 다른 견해를 내놓을 때가 종종 있다. 그런 문제들은 최종해답이라는 것이 없다. 뿐만 아니라 우리는 오래전에 사라진 생물세계를 확실하게 재구성할 수도 없다. 모든 재구성은 그것의 기반이 된 과학적 추론결과들만큼만 타당하며, 이 추론결과들은 계속 변하기 때문이다. 첫째, 우리는 몇 년 전에야 과거의 대기에 이산화탄소의 농도가 높았던 시기와 낮았던 시기가 있었다는 것을 알아차렸다. 각각은 '온실' 세계와 '얼음집' 세계를 만들었다. 이런 대기조건은 퇴적물의 종류부터 햇빛에 이르기까지 지표면의 거의 모든 것에 영향을 미치며, 따라서 생물들에도 영향을 미치기 마련이다. 둘째, 예전에는 어류가 실루리아기 말이 되어서야 진화하기 시작했다고 믿었지만, 지금은 새로운 발견들이 이어지면서 어류의 원시적인 친척들이 삼엽충이 살아온 기간 동안 거의 함께 있었다는 것이 드러났다. 또 그럼으로써 우리는 오르도비스기의 생태를 새로운 시각에서 보게 되었다. 이런 것들이 과거에 대한 인식변화다. 시간의 화살은 앞으로 나아갈지라도, 과거는 회고를 통해 재설계된다.

19세기에 선진국의 거의 모든 대도시에는 박물관이 생겨났다. 그것은 어느 정도는 박물관이 교육적·도덕적으로 가치를 함양한다는 널리 퍼진 믿음의 산물이었다. 그것은 시민의 자긍심 문제이기도 했다. 중세에는 부유한 양모상인들이 교회에 기부를 했지만, 산업시대의 부자들은 박물관에 기부를 했다. 박물관은 영국의 하디, 도체스터, 라임레지스, 워즈워스, 레이크 디스트릭트, 케스위크뿐 아니라, 맨체스터, 리버풀, 버밍엄, 리즈 같은 대규모 산업도시들에도 있다. 미국도 동부의 주요 도시들마다 박물관이 있으며, 일부는 피바디(예일)나 카네기(피츠버그) 같은 자선사업가들의 이름이 붙어 있다. 호주와 중부 유럽에도 비슷한 박물관들이 있다. 많은 박물관들은 설립자의 예술적 취향을 보여주는 소장품들뿐 아니라 자연사 표본들도 갖추고 있다. 종종 소장품들 중에 중요한 기준표본들도 있다. 연구자에게는 그런 표본들을 찾아내는 것이 모험과 같을 수도 있다. 작은 박물관은 자기 소장품을 정확히 알지 못할 때가 있기 때문이다. 내 친구인 에이드리언 러시튼Adrian Rushton은 케스위크박물관에서 J. 포스틀스웨이트Postlethwaite가 『레이크디스트릭트의 광산과 광물Mines and Minerals of the Lake District』이라는 책에서 기재한 삼엽충 표본들을 몇 점 발견했다. 그 책은 1880년대에 나온

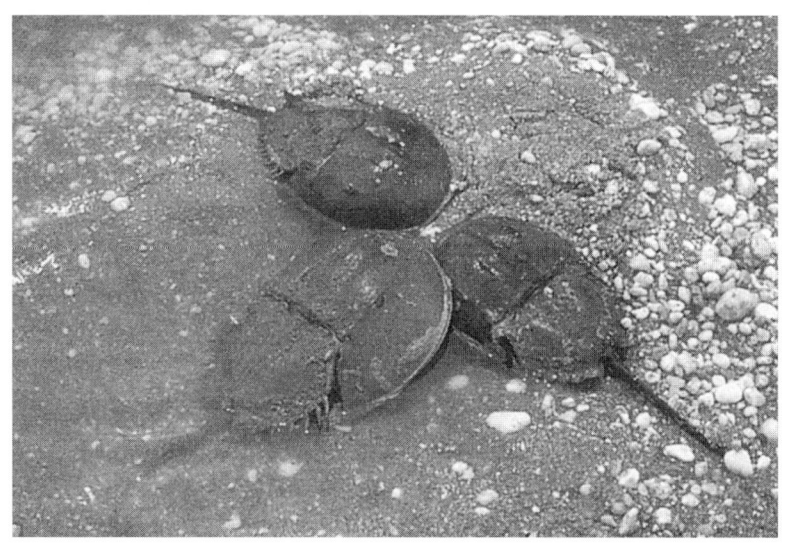

그림 19 현재 투구게는 현생동물 가운데 삼엽충의 가장 가까운 친척으로 여겨진다.

한정판이었다. 레이크디스트릭트에 삼엽충이 유달리 드물고 포스틀스웨이트가 그 가운데 많은 것들을 발견하여 이름을 붙였다는 것을 알면 그것은 비밀정보라고 여겨질지 모른다. 레이크디스트릭트가 지질학적으로 젊었을 때의 역사 전체가 이 희귀한 동물들의 정체에 달려 있다는 말을 덧붙이지 않을 수 없다.

대형박물관의 등장은 문명의 증표 가운데 하나다. 문화가 쇠퇴할 때는 그런 지식의 보고는 버려진다. 중세 암흑기에 그리스의 위대한 과학저서들이 사실상 사라진 것이 그 좋은 사례다. 그 저서들은 알 마문 칼리프가 지시하여 833년 바그다드에 지혜의 집, 곧 박물관 겸 도서관이 완공된 덕분에 살아남았다. 그곳은 활기 없는 창고가 아니었다. 고전문명과 르네상스를 잇는 핵심고리였다. 나는 오늘날의 자연사박물관이 인류가 자신의 행성에서 무엇을 하며 그 행성을 어떤 생물들과 공유하는지를 담은 증거라고 본다. 가장 신기한 표본들도 자신의 가치를 아직 제대로 드러내지 않았을 수 있다. 19세기식 대규모 광장전시회의 전형인 런던 트링 외곽에 현재 소장되어 있는 로스차일드 경의 개 혈통들을 생각해보라. 그런 표본들은 남아도는 낡은 것들이 아닐까? 하지만 미래의 어떤 연구자가 가축화의 역사를 조사하고자 할 때 그 표본들의 오래된 가죽이 분자정보의 원천이 될 수도 있지 않을까? 모든 개는 DNA를 갖고 있을 것이다. 그리고 대형박물관은 결코 사라져서는 안 된다.

07

삶과 죽음

삼엽충의 역사는 새로운 종의 출현뿐 아니라 기존 종의 몰락의 역사다. 이런 종들의 교체는 정상적인 진화적 변화의 원료다. 적응을 더 잘하는 것이 덜한 것을 대체한다. 삶은 언제나 파란만장하며, 인간사가 그렇듯 번영은 엎치락뒤치락하는 행운과 장점의 산물이다. 삼엽충은 우연과 설계가 각자 어느 정도 영향을 미쳤는지를 객관적으로 목격한 동물이라고 할 수 있을 것이다. 당연히 그들의 생체분자들은 영구히 사라진 상태다. 그러나 그 분자들이 그들의 몸에 남긴 서명은 지질 기록에 보존되어 암석이 가루가 될 때까지 남아 있을 것이다.

모든 생물들이 그렇듯이 삼엽충도 진화했다. 그들이 시간이 흐르면서 변화했다는 뜻으로만 하는 말이 아니다. 뻔한 말을 할 리가 없지 않은가. 캄브리아기 전기 지층에서 나온 올레넬루스 같은 삼엽충은 캄브리아기 후기 지층의 삼엽충들과 다르며, 후자는 오르도비스기의 삼엽충들과 다르다. 마찬가지로 오르도비스기의 것들은 그 위에 쌓인 실루리아기와 데본기 지층의 것들과 다르다. 약간의 전문지식을 갖추면 삼엽충 애호가는 화석들을 보고 그 시대를 추정할 수 있다. 비록 정확한 이름은 댈 수 없다고 할지라도 말이다. 그들은 조류관찰자들이 '지즈jizz', 곧 한눈에 들어오는 인상이라고 말하는 것에 반응한다. 그것은 거의 틀리지 않는 전반적인 인상을 말한다. 분명히 지질시대마다 삼엽충들은 교체되어왔다. 하지만 대다수의 지층들에서 우리는 출현한 모든 새로운 삼엽충들이 진화적 혁신의 산물이라고 가정한다. 설령 암석 자체에 기원을 알려줄 세세한 사항들이 전혀 나오지 않을 때가 많아도 말이다. '활동 중인 진화'를 보여주는 사례는 드물다. 이 다소 평범한 진리를 창조 '과학자들'은 '화석들은 진화를 뒷받침하지 않는다'라고 오도하는 용도로 쓰고 있다. 그것은 결코 그런 의미가 아니다. 사실 삼엽충들의 출현순서는 진화와 확실히 부합된다. 앞서 진화적으로 발전한 독특한 집합복안의 사례에서 이미 살펴보았듯이, 캄브리아기 삼엽충들은 오르도비스기와 더 나중의 삼엽충들에 비해 더 원시적인 특징들을 지니고 있다. 그것은 단지 신종이 형성되는 순간의 모습을 포착하기가 진정으로 어렵다는 말일 뿐이다. 도둑이 훔친 물건을 지닌 채 서 있는 장면이 현장에서 목격되어 현행범으로 체포되는 상황은 드물다. 사람들은 대개 사후현장을 보고 가슴이 미어진다. 종의 생성도 마찬가지다. 그 사건이 일어난 뒤 종이 존속하는 기간이 상대적으로 길기 때문에 확률법칙상 그들의 역사 중 그 부분이 더 발견되기 쉬울 것이다. 확률법칙은 창조론자나 다윈주의자가 어떤 생각을 품고 있는지 개의치 않는다. 다시 범죄학적 비유를 들어보자. 편향된 증거들만으로는 유죄판결을 받아낼 가능성이 거의 없다.

따라서 진행 중인 진화를 볼 수 있는 사례들은 이중으로 값진 것이다. 우리 자신이 속한 호모속(*Homo*)과 현대 인류와 유연관계가 있는 같은 속의 몇몇 종들은 그다지 좋은 연구대상이 아니다. 호미니드는 화석이 거의 없고 가장 많은 논란을 불러일으키고 있기 때문이다. 그렇다고 해서 우리가 호미니드에 관해 더 많은 것을 알아내지 못한다는 뜻은 아니다. 해마다 새로운 화석들이 발견되고 있으니까. 단지 인류 역사가 종 분화의 특성을 연구하는 데 최상의 대상이 아닐 거라는 뜻일 뿐이다. 화석들이 아직 너무나 드물다. 대조적으로 삼엽충 사례들은 진화가 어떻게 일어났느냐에 관한 가장 격렬한 논쟁들 가운데 몇 가지의 핵심에 놓여 있다. 삼엽충은 복잡하고 화석이 많아서, 신종이 어떻게 형성되는지에 관해 빛을 던져줄 아주 유용한 '실험재료'가 되리라고 기대할 수 있다. 실험실에서는 또 다른 절지동물인 초파리가 활동 중인 유전을 연구하는 실험재료로 오랫동안 널리 활용되어 왔다. 이 작은 초파리를 대상으로 유전에 관한 고전적인 연구들이 이루어졌다. 특정한 유전자의 구실을 조사할 때—가장 최근에는 발생순서를 조절하는 혹스 유전자족—초파리의 유전자를 조작하여 더듬이가 날 자리에 여분의 날개나 다리 한 쌍이 달린, 가망 없지만 유용한 정보를 주는 괴물을 만들어내곤 했다. 초파리 화석은 아주 연약하기 때문에 거의 호박 속에만 보존되어 있는 형편이다. 아마 강인한 삼엽충은 암석의 초파리라고 할 수 있을 것이다.

   시험사례가 될 만한 것은 연속된 지층에 차례로 발견되는 일련의 종들이다. 그 종들은 조상-후손 관계에 있다고 해석해도 무리가 없을 것이다. 그러려면 이전 종과 나중 종의 역사 전체가 기록된 많은 지층들에서 채집할 수 있는 표본들이 상당수 있어야 한다. 지층들이 쌓인 기간 전체에 걸쳐 동물들의 모습에 무슨 일이 일어났는지를 측정할 수 있도록. 진화가 진행되고 있다는 것 자체를 의심하는 회의주의자들을 설득하기 위해서는 더 그래야 한다. 장기간에 걸친 단절 없이 연속적으로 퇴적이 이루어진 특별한 지층이 있어야 한다. 누락되면 다른 종으로 진화하는 바로 그 순간이 숨겨질 수도 있기 때문이다. 현실적으로 지층들은 대부분 불완전하다. 이 중대한 초기 조건들이 충족되는 경우가 거의 없다는 것은 전혀 놀랄 일이 아니다. 대다수 지층들은 이런저런 기준을 충족시키지 못한다. 가장 적합한 퇴적층—비교적 젊은 지질시대의 것들—은 심해저에 쌓인 지층들이다. 그곳에서는 계속 비처럼 내리는 플랑크톤들이 작은 껍데기들의 앙금처럼 쌓이면서 시간의 경과를 기록한다. 유공충이라고 하는 방해석 껍데기를 지닌 단세포 생물에 속한 이 작은 화석들은 최상의 진화역사를 제공해왔다. 이들은 특히 아주 풍부하다. 작은 암석에도 수백 점의 표본이 들어 있곤 한다. 하지만 크기가 작다는 것은 좀더 단순한 경향을 보인다는 뜻이기도 하다. 이들은 지름이 몇 밀리미터에 불과하며 몇 개의 거품 같은 방으로 이루어져 있다. 그리고 아마 플랑크톤은 바닥에 사는 친척들과 진화특성이 다를 것이다. 어쨌든 삼엽충은 대다수 해양생물들에 관한 훨씬 더 전형적인 사례를 제공할지 모른다. 직접적인 문제는, 설득력 있는 연구를 하려면 충분히 많은 표본을 채집해야 한다는 것이다. 그것은 화석들이 아주 흔하다고 할지라도 오랜 시간을 암석을 깨면서 보내야 한다는 의미다. 계통에 일어난 변화를 알아보기 위해 몇 세대에 걸쳐 초파리들을 질식시키는 식으로 삼엽충을 연구할 수는 없다. 좋은 표본을 얻으려면 장기간에 걸쳐 고된 육체노동을 해야 한다. 이런 종류의 끈기와 힘과 인내심을 지닌 과학자들이 몇 명 있었다. 앞으로 알게 되겠지만, 그들은 삼엽충이 신종의 기원에 관해 무슨 말을 하는지를 놓고 서로 상반되는 결론에 도달했다.

'단속평형설(punctuated equilibrium)'이라는 말은 이제 다소 익숙해져 있다. 나는 최근에 호주의 한 과학철학자가 그것을 '펑크 에크punk eck'라고 제멋대로 부르는 것을 들은 적이 있다. 그 가설이 전적으로 삼엽충을 토대로 만들어진 것임을 아는 사람은 거의 없다. 과학자들조차도 잘 모른다. 1960년대 말에 나일스 엘드리지Niles Eldredge라는 젊은 미국인이 북아메리카에서 데본기 삼엽충 속인 파콥스를 연구하고 있었다. 앞서 우리는 파콥스가 경이로울 정도로 복잡한 집합복안을 지닌 존재임을 살펴본 바 있다. 각 수정체는 작은 수정체 안의 공막을 통해 격리된 작은 방해석 타원체였다. 수정체의 수는 비교적 적으며, 현미경으로 쉽게 셀 수 있다. 그것은 뉴욕, 아이오와, 오클라호마 같은 주들과 여러 지역에 노출된 지층에서 아주 흔히 나오는 화석이다. 석회석에 아주 잘 보존된 표본도 종종 나오는데, 가장 세세한 부분까지 살펴볼 수 있을 정도다. 적절한 지역에서 몇 번 망치질을 하면 파콥스가 툭 튀어나오며(대개 머리 부분) '지퍼스, 크리퍼스! 내 엿보는 눈 어때?'라고 말하는 듯하다. 파콥스는 한 종과 그다음 종 사이의 진화관계를 구체적으로 알아낼 수 있다는 희망을 주는 희귀한 사례에 속한다. 그 정도로 화석이 풍부하다. 나일스는 연구를 시작하자마자 그것이 대단한 기회임을 알아차렸다.

　나일스는 파콥스 종들의 눈 수정체의 배열이 다르다는 점에 주목했다. 그는 '등배축'을 기준으로 삼았을 때 수정체들이 몇 줄로 늘어서 있는지 셌다. 다시 말해 눈의 맨 위쪽에서 맨 아래쪽까지 내려가면서 각 열에 수정체가 몇 개씩 늘어서 있는지 셌다. 그가 논문을 쓰면서 자신의 관찰결과를 어떻게 바라보았는지, 『진화의 패턴*The Pattern of Evolution*』이라는 최근 자신의 저서에서 회고한 말을 그대로 옮겨보자.

> 빙고! 또 하나의 패턴이 튀어나왔다. 애팔래치아 분지의 집단들은 등배열의 수가 17개로 일정한 듯했으며, 데본기 중기 내내 거의 그러했다……. 중서부 쪽은 전혀 다르다. 약 200만 년 동안 등배열의 수가 18개로 일정했다. 그 뒤에도 다시 적어도 200만 년 동안 그 수는 안정상태에 있었는데, 이번에는 18개가 아니라 17개였다. 내 시간단위에서 마지막 시기에는 등배열의 수가 15개였다……. 중서부 지층에서는 18개에서 17개로, 또 17개에서 15개로 변화가 일어난 바로 그 시기가 통째로 누락되어 있었다. 파콥스 라나가 살았던 바다는

그저 그 시기에 말랐을 뿐이며…… 중서부 삼엽충의 등배열 수가 18개에서 17개로, 더 나중에 17개에서 15개로 변화한 것은 바다가 다시 밀려왔음을 나타낸다. 그 패턴은 중서부 바다가 처음 물러났을 때 18개 형태가 멸종했고, 바다가 돌아왔을 때 17개 형태가 새로 형성된 해양서식지를 차지했음을 시사한다.

나일스는 특히 눈의 변화에 초점을 맞추었다. 그것이 그 종들을 파악하는 핵심형질이라고 보았기 때문이다. 그가 새들을 연구했다면 아마 꼬리깃털이나 노래에 초점을 맞추었을지도 모른다. 연체동물을 연구했다면 껍데기의 패턴에 초점을 맞추었을지도 모르고. 각 동물은 자신의 정체성을 명확히 알려줄 고유의 특징들을 자랑한다. 종은 같은 종의 개체들에게 자신의 개성을 자랑한다.

나일스는 데본기 파콥스를 관찰하여 두 가지 결론을 이끌어냈다. 첫 번째는 신종의 생성과정을 보여주는 사건들은 관찰하기가 어렵다는 것이다. 그런 사건들은 늘 '다른 어딘가에서' 일어나는 듯하다. 그러나 새로 출현한 그 혁신적인 종은 이전 종이 있는 곳으로 침략하여 그 종을 대체하곤 한다. 나일스는 일부 사례들에서는 신종이 기원한 곳을 알아냈지만, 신종과 낡은 종의 전이집단들은 좀처럼 찾아낼 수가 없었다. 이 현상은 비틀스가 1960년대에 팝뮤직을 휘어잡았다가, 70년대에 비지스로 대체되고, 80년대에 마이클 잭슨으로 대체되는 상황에 비유할 수 있다. 음반 초판은 수집가들의 소장품목이지만, 나중 판들은 문화적으로 본궤도에 올랐음을 나타내며, 낙첨복권들만큼이나 흔하다. 따라서 신종은 우점종의 분포범위의 가장자리 어디에 있는 비교적 작은 집단으로 시작하곤 한다. 종 차이를 낳는 것은 지리적 격리다. 하지만 신종이 조상 종을 대체하고 전성기를 누릴 때가 온다. 이 부분에서 하버드 대학의 생물학자 에른스트 마이어Ernst Mayr가 중요한 영향을 미쳤다. 마이어는 일찍이 생물계에서 개체집단의 지리적 격리 결과로서 신종이 형성(이소적 종 분화과정이라고 한다)되는 듯할 때가 종종 있다는 점을 관찰한 바 있었다. 분리된 집단들은 진화적 변화의 '모터' 구실을 할 수 있다는 것이다. 고립된 집단은 모체 종과의 유전자 흐름이 차단된 상태며, 격리만이 새로움을 낳을 수 있다. 그러니 사실상 진화는 '다른 어딘가에서' 일어난 셈이다.

나일스의 두 번째 결론은 신종은 일단 성공을 거두면 거의 변화 없이 때로 장기간 존속한다는 것이었다. 우리는 그 종의 기원은 보지 못할 수 있지만, 전성기는 본다. 한밤중에 침입한 도둑처럼, 중요한 사건은 은밀하게 이루어졌다. 우리는 사후결과를 보지만, 그 중요한 행위 자체는 보지 못한다. 특정한 파콥스종이 출현한 뒤에 거의 변화 없이 장기간 존속한 것이 이런 사례에 해당한다. 현장지질학자에게 이것은 지층들을 계속 살펴보면서 삼엽충 화석을 얻기 위해 수많은 암석을 깨고 또 깼을 때—손가락에 피멍이 들고 발이 젖고 모기가 물어대는(특히 뉴욕에서)—'아무 변화도 없어!'라는 외침밖에 나오지 않을 거라는 의미다. 이것은 무언가가 없음을 보여주기 위해 갖은 노력을 다하는 것과 같다. 과학계에서는 이것을 부정적 증거라고 부르기도 한다. 다시 말해 아무리 애써도 아무런 결과도 나오지 않는 것이나 다름없다.

그 결과가 대단히 중요했다는 것만 빼고 말이다. 나일스는 종이 이소적으로, 다시 말해 '다른 어딘가에서' 기원한다고 말했다. 이 종들 중 하나가 침입에 성공하여 조상 종을 대체하면, 그것은 상당 기간 존속한다. 삶은 멈췄다 출발했다 하면서 진행된다. 종은 다른 종에 대체될 때까지만 존속한다. 그리고 그 대체는 급속히 이루어진다. 종의 지속성과 이소적 종 분화라는 이 두 개념을 통합한 것이 단속평형설의 개념적 토대가 된다. 이 이론이 그 제목을 택한 이유가 이제는 분명해졌을 것이다. 평형은 종의 삶이 지속되는 단계다. 단속은 종이 갑작스럽게 대체되는 시기다. 고린도서의 글귀를 인용하자면, "우리 모두는 눈 깜짝할 사이에 변할 것이다." 그 새 이론은 집단 전체가 조금씩 신종을 향해 움직이는 느리고 다소 연속적인 변화나 변천을 가리키는 '점진주의' 개념에 맞섰다. 점진주의는 1930년대 진화의 '현대적 종합'이 이루어진 뒤에 주류 진화모형으로 여겨진 것이었다. 그리고 점진주의가 오랜 기간에 걸쳐 다소 서서히 받아들여졌던지라 '단속' 견해는 출현했을 때 놀라울 정도로 새로운 것인 양 여겨졌다. 나일스는 굴드와 힘을 합쳐서 새 모형을 제시했고 그 모형은 상당한 성공을 거두었다. 그들이 1971년에 발표한 논문은 '인용지수'가 엄청났다. 인용지수는 다른 연구자들의 참고문헌에 인용된 횟수를 나타내며, 발표된 논문의 영향력을 가늠하는 기준이다. 진화적 변화가 단속적이라는 말 자체는 비유로 활용하기에 안성맞춤이었고, 몇몇 비평가들은 동물의 종 분화와 관련이 없는 과학과 문화의 몇몇 영역에서 비슷한 현상들이 나타남을 재빨리 지적했다. 약간만 손을 보면 인류 역사도 '펑크 에크'에 들어맞는 것처럼 기술된다. 예를 들어 문화혁명이 일어난 뒤에는 정체상태를 종식시키는 왕조가 등장하곤 했다. 기번의 『로마제국 쇠망사Decline and Fall of the Roman Empire』는 인간의 실수만큼 역사적 패턴도 불가피하게 반복된다는 것을 보여주는 듯하다. 나일스는 그 선구적인 논문이 나온 지 몇 년 뒤에 낸 『시간 틀Time Frames』이란 책에서 단속사례가 역사에 만연해 있다고 주장하고 나섰다. 그때쯤에는 우리 행성의 발달 이야기가 주로 갑자기 움직이는 식의 이야기인 양 보였다.

 이 인식혁명은 아름답긴 하나 초라한 삼엽충 파콥스의 머리에 너무 큰 부담을 안겨준 듯했다. 그 눈만이 진화적 진실을 볼 수 있었다는 것이니까. 앞서 살펴보았듯이, 그들은 아마 조금 더 선명하게 세상을 보았을 것이다. 화석기록에 나타나는 단속적인 다른 사례들도 이 이론에 '찬성' 표를 던지는 사람들에게 힘을 실어주었다. 곧이어 단속적인 설명은 화석기록에서는 드문 '잃어버린 고리'를 과장하여 진화론을 반박하려고 시도하는 창조론자들에 대한 합리적인 반박을 제공했다. 정반대로 그런 틈새들은 진화가 요구하는 것일 수 있었다. 신성한 것에 맞서 해명할 수 있음을 옹호하면서 평생 합리주의자로 살았던 스티븐 제이 굴드는 장엄한 지구 역사를 부정하고 창조자의 일주일 동안의 노고 쪽을 편드는 사람들을 깨우치는 운동에 제공되는 이 공격수단을 환영했다. 파콥스는 일부 다투는 집단들과 얽히고 말았다. 성서 순수주의자들과 진화론자들 사이에 격렬하게 오간 논쟁들 말이다. 그것은 삼엽충을 놓고 벌어진 배심원 재판이었다.

나일스가 삼엽충의 '단속적' 변화를 처음으로 관찰한 사람은 아니었다. 그보다 거의 40년 전 독일 그라이프스발트 대학의 루돌프 카우프만은 스칸디나비아의 알룸 셰일에서 나온 캄브리아기 말의 올레니드 삼엽충을 상세히 연구하여 비슷한 결론을 내렸다. 우리는 이미 트리아르트루스속의 올레니드 삼엽충을 만난 바 있다. 그것은 다리와 더듬이가 처음으로 상세히 알려진 삼엽충 가운데 하나였다. 올레니드가 산소농도가 낮은 해저라는 특수한 환경에 살았으며, 그 아래 침전물 속은 산소가 전혀 없고 황의 농도가 높았다는 내용도 떠오를 것이다. 나는 더 나아가 올레니드가 무색황세균을 공생체로 배양했을 수도 있다고 말했다. 약 5억 년 전 캄브리아기 말에 올레니드 해가 스칸디나비아 남부 전체에 걸쳐 있었고, 그렇게 바닷물에 잠긴 상태가 약 1,500만 년 동안 지속되었다. 특수한 시대였다. 이 긴 시대의 상당 기간에 걸쳐 검은 셰일 지층들이 거의 연속적으로 쌓였기 때문이다. 그 지층에서는 현재 삼엽충 화석들이 흔하게 나온다. 혹시 알룸 셰일이 드러난 채석장에 들르면 '취석臭石'이라고 하는 냄새 풍기는 단괴를 깨보라. 럭비공만한 것도 가끔 있다. 그러면 많은 아름다운 삼엽충 잔해들이 나타날 것이다. 알룸 셰일은 많은 지질학적 시간이 큰 단절 없이 쌓인 얇은 지층들에 압축된 '응결퇴적물'의 유명한 사례이다. 이것은 자연에서 진화 '실험'이 수행된 이상적인 사례에 가깝다. 카우프만은 그 점을 충분히 인식했으며, 시간별로 가장 미묘한 변화까지 관찰하기 위해 연속된 지층들에서 꼼꼼하게 화석을 채집했다. 나일스는 1933년에 발표된 이 선구적인 연구를 전적으로 인정했다. 그 논문은 발행부수가 극히 적은 그라이프스발트 대학의 자체 발행 학술지에 발표되지 않았더라면 더 널리 알려졌을 것이 확실하다(이것은 체코의 브르노 마을에서 수행된 그레고어 멘델의 중요한 식물유전실험들이 오랜 세월이 흐른 뒤에야 세계에 알려졌다는 사실을 떠올리게 한다. 지금은 상황이 더 열악한지도 모르겠다. 그보다 10배나 더 많은 학술지들이 주목을 받기 위해 경쟁하고 있으니 말이다).

그림 20 비극적인 독일의 삼엽충 고생물학자, 루돌프 카우프만의 모습.

카우프만이 관찰한 것은 올레누스의 몇몇 종들이 지층에서 갑자기 출현하여 비교적 오랜 기간 존속했다는 내용이었다. 그러나 그 종들이 '평생'에 걸쳐 정적인 상태에 있었던 것은 아니었다. 작은 변이들이 있었다. 특히 꼬리부의 모양이 그랬다. 꼬리는 시간이 흐르면서 점점 가늘어지고 길어졌다. 다른 올레누스종들의 꼬리에도 같은 변화가 일어났다. 카우프만은 어딘가에서 스칸디나비아의 올레니드 해로 한 종이 침입했다는 것을 명확히 보여주었다. 따라서 이소적 종 분화라는 개념이 정립되기 이전에 이미 그것을 가시적으로 보여준 셈이었다. 게다가 그는 대량의 표본을 통해 자신의 결과를 뒷받침했으며, 결과를 정량적으로 분석했다. 유언 클락슨은 지난 몇 년 동안 스웨덴 안드라룸에 있는 유명한 채석장을 찾아가서 카우프만의 발자취를 좇았다. 카우프만은 진정으로 선견지명이 있었던 뛰어난 과학자였다.

나는 루돌프 카우프만이 이 선구적인 논문을 발표한 뒤에 삼엽충학계에서 사라진 이유가 궁금했다. 과학자들은 대개 25년 정도 학계에 낯짝을 들이밀면서 버틸 수 있다(가끔 그렇게 길지 않았으면 하는 심정이 들 때도 있다). 그들은 논문을 유산으로 남기며, 그 논문들은 한 지식인의 평생을 추적하는 데 활용할 수 있다. 말 그대로 과거기록을 뒤지는 셈이다. 특히 사람들은 자기 자신을 인용하는 경향이 있어서 논문의 끝에 달린 참고문헌들로부터 일대기를 구성할 수 있다. 좋은 박물관 도서실에 접근할 수 있는 경험 많은 연구자에게는 그런 추적이 거의 일상적인 일이다. 루돌프 카우프만은 달랐다. 그는 그냥 사라져버렸다. 내가 그 이유를 알아낸 것은 1998년이 되어서였다. 그것은 놀랍고 감동적인 이야기다.

우리가 그 이야기를 아는 것은 라인하르트 카이저Reinhart Kaiser가 1991년 프랑크푸르트암마인의 우표 경매시장에서 편지와 엽서 묶음을 구입한 덕분이다. 그는 500마르크를 주고서 그 잡동사니를 구입했다. 그런데 거기에 루돌프가 스웨덴 연인 잉게보리 망누손Ingeborg Magnusson에게 보낸 편지들이 섞여 있었다. 카이저는 루돌프 카우프만이 누구인지 알자 그의 파란만장한 일대기에 매료되어 이야기를 조각조각 이어나갔다. 안타깝게도 잉게보리가 루돌프에게 보낸 편지들은 사라졌다. 그녀가 그를 헌신적으로 사랑했다는 사실은 그녀가 평생을 독신으로 살았다는 데에서 알 수 있으며, 루돌프는 1972년 그녀가 사망할 때까지 편지를 계속 보냈다. 그들은 1935년 그가 이탈리아 북동부에 있는 옛 대학도시인 볼로냐에 갔을 때 처음 만났다. 그는 검은머리의 그 스웨덴 여성을 보자마자 반해버렸다. 볼로냐에서 낭만적인 연애를 즐겼던 시기 이후에 그가 비극적으로 죽음을 맞이할 때까지 그들이 다시 만난 기간은 고작 며칠에 불과했다. 그의 생애는 그들의 서신을 통해 단편적으로 드러난다. 편지들은 그가 악몽 같은 히틀러 치하에서 잉게보리가 있는 스웨덴으로 여러 차례 탈출하려고 시도했음을 알려준다. 카이저는 카우프만이 한 편지에서 자신들을 민요의 인물들에 빗댄 것을 토대로 그의 이야기를 『쾨니히스킨더Königskinder』(왕의 아이들)라고 불렀다.

두 왕의 아이가 있었네. 그들은 서로 사랑했지.

그들은 서로 만날 수가 없었네, 물이 너무 깊었기에.

루돌프 카우프만은 비록 기독교인으로 살았지만, 유대인으로 태어났다. 올레니드에 관한 그의 뛰어난 논문은 1933년 1월 30일, 히틀러가 수상이 되어 정권을 차지한 지 이틀 뒤에 발표되었다. 카우프만은 곧 그라이프스바르트 대학에서 해임되었다. 그래도 독일 바깥에서 고생물학 연구를 계속할 수 있었지만, 잉게보리를 만났던 볼로냐 방문이 그의 마지막 국외방문이 되었다.

카우프만은 두 번째 사랑인 삼엽충에 대한 자신의 연구가 중요하다는 점을 아주 잘 알고 있었다. 그는 '내가 해온 이 모든 연구가 곧 더는 진리로 받아들여지지 않을 것'이라고 하면서 자신이 지질학자로서 쓴 모든 것들을 잉게보리에게 보내겠다고 편지에 썼다. 히틀러가 유대인이 이룩한 지적 성취를 부정할 거라고 했다. "나는 내 삼엽충 연구결과가 무척 자랑스럽습니다. 이 동물들의 생활사에서 결정적인 발달단계가 있음을 증명할 수 있었으니까요. 여러 해가 지나 동물학자들과 고생물학자들이 내 연구를 제대로 이해하기 시작하면 나는 지금보다 훨씬 더 유명해질 겁니다." 그는 아직도 정당한 명성을 얻지 못하고 있다.

연인과 떨어져 있는 동안, 카우프만은 유혹에 넘어가고 말았다. 그는 1936년 아리안족 여성과 불법적인 성행위를 한 죄로 코부르크에 투옥되었다. 사실 그는 매춘부를 만났다가 성병에 걸렸다. 그런데 그를 치료한 의사가 경찰에 고발했던 것이다. 1936년 8월 13일자 편지에 그는 이렇게 썼다. "스웨덴에 있는 당신에게 모든 것을 고백하고 싶었습니다만, 그러기에는 이미 너무 늦었군요. 나는 당신에게 더는 아무런 가치가 없는 존재입니다. 나를 잊어주세요. 당신의 믿음과 순수한 사랑에 감사했습니다······. 당신은 내게 너무나 잘 대해주었는데 나는 스스로가 약해빠진 인물이라는 것을 증명한 셈이네요. 그리고 지금 내 행동의 대가를 치르고 있습니다······. 이미 내 삶에서 떠난 것들이 너무 많지요. 어머니, 내 직장……. 그러나 이번 일은 내가 어리석어서 자초한 것이기에 당신의 처분만을 기다릴 수밖에 없군요."

잉게보리는 그를 쉽게 용서했지만, 그는 실수의 대가를 혹독하게 치러야 했다. 1939년 10월 12일, 그가 출감할 무렵에는 이미 유대인에 대한 적대감이 불붙기 시작한 상태였다. 그가 6주만 더 일찍, 9월 3일 영국과 프랑스가 독일에 선전포고를 하기 전에 출감했더라면, 아마 탈출할 수 있었을 것이다. 다른 몇몇 삼엽충 전문가들은 나치를 피해 달아났다. 에스토니아의 저명한 과학자 집안 출신의 알렉산데르 아르민 외피크Alexander Armin Öpik(그의 형제는 유명한 천문학자였다)는 호주로 탈출했고, 그의 에스토니아인 동료 발다르 야누손Valdar Jaanusson은 스웨덴국립박물관에서 삼엽충 전문가들을 이끄는 자리에 올랐다. 그들에게는 발트 해가 '왕의 아이들'이 건너지 못하는 것과 같은 장벽이 아니었다. 1939년 11월 카우프만은 쾰른에 있었다. "나는 혼자일까요? 나는 아주 사랑하는 삼엽충들과 함께 있습니다. 당신이 벌써 질투심을 느낄지도 모르겠네요. 최근에 오디세이를 읽었습니다. 오디세우스한테 배워야겠네요……. 페넬로페를 그리워하는 마음을 어떻게 참고 견뎠는지 말입니다. 그리고 그 작품이 나를 위해 쓰여진 것이라고 생각해보렵니다." 그는 낙관적이기보다는 비관적으로 만들 만한 상황이 심화되는 와중에도 낙천적인 태도를 유지했다. 하지만 연인과 함께할 수 있다는 희망은 서서히 흐려져갔다. 1940년 7월이 되자, 그는 "미래를 내다볼 용기를 잃었습니다"라고 토로했다. 그는 자신이 계속 의지를 발휘할 수 있을지 의심스러웠다. "하지만 거짓말을 할 수는 없습니다. 우리가 함께한 시간은 짧았고, 헤어져 있는 시간은 길고, 매달 매순간 걱정만 가득한 데다 미래에 대한 희망마저 없으니. 저주할 것들만 가득하지요……. 자유를 누리려고 해봐요. 힘닿는 데까지요. 우리가 미래에 오래도록 함께할 수 있으리라는 희망이 거의 없군요. 차라리 이만 끝내는 것이, 스스로를 더는 괴롭게 하지 않는 편이 더 낫지 않을까요? …… 다시 한번 당신을 품에 안고 진심으로 입맞춤을 하고 싶어요."

1941년 루돌프 카우프만은 리투아니아의 카우나스로 유배되었다. 발트해는 그리 멀리 있지 않았지만, 여전히 깊고 넓었다. 그는 잉게보리와 합친다는 희망을 포기했다. 그는 두 경비병의 총에 맞아 사망함으로써, 20세기의 가장 불명예스러운 죽음을 맞이한 부류에 들었다. 단속설의 선구자는 인류 역사상 가장 정도에 어긋난 문화적 변덕의 희생자가 되었다. 라인하르트 카이저는 루돌프의 사진들도 찾아냈다. 깔끔한 검은머리에 멋진 호남형 얼굴에다가 다소 독일인다운 진지한 표정을 한 그는 젊은 교수의 전형이라고 할 만하다. 잉게보리가 푹 빠진 것도 이해할 만하다.

따라서 삼엽충 진화 연구는 신종의 형성과정에 관한 기본적인 사항들뿐 아니라, 내가 카이저의 수사를 통해 알게 된 것처럼 인간조건의 최상과 최악의 역설들도 드러낸다. 카우프만이 삼엽충에 지녔던 열의와 삼엽충이 드러내는 진실을 탐구하려는 열정은 잉게보리 망누손에 대한 사랑과 경쟁했다. 그가 가슴과 머리가 향하는 바를 둘 다 따를 수 있었다면 그의 평판은 어떻게 되었을까?

삼엽충이 드러낸 진화패턴이 단속평형설만은 아니었다. 1970년대 말에 영국의 한 젊은이가 영국과 웨일스의 경계지역인 빌스와 란드린도드웰스라는 오래된 온천마을들 근처에서 삼엽충을 연구하고 있었다. 이곳은 양들이 풀을 뜯는 짙은 풀밭들 사이에 잡목 숲과 약간 가파른 계곡들이 드문드문 펼쳐져 있는 언덕지대다. 계곡에는 이끼가 두껍게 덮고 있는 떨어진 나뭇가지들과 가시덩굴들이 서로 뒤엉켜서 윌링턴 부츠와 가시를 막아주는 재킷으로 무장한 지질학자의 발길을 가로막는다. 가다보면 덤불 아래에 숨어 있던 꿩들이 갑자기 새된 소리를 내지르곤 한다. 개울에서는 양치류 사이로 조용히 자기 일에 열중하고 있는 두꺼비들을 만날 것이다. 곧 사방이 온통 습하다는 느낌이 온다. 햇빛이 거의 차단될 정도로 식생이 빽빽하게 우거져 있다. 야외조사를 하기에 가장 좋은 때는 봄이다. 바위 옆에 숨어 있다가 찔러대는 쐐기풀이 미처 자라기 전, 밤나무나 개암나무의 잎들이 활짝 펼쳐지기 전이 그렇다. 4월 말이면 개울가에 블루벨이 피고, 노란 애기똥풀이 수북하고, 노란부리검은지빠귀들이 사방에 출현한다. 우산이끼로 뒤덮인 개울가에는 육중한 검은 이암들이 있다. 웨일스어로는 '라브rab'라고 한다. 지질망치의 뾰족한 끝으로 치면 납작한 작은 석판 모양으로 떼어낼 수 있다. 그 석판을 방향을 잘 잡아 쪼개면 삼엽충이라는 보상을 얻을 수 있다. 상류로 가면서 연속된 지층들에서 꼼꼼하게 표본들을 채집하면, 지질학적 시간의 흐름에 따라 펼쳐지는 진화적 변화 이야기를 듣게 된다. 이 층군은 루돌프 카우프만이 스웨덴에서 살펴본 '응결된' 셰일에 비해 두껍다. 수십 미터는 된다. 그것은 이점이다. 수십 센티미터 두께의 지층에서 화석을 찾지 못했다고 해도 주요 지질학적 사건을 아직 지나치지 않았을 가능성이 있으니까. 스웨덴에서는 그 정도 두께라면 시간의 이야기에서 중요한 대목을 차지할 것이다. 이 지층은 약 4억 7,000만 년 전 오르도비스기의 것이다.

피터 셀던Peter Sheldon은 이 검은 암석들을 채집하면서 여러 해를 보냈다. 엄청난 인내심을 발휘하면서 그는 한 달 두 달 셰일들을 쪼개고 또 쪼개가며 삼엽충 표본들을 조금씩 모아서 나중에 분석할 수 있도록 꼬리표를 붙였다. 대부분은 떨어져나간 머리나 꼬리 화석이었다. 이따금 온전한 형태의 화석도 발견되곤 했다. 가장 흔한 것은 우리의 옛 친구인 아사피드asaphid 삼엽충 오기기오카렐라였다. 르위드 박사가 남웨일스의 란데일로 마을에서 발견한 최초의 삼엽충, 이른바 '넙치' 말이다. 이 칙칙한 셰일에는 해신인 넵튠이 포식할 수 있을 만큼 넙치들이 가득했다. 에워싸고 있는 라브에서 쪼갠 반원형의 주름진 꼬리는 약간만 손보면 나비 날개보다 좀더 큰 작은 부채 같은 완벽한 모습이 드러난다. 중심에 자리한 좁은 축은 여러 고리로 나뉘어 있다. 납작한 늑막 부분은 고리와 같은 수의 늑골로 나뉘어 있고, 늑골은 꼬리 끝으로 갈수록 짧아지고 흐릿해진다. 이 커다란 삼엽충과 함께 수가 약간 더 적은, 길이가 몇 센티미터에 불과한 작은 삼엽충들이 발견되며, 이 삼엽충이 온전한 모습으로 발견되는 경우가 더 많다. 이들은 눈이 먼 속인 크네미도피게Cnemidopyge(별지화보 25)에 속하며, 머리가 반원형이고 미간 앞쪽으로 긴 가시가 뻗어 있다. 이 동물은 납작한 가슴마디가 6개에 불과하며, 오기기오카렐라처럼 깊이 주름이 진 삼각형 꼬리가 있다. 가끔 몸을 만 것들도 발견된다. 또 '더들리 딱정벌레'인 칼리메네의 가까운 친척과 작은 메달 같은 특이한 트리누클레이드류를 비롯한 다른 삼엽충들도 있었다.

이 삼엽충들은 모두 피터 셀던이 끈기 있게 채집한 것들이다. 그는 그 지역의 농부들보다도 그 지역과 지층을 더 잘 알 정도가 되었다. 그는 그 지역 전체의 지층들을 하나하나 꼼꼼히 추적하여 완전히 연속된 지층들의 그림을 그리기 위해 이 개울에서 저 개울로 옮겨 다녀야 했다. 그 연구는 진척이 아주 느렸고, 피터가 찾아오는 모든 사람들에게 자신의 연구를 설명하는 일을 무척 즐기는 열성적인 인물이었기에 더 그러했다. 그는 다정하고 언제나 활기차고 지칠 줄 모르는 낙천주의자였다. 그런 기질은 그가 방송대학에서 오랜 세월 학생들을 가르칠 때 유감없이 발휘되었다. 박사학위 논문을 쓰던 시절에 그는 늘 '한 번만 더 채집을 하자'라면서 답사를 가곤 했다. 삼엽충학계에서 그는 조사현장에서 돌아와 논문을 쓰는 일을 싫어하는 사람이라는 평판을 얻었다. 대개 박사학위 논문은 3년 또는 기껏해야 4년이면 쓴다고 하지만, 피터의 논문은 평생이 걸릴 것 같았다. 그는 나이 든 교수들의 눈초리를 교묘히 피하면서, 더 많은 검은 셰일을 쪼개어 더 많은 삼엽충을 채집하는 데 몰두했다. 마침내 지도교수의 인내심이 한계를 넘으려는 순간, 빙고(나일스 엘드리지라면 그렇게 말했을 것이다)! 그는 『네이처』에 연구결과를 발표했다. 그 즉시 그는 유명인사가 되었다.

그의 주장은 빌스웰스 주변의 오르도비스기 지층에서 나온 삼엽충들이 시간의 흐름에 따라 일종의 점진주의적 변화를 보여준다는 것이었다. 그는 이런 변화가 한 종류에게서만 나타나는 것이 아니라, 검은 이암과 셰일에 있는 몇몇 삼엽충 종류에게서도 나타남을 보여주었다. 가장 크고 가장 흔한 삼엽충인 오기기오카렐라 데부키가 가장 뚜렷한 사례로서, 꼬리의 늑골 수가 평균적으로 11개에서 14개로 증가했다. 19세기의 선구적인 영국 삼엽충 전문가인 존 솔터는 늑골이 더 많은 형태를 '앙구스티시마 변종(variety angustissima)'이라고 보았다. 삼엽충학자들이 화석 종을 구분하는 데 활용하는 미묘한 변화들이 바로 그런 것들이다. 피터가 보여준 것은 데부키와 앙구스티시마 사이가 틈새 없이 매끄럽게 이어진다는 사실이었다. 그가 채집한 대규모 표본집단은 어느 한 수준에서 변이가 꽤 많이 나타난다는 점을 보여주었다. 늑골의 수가 제각기 다른 표본들이 한 시기에 함께 발견되곤 했던 것이다. 심지어 꼬리부의 늑골 수가 한쪽이 다른 쪽의 절반인 것도 있었다. 그러나 전반적으로 볼 때 지질학적 시간이 흐르면서 늑골 수가 더 많아지는 경향—개체군 수준에서—이 아주 뚜렷했다. 시대를 아주 좁게 잡아서 채집을 해보자, 늑골 수가 전반적으로 증가하는 경향 내에서 단기적으로는 역행하는 사례도 있었다. 한 형태에서 다른 형태로의 진행은 매끄러운 진행이라기보다는 술 취한 만화주인공의 비틀거리는 걸음과 비슷했다. 피터는 더 놀라운 사실을 발견했다. 크네미도피게의 꼬리가 같은 시기에 같은 지층들에서 병행하여 일련의 변화를 겪고 있었다. 오기기오카렐라만 그런 것이 아니었다.

다른 삼엽충들 가운데 일부에서는 더 미묘한 변화들이 나타났다. 그런 변화들은 파콥스에 영향을 미친 변화와 전혀 다른 메커니즘을 말하고 있었다. 설령 셰일이 오르도비스기 바다에서 **빠른 속도로** 쌓였다고 할지라도, 이 변화들 각각은 완결되기까지 수백만 년이 걸린 것이 분명했다. 그것은 이소적 종 분화에서 비롯된 급속한 변화와 시간단위 자체가 다른 변화다.

이렇게 느리게 무언가를 재설정하는 메커니즘을 생각한다는 것은 사실 다소 어렵다. 아무튼 초파리 교배실험은 비교적 오랜 세대를 거치지 않고서도 집단 전체에 유익한 돌연변이를 퍼뜨릴 수 있으니까. 별다른 적응기능이 없는 '유전적 부동(drift)'이 그 메커니즘일 수도 있지 않을까? 다른 비판자들은 꼬리부에서 보이는 변화가 진화가 아니라, 느리게 변하는 해저조건에 대한 반응이었을 뿐이라고 주장했다. 예를 들어 이런 유형의 꼬리변화는 산소농도 변화에 대한 반응일 수 있다는 것이다. 점진주의적 변화는 성체단계 외에 대체로 플랑크톤 단계에서도 관찰되었다. 오기기오카렐라와 그 동료들이 바닥에 사는 동물들이라는 점에는 의문의 여지가 없으므로, 이 사례는 수수께끼와 논란을 지니고 있다. 아무도 의문을 제기하지 않는 부분은 피터가 관찰한 것이 현실이자 진화질문들과 관련이 있다는 점이다. 그렇게 비범한 인내력으로 관찰을 한 인물에게 탄복하지 않을 사람이 과연 있겠는가?

삼엽충이 주연을 맡은 또 하나의 진화시험사례가 있다. 이시성(heterochrony)이라는 것의 현장시범사례로서 말이다. 이시성異時性은 '다른 시간'이라는 그리스어에서 유래했으며, 그 말뜻 그대로다. 삼엽충은 길이가 1밀리미터쯤 되는 작은 원반 모양의 유생단계(protaspid)에서 자란다. 몸집이 커지면서 몇 차례 허물벗기를 거치면 성체단계에 도달한다. 성장단계 초기에는 꼬리와 머리를 나누는 경계만이 보인다. 그 뒤에 가슴에서 가슴마디가 '풀려 나오기' 시작한다. 대다수 종에서는 허물벗기를 한 번 할 때마다 마디가 하나씩 나오며, 계속 허물벗기를 거치면서 마디의 수는 성체의 것과 같아진다. 대다수 삼엽충은 그 뒤에는 몸집이 대폭 커진다 해도 마디의 수는 늘어나지 않는다. 가슴마디의 수 증가는 삼엽충이 아직 아주 작은 상태에 있을 때 완결된다. 등딱지의 모든 부분은 이 성장기에 변화를 거치며, 그것을 개체발생이라고 한다. 성장과정은 다양한 단계를 보여주는 많은 삼엽충 화석들을 통해 파악되어 있으며, 그 과정은 개체의 발달(개체발생)과 신

종의 새로운 특징들의 출
현(계통발생) 관계를 연구
하는 데 아주 중요하다.

몇 년 전 나는 에이드
리언 러시튼과 함께 가슴
마디가 4개에 불과한 작
은 삼엽충 아칸토플레우
렐라Acanthopleurella가 가슴
마디가 6개인 슈마르디아
Shumardia(그림 32 참조)와 유
연관계가 있다는 점을 알
아냈다. 아칸토플레우렐
라는 슈마르디아보다 더
작으며, 우리는 그 삼엽
충이 이른바 '발달정지'
과정을 통해 가슴마디가

그림 21 가장 작은 삼엽충인 아칸토플레우렐라. 눈먼 삼엽충으로서 몸길이가 1밀리미터를 겨우 넘지만 가슴마디는 4개로 성숙한 단계에 도달해 있다. 영국 서부 슈롭셔의 오르도비스기.

6개였던 조상에게서 파생되었다고 결론지었다. 가슴마디가 4개만 풀려 나
온 상태에서 성적으로 성숙한 것이다. 이시성은 이 삼엽충이 고작 1밀리미
터를 약간 넘는 상태에서 성숙한 이유를 설명해준다. 슈마르디아를 조상으
로 본 이유도 충분히 설명이 가능했다. 제임스 스터블필드Sir James Stubblefield
경이 바로 그 삼엽충을 이용하여 개체발생 때 꼬리부의 앞쪽 가장자리에서
가슴마디들이 풀려 나오면서 가슴이 성장한다는 것을 입증했기 때문이다.
마치 고객들이 계속 뒤이어 오면서 줄이 늘어나듯이, 그 부분에서 '싹터
서' 앞으로 이동하는 식이다. 우리는 슈마르디아와 비교하여 아칸토플레
우렐라의 몸마디 마지막 2개가 억제되었다고 확신할 수 있었다.

거의 같은 시기에 켄 맥나마라Ken McNamara는 스코틀랜드의 캄브리아기

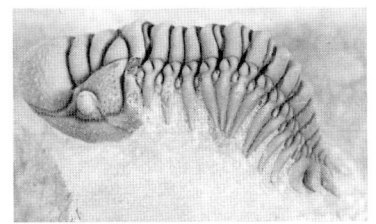
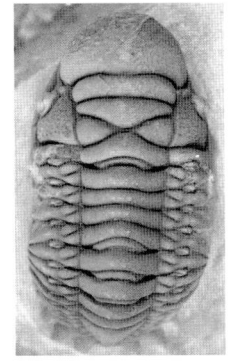

19. 크로탈로케팔루스. 미간에 깊은 주름들이 가로지르고 있다. 가슴부와 꼬리부의 가장자리는 긴 가시처럼 변했다. 옆에서 보면 가슴부가 아치처럼 위로 굽어 있고, 볼록한 눈이 보인다. 모로코, 데본기.

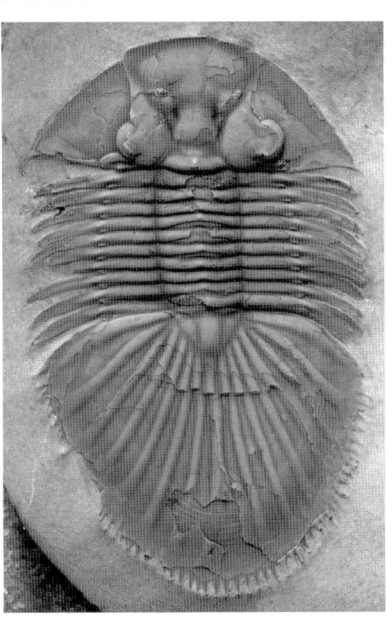

20. 위 왼쪽. 아칸토피게Acanthopyge. 리카스의 친척으로서, 아주 특이한 미간과 머리방패보다 큰 꼬리부를 지니며 몸집이 게 만하다.

21. 위 오른쪽. 스쿠텔룸의 친척인 티사노펠티스Thysanopeltis. 머리방패보다 훨씬 더 긴 부채 같은 커다란 꼬리를 지니고 있다. 몸길이가 10센티미터가 되는 것들도 종종 나타난다. 모로코, 데본기.

22. 오른쪽. 모로코의 데본기 석회암에서 나온 키파스피스Cyphaspis 다섯 마리. 전 세계에서 비슷한 삼엽충들이 발견된다. 이 독특한 종은 미간에 한 쌍의 '악마의 뿔'이 나 있다. 가슴부의 긴 가시는 몸이 뒤집혔을 때 바로잡는 데 도움을 준다. 꼬리는 상대적으로 작다.

23. 오른쪽. 미국 인디애나 주 석탄기 (미시시피기) 지층에서 나온 그리피티데스. 몸길이 약 5센티미터.

24. 아래. 파라하르페스 *Paraharpes*. 볼 침들이 늘어나서 '테두리'처럼 몸 전체를 감싸고 있다. 테두리의 바깥부분은 퇴적물에 내려앉기에 알맞게 납작하다. 눈이 심하게 퇴화해 있고 가슴마디가 많다. 몸길이는 대개 5~6센티미터다. 스코틀랜드, 오르도비스기.

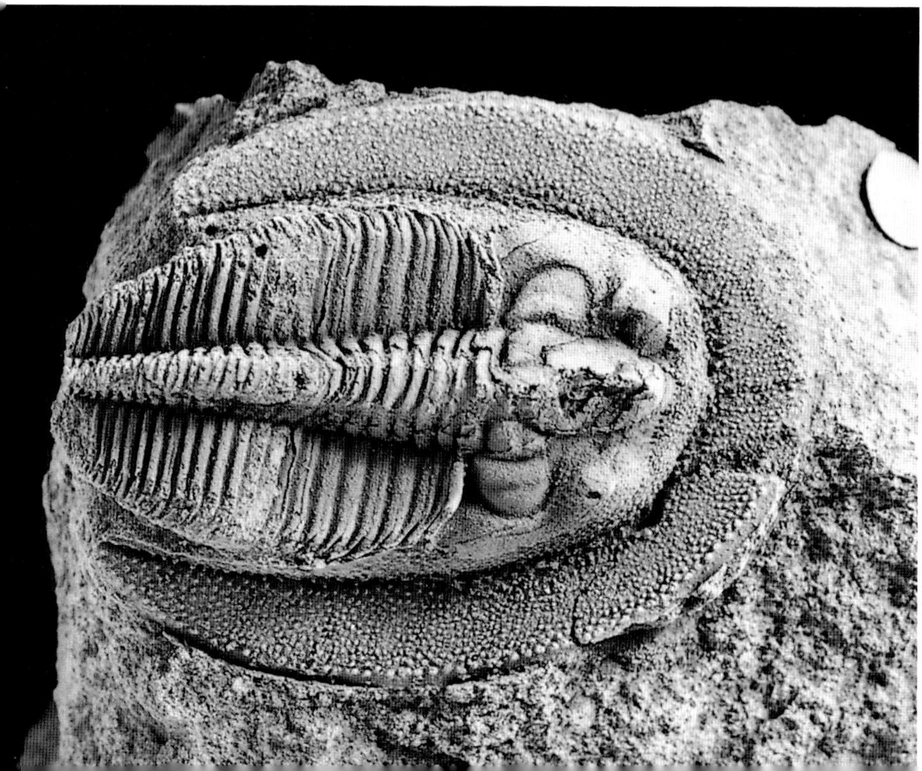

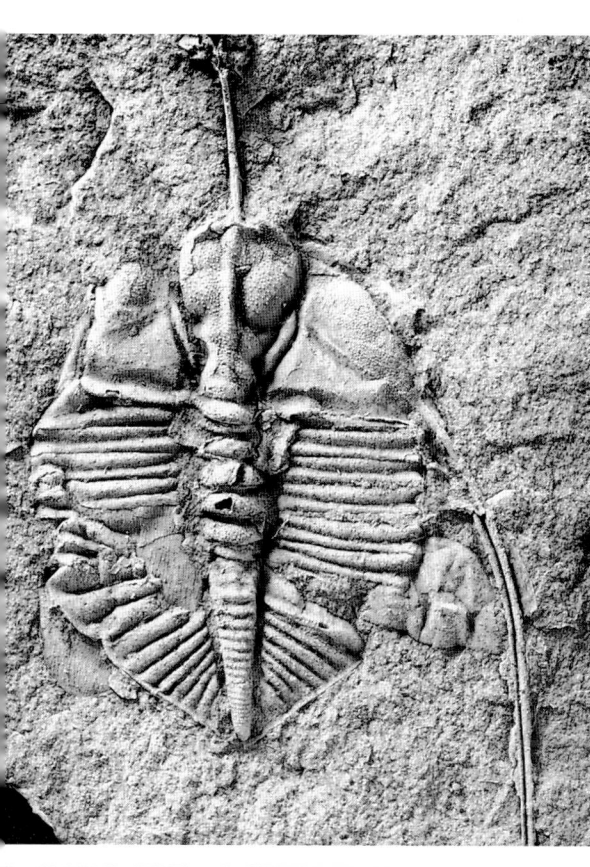

25. 왼쪽. 암픽스의 가까운 친척인 크네미도피게. 웨일스 중부 오르도비스기 셰일에서 발견되었다. 눈먼 종으로서 머리 중앙에 긴 칼처럼 가시가 하나 나 있다. 볼침은 아주 길며(이 표본에는 오른쪽 하나만 남아 있다), 뒤쪽으로 몸 너머까지 뻗어 있다. 가슴마디는 6개고, 꼬리부는 깊은 주름이 나 있다.

26. 아래. 눈먼 삼엽충 세 마리. 코노코리페. 체코 공화국 보헤미아의 캄브리아기 지층에서 나온 것으로서, 요아힘 바란데를 통해 유명해졌다. 셋 중 하나는 등을 대고 누워 있다. 꼬리는 상대적으로 작고, 가슴마디는 14개다. '화분 모양'의 미간을 지닌 캄브리아기의 여러 삼엽충 가운데 하나다.

27. 오른쪽. 실루리아기의 '딸기 머리 삼엽충' 가운데 하나인 발리조마 바리올라리스. 멋지게 돋을새김된 모습(x3). 가슴마디가 12개 있고 그 뒤부터 꼬리다. 머리는 거친 혹들로 덮여 있다. 영국 우스터셔 더딜리의 웬록 석회암(실루리아기).

28. 아래. 파게티아. 가슴마디가 2개고 꼬리와 머리의 길이가 같은 벼룩만한 작은 삼엽충이다. 이 삼엽충은 눈먼 아그노스티드의 친척이지만, 볼 바깥에 작은 눈을 갖고 있다. 캐나다 브리티시컬럼비아, 캄브리아기.

29. 옆쪽 위. 셀레노펠티스. 가슴마디의 끝이 볼침처럼 아주 길다. 이 표본은 웨일스의 오르도비스기 셰일에서 나온 것이다. 프랑스, 스페인, 체코슬로바키아, 모로코에서도 비슷한 표본들이 발견된다. 이 삼엽충은 오르도비스기의 곤드와나 대륙의 경계를 파악하는 데 도움이 된다.

30. 옆쪽 아래. 레오나스피스Leonaspis가 벗은 아름다운 허물. 탈피 호르몬의 영향으로 안선이 열리면서 유리볼이 양쪽으로 떨어져나갔다. 삼엽충의 새 '부드러운 껍데기'는 서서히 단단해진다. 이 표본의 길이는 약 1.7센티미터다.

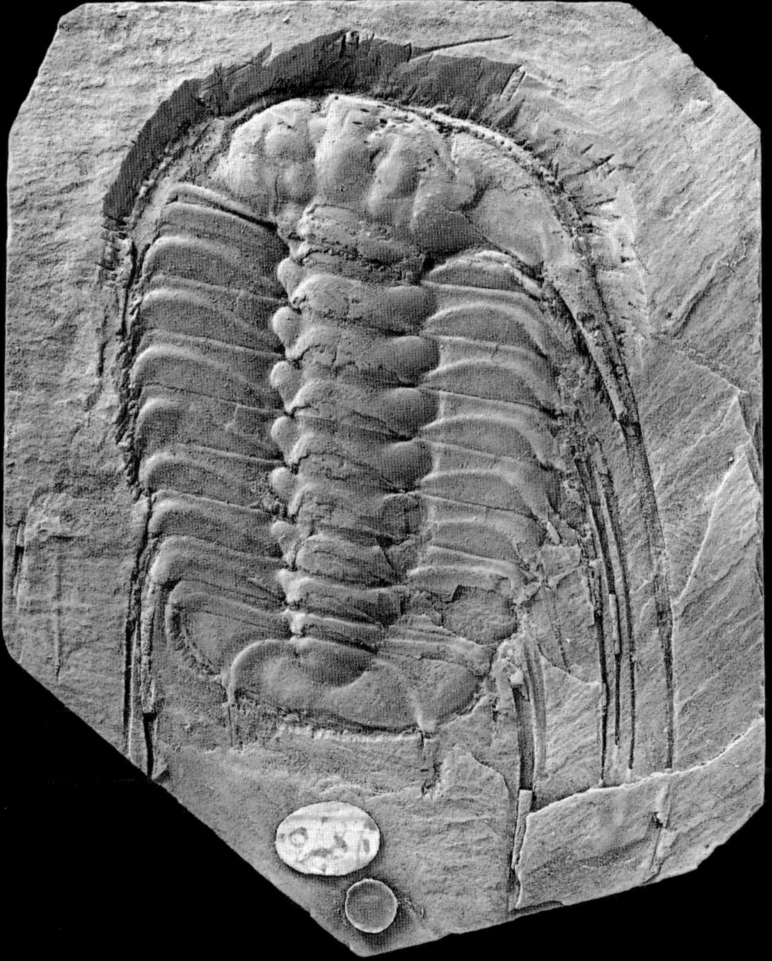

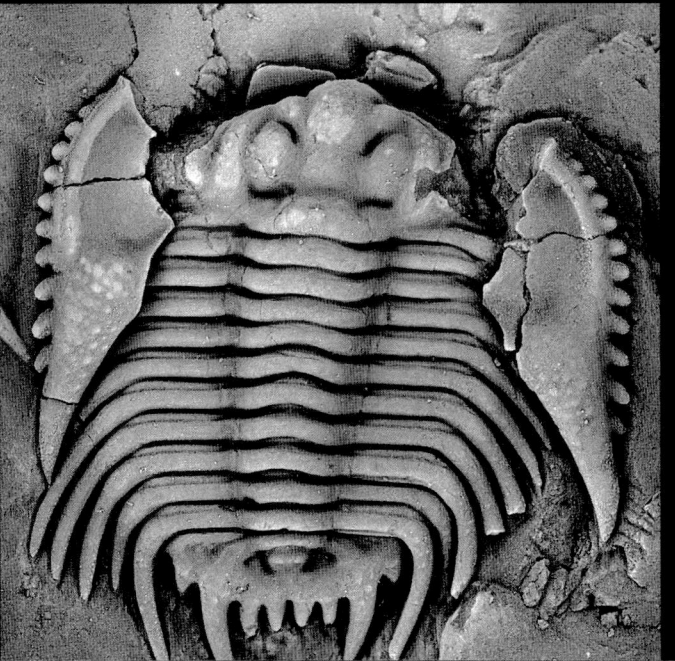

31. 지금의 체코 공화국인 보헤미아의 캄브리아기 지층에서 나온 사오 히르수타. 본문 그림에 유생 때부터의 성장단계가 나와 있다. 미간에 깊은 주름이 있으며, 볼에 중간 크기의 눈과 혹들이 나 있다. 가슴마디는 16개고 꼬리부는 작다. 실물의 2배 크기.

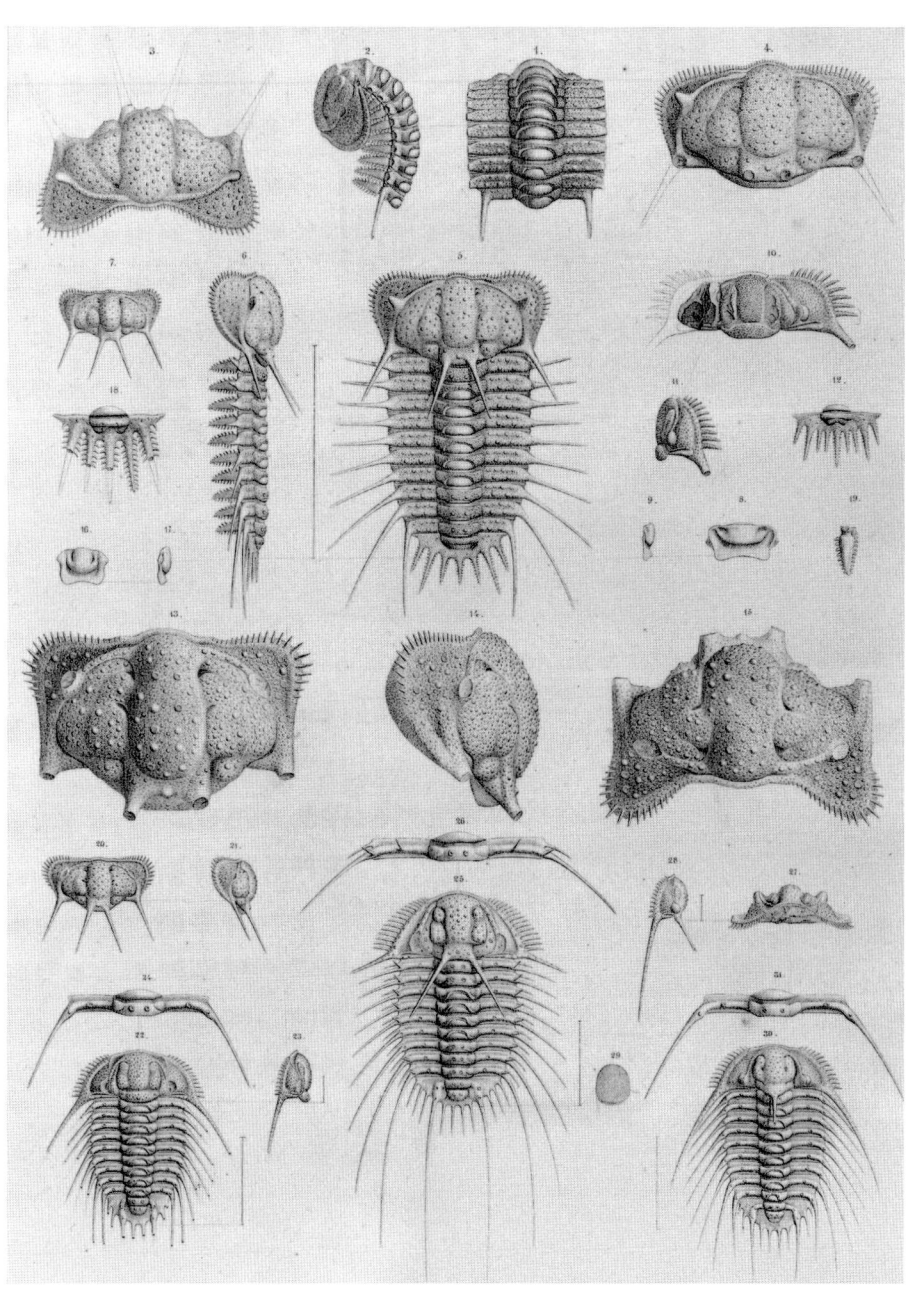

32. 보헤미아의 삼엽충에 관한 바란데의 탁월한 연구서에 실린 도판. 원본은 4절지라서 더 선명하다. 오돈토플레우리드 삼엽충.

33. 왼쪽. 공감주술용 삼엽충. 중국 산둥의 캄브리아기에서 나온 것으로 먹는 약재로 쓰인다. 적어도 세 종의 머리와 꼬리 파편들이 뒤섞여 있다.

34. 오른쪽. 모로코 데본기 지층에서 나온 환상적인 가시를 지닌 코무라. 석회암을 꼼꼼하게 파내어 수직가시들을 드러낸 걸작이다.

초기 삼엽충인 올레넬루스를 더 상세히 연구하고 있었다. 올레넬루스는 우리 퍼레이드에 등장한 가장 원시적인 삼엽충이었다. 가슴마디가 많고 꼬리가 작은 형태였다. 스코틀랜드 고지대 북서부의 황량하지만 아름다운 해안의 몇몇 지역에는 노란빛을 띠는 부드러운 셰일들이 드러나 있다. 물이끼로 뒤덮인 늪과 수북한 풀밭이 군데군데 자리한 그곳에는 얼마 안 되는 사람들이 양을 치며 살아간다. 사람에게나 양에게나 살기에 좀 험한 곳이다. 19세기 후반기에 모인 충상衝上(Moine Thrust)의 해석을 놓고 대규모 하일랜드 논쟁이 벌어진 탓에 이 지역은 지질학계의 명소가 되어 있다. 캄브리아기 셰일은 더 오래된 모인암보다 밑에 놓여 있으며, 나중에 모인암이 캄브리아기 셰일을 뚫고 솟아오른 것임이 밝혀졌다. 셰일에서 나온 삼엽충들은 그 암석의 연대를 알려주는 부정할 수 없는 증거가 되었다. 나는 비가 아주 많이 내리는 싸늘한 여름에 그곳의 더니스라는 작은 마을 주위를 조사하러 다닌 적이 있다. 더니스는 영국 본토의 북서부 끝에 있다. 나는 코를 훌쩍이면서 암석들을 깨며 화석을 찾았지만 별 소득이 없었다. 내 털양말은 거의 대부분의 시간을 화력이 낮은 부탄가스 불 위에서 마르는 신세가 되었다. 이 범접하기 어려운 지역을 아주 상세히 조사한 피치와 호른, 두 지질학자에 대한 존경심이 두 배로 커졌다. 게다가 그들은 대부분 도보로 돌아다니면서 조사를 했다. 이 영웅들이 그곳의 지질도를 작성한 세기가 지난 뒤, 우리는 나약하기 짝이 없는 존재가 되고 말았다.

켄 맥나마라는 오래되었다는 것 말고 다른 이유로 삼엽충에 관심을 가졌다. 그는 올레넬루스의 몇몇 종이 이시성을 통해 생성되었다고 보면 아주 쉽게 이해된다는 것을 알아차렸다. 그는 오르도비스기라는 명칭을 붙인 위대한 과학자 찰스 랩워스Charles Lapworth의 이름을 딴 가장 흔한 종인 올레넬루스 랍오르티Olenellus lapworthi의 발달(개체발생)에 관해 이미 잘 알고 있었다. 켄은 스코틀랜드의 다른 다양한 올레넬루스종들의 성체가 미성숙한 단계의 랍오르티와 비슷하게 생겼다는 점을 알아차렸다. 한 예로 랍오르티의 머리방패 가장자리에는 한 쌍의 가시가 미간의 뒤쪽 끝과 거의 같은 위치에, 다시 말해 볼모 위치에 나 있다. 그런데 다른 종들은 가시가 좀더 앞쪽으로 이동하여 미간 이랑 가운데 하나와 같은 선상에 놓여 있다. 그럼으로써 머리의 뒤쪽 경계가 볼모 쪽을 향해 앞으로 굽어 있다. 랍오르티의 초기 성장단계에서는 바로 그런 특징이 나타나다가 성체 때에는 달라진다. 눈의 크기와 위치에도 비슷한 유형의 변화가 일어났다. 가장 놀라운 것은 머리방패 가장자리에 세 쌍의 가시를 지닌 한 작은 삼엽충이었다. 발견자가 아르마투스 *armatus*라는 이름을 붙일 정도로 가시가 많았고, 올레넬루스와 생김새가 판이했기에 올레넬로이데스 *Olenelloides*라는 다른 속으로 분류되었다. 켄 맥나마라는 이 기이한 삼엽충이 올레넬루스 랍오르티의 가장 작은 성장 단계 중 하나를 '팽창시킨' 것과 비슷하다는 사실을 알아차렸다. 그뿐 아니라 랍오르티의 가슴마디가 14개 정도인 데 비해, 이 기이한 작은 동물의 가슴마디는 9개에 불과했다. 이런 관점에서 보면 아르마투스는 이렇게 외치고 있는 듯했다. "나는 비대해진 아기야!"

켄은 올레넬루스속의 5종을 유년기로 돌아간 정도에 따라 배열했다. 랍오르티가 가장 밑에 있고 아르마투스가 가장 위에 놓였다. 그는 랍오르티가 가장 깊은 물에, 아르마투스가 가장 얕은 해양환경에 살았으며, 다른 종들은 그 사이에 있었을 거라고 믿었다. 그는 더 따뜻해지고 더 얕아진 캄브리아기 환경이 때 이른 성숙을 자극했다고 추정했다. 그러면 이 연속선상에 놓인 다섯 종은 수심에 따라 달라지는 생태지위에 산뜻하게 들어맞았다. 어떻게 해석하든, 올레넬루스는 종들 사이의 주된 차이처럼 보이는 것이 사실은 단지 발달속도를 바꾼 것에 불과함을 가장 생생하게 보여주는 사례였다. 아르마투스와 랍오르티는 예전에 서로 다른 속으로 분류했을 정도로 모습이 전혀 판이하지만, 그들은 근본적으로 연관되어 있다. 시계들이 작동원리는 똑같지만 겉모습은 제각기 다른 것처럼 말이다. 지금은 많은 동식물들에게서 비슷한 이시적 변이들이 나타난다는 것이 밝혀져 있다.

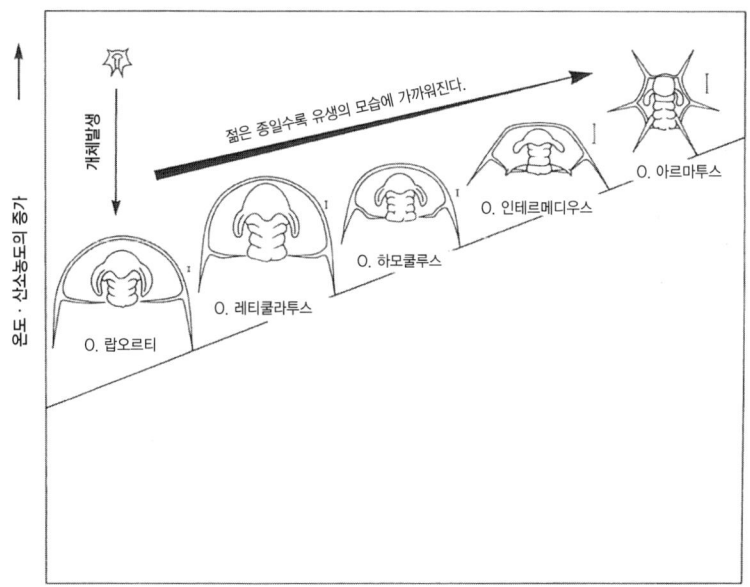

그림 22 발생시기 변화사례들: 스코틀랜드 북서부의 캄브리아기 초 삼엽충인 올레넬루스종들이 더 나중 것일수록 조상 종 성장단계의 더 초기 형태를 취한다는 것을 보여주는 켄 맥나마라의 그림.

생물계 전체에서 차등발달이 새로움을 낳는 중요한 원천인 듯하다. 올레넬루스의 사례는 워즈워스의 경구, '아이는 어른의 아버지'를 새롭게 변형시킨다.*

아이가 조숙해질 수 있다면, 그 반대사례, 곧 자손 종의 미성숙단계가 조상 종을 닮은 사례도 있다. 이 후손은 발생할 때 조상 종이 하는 대로 죽 따라한 뒤에 좀더 새로운 것을 덧붙인다. 앞선 종, 더 원시적인 종에서 볼

---

* 전문용어를 좋아하는 사람들을 위해 덧붙이자면, 이런 형태의 이시성을 유형진화幼刑進化(paedomorphosis)라고 한다. 스티븐 제이 굴드와 켄 맥나마라는 유형진화를 몇 가지로 구분한 바 있다. 'paedo'는 유년기를 뜻하는 그리스어다. 유형진화의 거울상에 해당하는, 다시 말해 파생된 종의 개체발생 마지막 단계에 새로운 특징들이 추가되는 것을 만형진화晩刑進化(peramorphosis)라고 한다. 만형진화도 여러 유형이 있다.

삶과 죽음 211

수 없었던 새로운 특징을 말이다. 그것은 생물학도들이 마치 주문처럼 외우곤 했던, '개체발생은 계통발생을 반복한다'라는 발생반복의 익숙한 사례다. 그것을 심히 단순화시킨 형태, 다시 말해 인간의 배아가 원생동물과 어류단계를 점진적으로 거쳐서 포유동물단계로 발달한다는 견해는 이미 폐기된 지 오래다. 현재 살아 있는 투구게는 내가 애호하는 삼엽충과 공통 조상을 지녔음을 시사하는 '삼엽충 유생' 단계를 지닌다고 여겨졌으나, 그것은 공통조상을 지녔기 때문이기도 하겠지만 그저 둘 다 단순하기 때문에 닮아 보이는 것이기도 하다. 하지만 화석계통들에는 그 밖에도 타당한 사례들이 있다. 한 예로 내가 연구한 먼 바다를 돌아다니는 삼엽충들 중에 유생단계와 미성숙단계보다 성체단계에서 더 큰 눈을 가진 것들이 있는데, 미성숙단계에서는 그들의 조상 종인 비교적 보통의 눈을 가진 삼엽충과 더 비슷한 모습이다. 이런 식으로 생물들은 발생시기를 조절함으로써 조상들을 넘어섰다. 좋은 새로운 특징은 더 확대되었다. 그러면서 처음에 새로웠던 것은 통상적인 것이 되었다.

  삼엽충은 진화에 관한 선구적인 사실들을 보여줄 수 있다. 현대 생물학자들의 진화연구는 점점 더 유전체에 초점을 맞추어왔고, 놀라운 결과들을 내놓았다. 하지만 거기에는 부족한 것이 있다. 바로 시간틀이다. 실제 시간과 공간에서 진행되는 진화를 볼 수 있는 사례들의 역사 말이다. 실험생물학자들이 다루는 시간단위는 기껏해야 몇 년에 불과하다. 하지만 고생물학자에게는 수백만 년이 '그저 눈 깜짝할' 시간이다. 삼엽충은 가여운 카우프만 박사의 젊은 시절을 가치 있게 만들어줄 진화적 사례들을 제공할 수 있다. 발생시기의 변화와 그에 따른 심각한 형태변화는 유전암호를 만지작거린 결과일 뿐일지도 모른다. 그 시계를 다시 맞추는 분자손가락은 그저 무심하게 건드리는 것인지도 모른다. 올레넬루스 랍오르티와 올레넬루스 아르마투스처럼 상당한 차이를 빚어내는 시간스위치를 조절하는 것이 유전자 하나일 수도 있다. 그 조절유전자들을 찾아내는 것은 분자생물학자들의 일이며(그리고 나는 설령 5억여 년이 지났다고 해도 그 유전자들이 아직 DNA 어딘가에 들어 있을 것임을 의심하지 않는다), 그 유전자들이 활동한 사례들을 기술하고 그들이 지질학적 시간과 공간에서 얼마나 오랫동안 창의적인 마법을 부렸는지를 살펴보는 것은 고생물학자의 임무다.

죽음 없이는 아무런 변화도 없다. 지금까지 내가 묘사한 것은 종의 파괴가 아니라 탄생이었다. 삼엽충의 역사는 새로운 종의 출현뿐 아니라 기존 종의 몰락의 역사다. 이런 종들의 교체—삶 뒤에 죽음이 이어지고 죽음 뒤에 삶이 이어지는—는 정상적인 진화적 변화의 원료다(과학자들은 그것을 '배경률'이라고 말하곤 한다). 적응을 더 잘하는 것이 덜한 것을 대체한다. 또는 단지 기후가 침입자에게 유리한 쪽으로 변해서 이소적으로 기원한 종이 공통조상의 후손인 다른 종을 대체하기도 한다. 삶은 언제나 파란만장하며, 인간사가 그렇듯 번영은 엎치락뒤치락하는 행운과 장점의 산물이다. 아마 삼엽충은 우연과 설계가 각자 어느 정도 영향을 미쳤는지를 객관적으로 목격한 동물이라고 할 수 있을 것이다. 당연히 그들의 생체분자들은 영구히 사라진 상태다. 그러나 그 분자들이 그들의 몸에 남긴 서명은 지질기록에 보존되어 암석이 가루가 될 때까지 남아 있을 것이다.

궁극적으로 삼엽충은 진화의 기대에 부응하지 못했다. 그들은 자손을 남기지 못한 채 사라졌다. 나는 현재의 중앙해령을 탐사하는 심해잠수정이 어느 숨겨진 심연에서 아직 살고 있는 고독한 삼엽충을 발견함으로써 고생대의 멋진 존재가 이 떠들썩한 세상에 알려지지나 않을까 하는 희망을 품어왔지만, 시간이 흐를수록 희망이 스러지고 있다. 안타깝게도 생물학자들을 놀라게 할 삼엽충계의 실러캔스, 그 유전자에 관해 묻고 싶은 모든 질문들에 직접 답해줄 옛 시대의 생존자는 발견되지 않았다. 3억 년이라는 세월로 충분했나보다.

죽음이 없이는 혁신도 거의 없다. 멸종, 다시 말해 종의 죽음은 진화적 변화의 핵심요소다. 이런 멸종이 없으면 새로운 종은 번성하지 못할 것이다. 인류 역사에서 교조적인 견해가 계속 버티면서 낡은 개념을 새로운 개념이 대체하는 것을 막았던 시기는 막막한 정체기에 해당한다. 서양사회의 암흑기는 가장 정체되고 혁신이 적었던 시기였다. 따라서 삼엽충들이 오랜 역사에 걸쳐 연속적으로 다른 종들로 대체되었다는 사실은 그들이 진화적으로 활기찼음을 입증한다.

삼엽충을 연구하여 야외와 실험실에서 신종의 형성과정을 이해할 수 있는 것처럼, 우리는 그들이 서서히 쇠퇴한 기본이유도 파악할 수 있다. 전성기 때에는 우리가 아는 거의 모든 해양서식지에 수백 속에 달하는 삼엽충들이 퍼져 있었다. 수와 다양성으로 성공 여부를 판단한다면, 진정한 삼엽충의 시대는 캄브리아기 중기부터 오르도비스기까지가 된다. 그러나 그들은 자신들의 역사 전체에 걸쳐 풍성했다. 그들의 화석이 나오는 가장 마지막 지층들에서도 서너 종들이 함께 발견된다. 그들의 역사를 빠르게 진행되는 크레셴도 다음에 느리게 진행되는 디미누엔도가 침묵에 빠져들 때까지 계속 이어지는 것이라고 묘사하고 싶은 유혹을 느낀다. 그런 비유는 자칫 오해를 불러일으킬 수 있다. 많은 생물다양성 이야기에서처럼, 삼엽충도 번성했다가 쇠퇴했다. 그들의 멸종시기들은 다른 많은 동물들이 영향을 받았던 시기들과 일치한다. 멸종률이 급증하고 패자가 전멸하고 승자가 살아남아 번성하는 시기들이었다. 삼엽충과 거의 같은 시기에 출현한 동물들 가운데 일부—조개류가 좋은 예다—는 절지동물 동료들과 함께 운명의 널뛰기를 견뎌냈고, 결국 그들보다 오래 살아남았다. 삼엽충과 마찬가지로 많은 생물들이 사라져갔다. 캄브리아기 말로 들어설 무렵에 일어난 멸종사건들은 그 집단의 역사 초기에 출현했던 많은 삼엽충 과들을 없앴다. 약 4억 4,000만 년 전, 오르도비스기 말의 사건은 좀더 상세히 연구가 되어 있다. 그 사건은 앞서 크게 번성했던 훨씬 더 많은 과들을 전멸시켰다. 캄브리아기부터 있었던 수수께끼의 소형삼엽충인 눈먼 아그노스티드

그림 23 오르도비스기 대빙하기에 흔했던 삼엽충, 무크로나스피스의 머리와 꼬리(태국산).

도 사라졌다. 거의 1억 년을 살다가 사라진 것이다. 우리 자신의 속이 살아온 기간이 겨우 수백만 년에 불과하다는 점을 염두에 두고 '성공'의 의미를 생각해보라. 이소텔루스와 오기기오카렐라의 친척인 많은 대형삼엽충들도 오르도비스기 지층에서 흔한 메달 같은 머리방패를 지닌 트리누클레이드 같은 작은 것들과 함께 사라졌다. 사실 피터 셸든이 그토록 상세히 연구했던 이 동물들은 대부분 자손 없이 사라졌다. 또 내가 애호하는 커다란 눈을 가진 유영하는 원양삼엽충들도 오르도비스기 이후 지층에서는 발견되지 않으며, 그 삼엽충들은 그 이후로는 적절한 생태지위를 찾지 못한 듯싶다. 스피츠베르겐 시절부터 내가 애호하는 과인 올레니드도 사라졌다. 캄브리아기 때부터 모든 침입자들에 맞서 오랜 기간 번성했던 종류였건만. 진정으로 생물세계의 종말이었다.

오르도비스기는 대빙하기가 찾아왔을 때 끝났다. 남극—당시에는 북아프리카였다—을 중심으로 빙하가 거의 세계 전역으로 퍼졌다. 빙하기는 지구 역사에서 드물고도 불규칙하게 찾아오곤 했으며, 그때마다 늘 심각한 영향을 미쳤다. 털북숭이 매머드와 동굴곰이 등장하는 플라이스토세 빙하

삶과 죽음 215

기는 가장 최근의 것에 불과하다. 빙하기는 독특한 암석을 형성한다. 후퇴하는 빙하가 부려놓거나 떠다니는 빙산에서 떨어져서 생긴 것들이다. 거기에는 온갖 잡다한 것들이 뒤섞여 있다. 크고 작은 표석들, 다시 말해 조약돌들이 덩어리지고 뒤섞여 있으며, 기원이 서로 다른 다양한 암석들이 혼합되어 있다. 얼음은 단순히 운반자 구실을 하며, 얼음이 녹으면 품고 다녔던 것들은 그냥 아래로 떨어지고 만다. 그 결과 엉성하게 만든 건포도 푸딩 같은 덩어리가 제멋대로 박혀 있는 암석이 형성된다. 오르도비스기가 끝날 무렵에 쌓인 지층들에는 이런 독특한 빙퇴석이 흔하며, 그런 암석들은 히르난티아Himantia 동물군이라는 화석들과 함께 출현할 때가 많다(히르난티아는 삼엽충이 아니라, 이 빙하기에 전형적으로 나타나는 완족류다). 히르난티아 동물군이 얼마나 널리 퍼져 있는지 알면 놀랄 것이다. 무크로나스피스Mucrona-spis라는 삼엽충은 그 동물군의 전형적인 일원이며, 그 밖의 삼엽충들은 극히 드물게 나타난다. 이 삼엽충은 꼬리 끝이 작은 못처럼 뾰족하다. 나는 북웨일스의 바람과 비가 잦은 언덕에서 그 표본을 채집한 바 있다. 그 완족류의 이름은 그곳의 긴 계곡(Cwm Himant)에서 따온 것이다. 나는 태국 남부의 습한 채석장에서 그 삼엽충을 또 채집했다. 사암을 쪼개어 머리방패가 드러나는 순간, 이마에 맺혔던 땀방울들이 그 위로 똑똑 떨어졌다. 이어서 남아프리카 고원지대의 셰일에서도 같은 삼엽충을 발견했다. 폴란드와 노르웨이, 중국에서도 발견했다. 그 의미는 다소 명백하며, 아주 흥미롭다. 그들은 '차가운' 삼엽충들이었다. 그들은 빙원이 밀려들기 전에 더 온난한 기후대에 살았던 다른 삼엽충들을 몰아냈다. 게다가 빙하는 적도까지 영향을 미쳤다. 무크로나스피스는 마오주의자들이 지배할 때 중국 전역을 뒤덮었던 푸른 인민복 같은 통일성을 자랑했다. 지금은 무크로나스피스가 대륙붕으로 퍼진 그 무렵에 심해에서도 멸종이 일어났고, 플랑크톤들도 심각한 영향을 받았다는 사실이 밝혀졌다. 멸종한 삼엽충들 가운데 많은 것들은 아마도 유생단계에서는 탁 트인 바다에서 플랑크톤 생활을 했을 것이며,

그 결과 특히 취약했을지 모른다. 운 좋은 삼엽충들만이 이 아슬아슬한 병목지점을 통과할 수 있었다. '차가운' 종이 되거나 플랑크톤 유생단계를 없애는 것이 생존의 대비책이라는 것을 미리 알 방법은 없었다. 이 삼엽충들은 힘든 시기를 견딜 비상식량에 해당하는 유전자들을 보관하고 있지 않았다. 일부는 우연히 그 위기를 극복할 수 있도록 해줄 특징들을 지니고 있었다. 그것은 대멸종의 특성에 관한 중요한 발견이다. 내 동물에게서 이끌어낸 교훈이 다른 동물의 행동에 영향을 미치게 될지 누가 알랴? e. e. 커밍스가 비인간(Manunkind)이라고 부른 존재의 행동에 말이다. 지금 오르도비스기 말에 삼엽충들이 겪었던 것에 못지않은 또 다른 멸종을 일으키고 있는 누군가의 행동에…….

그러나 오르도비스기의 종말이 결코 삼엽충 종말의 시작은 아니었다. 오르도비스기를 통과한 삼엽충 과들은 실루리아기에 풍성해졌다. 사실 그 이전에 못지않을 정도로 많은 삼엽충 종들이 있었을 수도 있다. 그러나 그들은 더 한정된 공통조상 집합에서 유래했다. 딱딱한 머리를 지닌 엔크리누리드와 가시꼬리를 지닌 케이루루스*Cheirurus* 화석이 흔히 채집되며, 진화하는 생태계가 융통성이 있는 외골격을 지닌 더 창의적인 존재가 되도록 삼엽충들을 자극했다고 믿고 싶은 유혹을 느낀다. 뛰어난 눈을 지닌 파코피드가 출현한 것도 이 무렵이었다. 그들은 바위 표면을 온통 뒤덮고 있었을지 모른다. 실루리아기의 해저를 돌아다니면 이전 시대와 마찬가지로 발밑에서 우두둑하는 소리가 계속 들렸을 것이다. 이 삼엽충들 중에는 데본기 지층까지 계속 나오는 것들이 많다. 데본기는 가시, 혹, 주름 등 우둘투둘한 온갖 것들의 전성기였다. 그러나 그런 기이한 삼엽충들 외에 프로이투스*Proetus* 같은 더 평범한 것들도 있었다. 프로이투스는 언뜻 보면 캄브리아기나 오르도비스기의 것으로 착각할 수도 있다. 데본기 말에 찾아온 또 다른 위기에 살아남은 것은 바로 프로이투스와 그 동료들(게라스토스*Gerastos*)였다. 그들은 앞서의 대멸종 이래로 무려 8,000만 년을 더 산 셈이었다. 몇 가지 측면에서 데본기 사건들은 오르도비스기 사건들보다 더 수수께끼 같다. 그것은 잇달아 찾아온 몇 차례의 사건으로 이루어져 있고, 각각은 대륙붕에 산소가 적은 물이 밀려들어서 많은 삼엽충들이 살던 산호초를 없애는 결과를 빚어낸 일과 관련이 있다. 단칼에 1,000명을 베는 것과 비슷했다. 최후의 일격은 프라슨-파멘(Frasnian-Famennian) 사건이었다(이 명칭은 두 지질시대의 경계를 나타낸다). 그 사건은 거대한 운석충돌로 빚어진 것이라고 여겨진다. 마지막 삼엽충이 살았던 때부터 1억 8,000만 년 뒤에 일어난 대재앙인 공룡의 멸종을 가져온 것도 운석충돌이라고 흔히 말한다.

원인이 무엇이든 프라슨-파멘 사건 이후에 석탄기까지 살아남은 것은 프로이투스와 그 동료들뿐이었다. 수십 종류나 있던 과들은 몇 개 과로 줄어들었고, 그것도 모두 가까운 친척들이었다. 그렇긴 해도 석탄기에 많은 새로운 삼엽충들이 등장하여 혁신을 이루었다. 해마다 약 두 번씩 나는 독일의 학자들에게서 신종을 기재한 논문들을 한 꾸러미씩 받는다. 발견은 끝없이 이어지는 듯하다. 웨일스국립박물관의 밥 오웬스는 영국의 등뼈를 이루는, 양떼가 돌아다니는 험난한 페나인 산맥의 고지대에 있는 석탄기 석회암에서 새로운 형태의 삼엽충들을 발견했다. 프로이티드 삼엽충은 더 많은 과들로 이루어진 이전의 삼엽충들이 차지했던 생태지위 중 많은 곳들을 차지했다. 그들은 선조들과 똑같은 생태학적 가락을 연주했지만, 이용한 진화적 악기는 달랐다. 그들은 심해와 새로 형성된 산호초로 퍼져나갔다. 그 결과, 이 말기 삼엽충들 가운데 일부는 오르도비스기, 실루리아기, 데본기 지층에서 나오는 생태학적 쌍둥이들과 겉모습이 비슷해졌다. 심지어 파콥스와 비슷하게 생긴 종들도 있었다. 비록 집합복안을 갖고 있지는 않았지만……. 자연은 정말 시치미 떼기 선수다! 내가 좀더 인간중심적이었다면, 그저 과학연구자들의 성격을 시험하기 위해 지층에 고생물학적 퍼즐들이 들어 있는 것이 아닐까 하는 생각을 품었을 법도 하다. 생물학자들과 고생물학자들은 자연의 속임수를 밝혀내기 위해 많은 시간을 투자하는

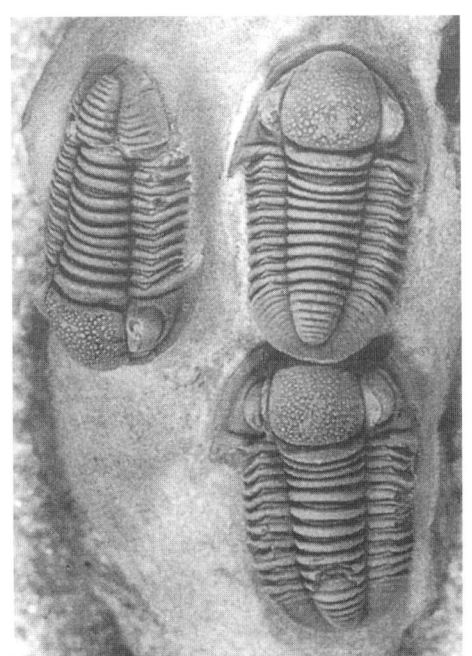

그림 24 왼쪽. 게라스토스. 작은 프로이티드 삼엽충 세 마리의 멋진 모습. 마치 '둘은 친구지만, 셋이면 남남'이라고 말하는 듯하다. 큰 눈은 미간에 아주 가까이 붙어 있으며, 볼침은 짧고, 가슴마디는 10개다. 모로코, 데본기.

아래. 마지막 삼엽충 가운데 하나인 디토모피게*Ditomopyge*. 캔자스 주 위치타, 페름기. 말린 표본을 양쪽에서 본 모습 (x3).

아래 왼쪽. 스웨덴 오르도비스기 삼엽충, 심피수루스가 몸을 만 모습. 실물 크기.

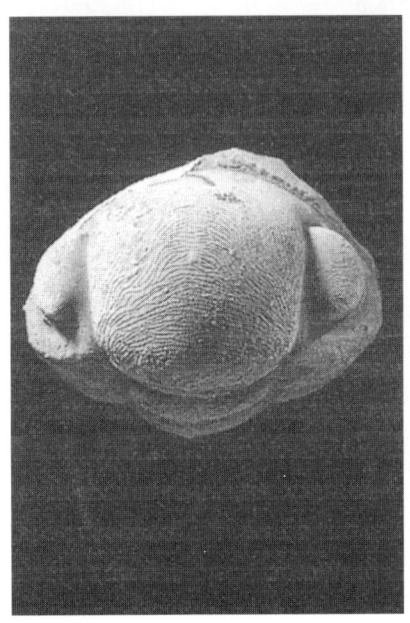

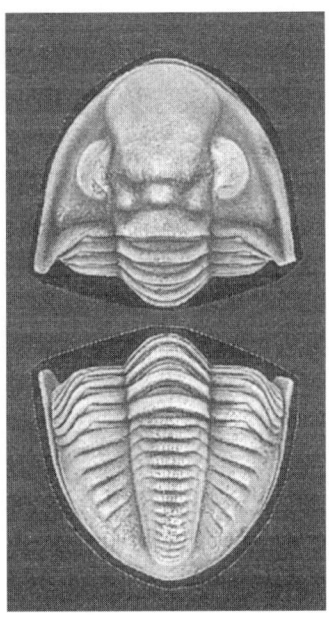

삶과 죽음 219

듯하다. 닮은 형태는 어디에서나 찾을 수 있다. 생태적 필요성이 형태를 규정하기 때문이다. 자연에서 비슷한 생활을 하는 동물들은 서로 닮는다. 박쥐와 새, 도마뱀과 뱀처럼. 더 깊은 진화적 진리를 이끌어내려면, 해부학적 구조의 기원을 파악해야 한다. 상동(homology)이라는 것을 말이다. 상동은 전반적인 닮음이라는 사이렌siren들의 노래에 맞서 유전자와 발생의 더 심오한 조화를 드러낸다. 이 미간이 더 근본적인 설계, 우리가 첫눈에 보고 짐작했던 다른 삼엽충과의 공통조상관계를 드러내는 것이 변형된 결과일까? 모든 '넙치'가 다 납작하다고 해도 조상은 서로 다를 수 있듯이, 우리 눈에 보이는 형태들도 주로 생활습성과 관련된 것일까? 아마 오기기오카렐라를 살펴볼 때, 르위드는 진정한 생물학적 유연관계를 하찮은 것으로 만드는 중요한 유사성, 생태적 등가성을 인식한 듯하다. 삼엽충은 본질적으로는 물고기일지 모른다. 인간사에서 그렇듯이, 고생물학에서도 진리는 한 가지가 아니다.

페름기 말이 되자 20여 속에 불과한 그리 많지 않은 삼엽충들만 남아 있었다. 그래도 흔한 화석이 될 정도로 번성한 것들도 종종 있다. 가장 마지막 삼엽충은 페름기 말의 또 한 차례의 대멸종이 일어나기 얼마 전에 사라진 듯하다. 그때쯤 이미 그들은 해양드라마에서 조연으로 전락해 있었다. 그들의 전성기는 지나갔다. 편지의 추신에 해당하는 이 동물들은 열대바다의 다소 얕은 서식지에서 주로 발견된다. 아마 그 때문에 그들은 기후변화에 특히 취약했을 것이다. 나는 당대의 연체동물이나 완족동물과 달리, 이 말기 삼엽충들 중에 심해생활에 적응한 것들이 전혀 없었다는 점이 안타깝다. 심해에 산 종류가 있었다면 육지와 대륙붕을 휩쓴 충격에서 벗어날 수도 있었을 텐데 말이다. 그들은 생명의 이야기에서 새 막이 펼쳐질 것임을 예고하는 장면전환의 일부였다. 나는 우리가 가장 마지막 종, 공룡들의 조상이 곤드와나 개울가를 어슬렁거리던 고생대에 여전히 자신의 일에 바빴던 마지막 생존자를 아직 발견하지 못한 것이 아닐까 하는 생각이 든다. 그 삼엽충들은 쾅 소리보다는 흐느끼는 소리와 함께 사라졌다. 요제프 하이든이 에스테르하지 궁정의 음악가 봉급이 짜다는 데 대해 항의조로 쓴 작품이 생각난다. 그 고별교향곡의 마지막 악장에서는 음악이 열정적으로 연주되는 와중에 연주자들이 한 명씩 자리를 뜬다. 마지막에는 바이올린 하나만 연주하다가, 그마저도 멈추고 침묵이 찾아든다.

08

가능한 세계들

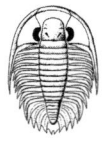

5억 4,500만 년 전 캄브리아기 말부터 삼엽충이 궁극적으로 사라지기까지 거의 3억 년이라는 세월이 걸렸다. 그 사이에 세계는 두 번 재구성되었다. 그리고 지리가 재구성될 때마다 내 동물들도 조화를 부려서 새로운 기후와 때로 합쳐지기도 하고 떨어져서 멀어지기도 하는 해양체제에 적응했다. 지금도 이런저런 거대한 땅덩어리가 오르도비스기 말이나 실루리아기 초에 어디에 있었는지를 놓고 학계에서 논란이 벌어진다. 마파 문디의 최종판은 결코 없으며, 다른 세계들도 여전히 가능하다.

나는 세계를 재구성하면서 많은 시간을 보내왔다. 유럽의 절반을 대서양 절반까지 밀어놓았다. 고대의 해로들을 닫고 새로운 해로들을 열었다. 나는 지중해보다 더 큰 바다에 이름을 붙였고, 그런 뒤에 그것에 영원한 죽음을 안겼다. 내 일은 사라진 대륙들의 윤곽을 기술하고 그 주위의 바다를 그려내는 것이기도 하다. 한마디로 약 5억 년 전의 지구도를 작성하는 것이다. 그 일을 위해 나는 삼엽충을 이용해왔다. 헨리온테임스까지 통근을 함께하는 지인들 가운데 몇 명은 이따금 내게 오늘은 무슨 일을 했는지 묻곤 한다. 나는 으레 이렇게 대답한다. "아프리카를 남쪽으로 600킬로미터 옮겼지요." 그러면 그들은 재빨리 신문의 축구란으로 시선을 돌리곤 한다.

내가 과학적 방법의 매력에 빠진 계기가 된 책 가운데 하나는 아마도 가장 위대한 과학저술가에 속할 J. B. S. 할데인Haldane이 쓴 『가능한 세계들Possible Worlds』이라는 글 모음집이었다. 그중 한 장인 '우리가 토끼라면'은 이런 실험정신이 어떠한 것인지를 보여준다. 그 장을 읽고 나는 세계의 많은 수수께끼들에 관심을 갖게 되었고, 그 가운데 작은 것 한두 가지를 푸는 것이 인생에서 할 수 있는 최고의 일이라고 생각하게 되었다. 지금 운명의 장난으로 나는 나 나름의 가능한 세계들을 창조하는 특권을 누리고 있다. 나는 상상 속의 지도에 사라진 세계들을 그린 뒤 10여 명의 동료들과 그것을 놓고 토론을 벌인다. 나는 삼엽충과 나우틸로이드가 우글거리는 군도에 화산섬들이 증기를 뿜고 용암을 게워내는 광경을 상상한다. 그 동물들이 유린당한 해저에서 한꺼번에 질식당해 죽어 꼼짝하지 않는 모습을 눈앞에 그려본다. 웨일스의 산비탈에서 나는 표면이 나무연기처럼 회색을 띤 화산재의 기억을 담고 있는 단단한 암석을 깨어 그런 고대 비극의 실상을 밝혀내고자 했다. 그 안에 갇힌 삼엽충의 흔적은 당시의 끔찍한 종말을 알려주었다. 나는 마음의 눈으로 스트롬볼리 섬 같은 고대 화산섬을 호두까기에 끼워진 포도알처럼 짓눌러버릴 거대한 대륙과 대륙이 충돌하면서 화산군도가 붕괴하여 사라지는 광경을 목격했다. 바로 오르도비스기의 세계다. 현재의 세계지도와 거의 비교하기 힘들 정도로 낯선 세계다. 말할 나위 없이 육지와 바다가 있었지만, 대륙들은 우리가 교실에서 처음 달달 외우면서 배운 것들과 다르다. 그 대륙들은 형태도 낯설고 희한하게 배열되어 있다.

지질학적으로 말해서, 얼마 전까지 현재의 지리는 추측의 대상이었다. 영국 중부 헤리퍼드 대성당에는 마파 문디Mappa Mundi, 곧 세계지도가 전시되어 있다. 보호를 위해 조명을 약하게 해두었는데, 13세기 말 홀드링엄의 리처드가 양피지에 그린 세계를 살펴보기에는 그 신비감을 자아내는 조명이 딱 어울리는 듯하다. 그리고 그 안에 그려진 세계의 모습도 신기하기 그지없다. 마파 문디에는 바다보다 육지가 더 크며, 메르카토르 도법으로 그린 세계지도에 익숙한 우리에게는 아주 낯설게 보인다. 지도의 중앙에는 예루살렘이 있다. 영국 제도는 한쪽 가장자리에 놓여 있다. 하지만 성당이 있는 링컨 마을은 언덕 위에 있는 성당에서 위덤 강을 따라 집들과 거리가 길게 뻗어 있는 모습이 얼추 실제와 비슷하게 그려져 있다. 맨해튼 섬은 상세하게 보이게 하고 나머지 세계는 멀어질수록 흐릿하게 그린 『뉴요커』의 유명한 표지만화를 연상케 한다. 마파 문디를 만든 사람에게 링컨은 기존 세계의 축이었던 것이 분명하며, 근사적인 수준을 넘어서 상세히 그려져 있다. 당시 여행은 쉬운 일이 아니었고, 지도는 부정확했다(그리고 리처드는 아마 일부 뉴욕 주민들이 브루클린 너머로는 좀처럼 벗어날 생각을 하지 않는 것처럼 바깥세계를 탐험하기를 주저했던 듯하다). 언뜻 보면 지중해 주위의 육지는 대단히 모호하게 그려진 듯하지만, 자세히 들여다보면 사이프러스와 시칠리아를 알아볼 수 있다. 더 먼 곳에는 괴물과 거인이 산다. 이집트에는 사티로스가, 사마르칸드 근처에는 새를 닮은 인간(cicone)이, 인도에는 60년을 살다가 2개의 알을 낳고 알이 부화할 때 스스로 물에 빠져 죽는 아발레리온이라는 새가 살며, 유니콘도 보인다. 르네상스와 그 이후에 정확한 지도 작성이 이루어지면서 이 신화적인 짐승들은 더 먼 곳으로 밀려났다. 일부는 지구상에 마지막 남은 피신처인 안데스 산맥의 깊은 호수나 아마존 유역 오지에 지금도 숨어 있을 것이다. 오르도비스기의 지도를 작성하면서 나도 용들을 내쫓고, 모호한 윤곽을 구체화하고 일말의 진실을 복원하고 있다.

판게아 대륙이 있는 페름기 마파 문디는 이제 꽤 친숙하다. 현재의 모든 대륙들이 하나로 붙어 형성된 초대륙인 판게아는 파이의 값을 결코 정확히 알 수 없다는 개념이나 블랙홀이 물질을 먹어치운다는 개념처럼 많은 사람들이 기억할 만한 과학개념으로 잘 보관해두는 경향이 있는 사실들 가운데 우선순위에 놓이는 것이다. 남아메리카 동부 해안과 남아프리카 서부 해안이 서로 끼워지는 모양을 하고 있는 이유가 지금은 이해가 되는 듯하다. 두 대륙은 그 초대륙의 이혼산물이다. 대서양 중앙해령에서 해양지각이 추가되며 열극이 점점 넓은 바다가 되면서 남대서양해는 계속 넓어졌다. 각각의 지각판 위에 놓인 아프리카와 남아메리카는 서로 멀어져갔다. 한때 엉뚱한 생각으로 여겨졌던 이 개념은 지금은 수월하게 받아들여진다. 당연히 두 대륙은 예전에 하나였다. 명백하다! 인도는 아프리카 동부에서 떨어져 나와(마다가스카르를 중간에 버린 채) 흘러가다 아시아에 부딪히면서 히말라야 산맥이라는 지구에서 가장 높은 산맥을 솟아오르게 했다. 위성사진을 보면 그 주름진 산맥이 인도 아대륙이라는 쐐기 앞에 우그러진 모습이며, 에베레스트 산을 솟아오르게 한 압력이 무엇인지 거의 실감할 수 있을 듯하다. 우주에서 보면 식탁보를 한쪽에서 밀어 주름지게 하는 것처럼 쉽게 산맥을 만들 수 있을 듯하다. 마찬가지로 유럽을 선상으로 가로지르고 있는 알프스 산맥도 운동을 일으키는 모터에 지각이 구부러졌음을 말해주는 지구조상의 또 하나의 주름진 솔기다. 여기서는 아프리카가 북쪽으로 움직이면서 지중해에 놓인 여러 판들의 배열을 헝클어놓았다. 판게아는 조각났고, 혼인은 일시적인 것이었다. 그 혼인은 천국에서 이루어진 것이 아니라, 세계의 지구조라는 지하에서 이루어진 것이었다.

판게아가 통합된 시기는 삼엽충이 사라진 시기이기도 하다. 일부 연구자들은 그 이전에도 대륙들이 합쳐진 것이 주요 멸종사건들과 관련이 있을 거라고 보고 연구하고 있다. 그리고 새로 합쳐진 초대륙이 극소수의 생물들만이 성공적으로 적응할 수 있는 특이한 환경조건을 형성했으리라는 데에는 의문의 여지가 없다. 앞서 살펴보았듯이 삼엽충은 이미 취약해진 상태였다. 그러나 더 이전 시대에 그랬던 것처럼, 삼엽충은 여전히 세계를 지배하고 있었을까? (여기서 내 상상에 너무 심취하는 듯하지만, 아주 이따금 나는 과학적 예의범절에서 벗어나 공룡이 지배했다는 말에 약간 코웃음을 치곤 한다.) 약 25년 동안 판게아 자체는 대륙들의 역사에서 한 단계에 불과한 것으로 인식되어왔다. 판구조론은 몬세라트 산의 화산폭발로 끝난 것이 아니듯이, 판게아의 분열에서 시작된 것도 아니었다. 대륙들의 궤적은 가마솥에 담긴 고깃국의 표면처럼 금간 판들을 움직이는 내부 깊숙한 곳에서 이루어지는 열의 대류라는 지구의 내부엔진이 발현된 겉모습이다. 거의 지구 자체만큼 오래된 멈출 수 없는 대류다. 판게아 이전에는 다른 가능한 세계들, 마파 문디를 위한 다른 디자인들이 있었다. 판게아 자체는 더 앞서 있던 대륙들의 충돌을 통해 형성되었다. 그것은 통합이 우세했던 짧은 단계에 불과했으며, 그 이전이나 이후나 훨씬 더 긴 기간 동안 지표면을 대륙과 바다가 조각으로 나누고 있었다. 그 이전의 대륙들은 엉성한 조각보처럼 지구조 진화를 통해 판게아로 꿰매어졌다. 그 이전 대륙들을 이루고 있던 물질은 마찬가지로 오래된 선캄브리아대의 대륙지각이었다. 그 지각은 지금도 아프리카, 북아메리카(로렌시아), 시베리아, 발트 순상지의 대부분을 이루고 있다. 그러나 그것은 우리가 학교에 붙어 있는 세계지도에서 볼 수 있는 대륙들과는 다른 조각으로 나뉘어 있었다. 자연이 똑같은 조각들을 이용하여 오르도비스기 대륙을 설계할 의무는 전혀 없었다.

  대양들은 이 이전의 대륙들을 갈라놓고 있었다. 판게아의 혼례식이 마무리되어가면서 대양들은 조금씩 파괴되어갔다. 지각판들이 해구에 섭입攝入되면서 해양지각은 사라져갔다. 그 과정은 현재 일본의 동해안에서 보는 것이나 고생대에 있었던 것이나 같았다. 삼엽충 화석이 나오는 오르도비스기 화산암은 인도네시아의 큰 화산에 상응하는 섬들 주변에서 형성되었을 것이다. 그런 화산은 지각판이 파괴되면서 생기는 폭발이다. 삼엽충은 바다가 증기분출과 뜨거운 재구름에 시달렸음을 증언한다.

오르도비스기의 바다가 사라졌다면, 그 바다가 있었는지 어떻게 아는가? 바다가 흔적도 없이 그냥 사라졌다면, 정말로 지금 알아볼 수 없을 것이다. 하지만 고대 바다는 거의 모두 지표면에 흔적을 남긴다. 대양 사이에 분리된 대륙들은 나중에 서로 충돌하면서 산맥을 솟아오르게 한다. 인도가 아시아와 충돌하면서 히말라야 산맥을 만든 것처럼. 고대 산맥들은 옛 흉터처럼 현재의 대륙들에 새겨져 있다. 이 선형 흉터들은 이전의 바다가 있었던 경계를 표시한다. 아주 오래된 산맥은 수천만 년에 걸쳐 침식되었을 것이므로, 비교적 젊은 알프스 산맥이나 안데스 산맥에 비해 낮아져 있다. 아시아의 지형도를 보면, 우랄 산맥이 러시아 북극권에 있는 노바야젬랴 섬(내 오슬로 이야기에서 올라프 홀테달이 고대 암석을 기재하여 명성을 얻은 곳)에서 남쪽 카스피 해에 이르기까지 그 대륙을 구불거리면서 길게 뻗어 있는 모습을 볼 수 있다. 마치 하나의 솔기처럼 보이며, 실제로 그렇다. 그 산맥은 발트 지각판과 시베리아 지각판이 꿰매어진 솔기다. 오르도비스기에 두 지각판은 바다를 사이에 두고 멀리 떨어져 있었다. 다른 두 세계는 나중에 충돌했다. 사이에 놓여 있던 대양이 섭입과정을 통해 완전히 사라졌을 때 두 대륙은 봉합되었고, 이 통합은 판게아라는 더 큰 혼례식이 일어나기 훨씬 전에 일어났다. 섭입과 관련이 있는 종류의 사라진 화산들이나 바다가 사라질 때 지구 내부에서 스며 나온 휘발성 광물과 구리광석은 이전에 대양이 있었음을 알린다. 아주 오래된 지각판의 경계는 그렇게 뚜렷하지 않을 수도 있다. 더 젊은 지층이 위에 어느 정도 덮여 있으면 더 그렇다. 고대 지리를 재구성하려면 그 오래된 흉터들을 찾아 열어서 사라진 바다를 한 번 더 펼치면서 점점 더 먼 과거로 테이프를 되감아야 한다. 과거로 더 거슬러 올라갈수록 대륙의 위치는 점점 더 불확실해지며, 우리가 홀드링엄의 리처드가 될 가능성은 더 커진다. 헨리온테이프스 열차를 함께 타는 동료들은 '아프리카를 600킬로미터 움직인다고요? 900킬로미터는 안 됩니까? 아니면 2,000킬로미터는요?'라는 어느 정도 사리에 맞는 질문을 던질 수도 있다. 우리는 망원경을 거꾸로 들이댄 채 조각그림 퍼즐을 풀려고 하는 것처럼 불완전하게 오르도비스기 세계를 알고자 애쓰는 중이기 때문이다. 안 좋은 오후의 일시적인 건망증 때문에 거리가 100킬로미터 달라질 수도 있다.

따라서 우리는 우리가 아는 지리를 잊고 가능한 세계들을 새롭게 생각해야 한다. 우리를 도와줄 몇 가지 도구들이 있다. 몇몇 암석들은 자성을 띤 광물들을 포함한다. 무겁고 검은 철광석인 자철석은 엘리자베스 1세 여왕의 궁정 주치의인 윌리엄 길버트가 자기의 특성을 연구할 때 처음으로 썼던 물질이다. 그의 『자석에 관하여 De Magnete』(1600)에는 지구가 '거대한 자석처럼 행동한다'라는 통찰력이 담겨 있다. 자기장은 막대자석 주위의 종이에 뿌린 철가루들이 만드는 '역선(line of force)'처럼 자극 사이에 뻗어 있다. 따라서 물에 띄운 자석은 필연적으로 지구의 자극을 가리킨다. 자철석은 자연에 흔한 광물이며, 케이크에 든 씨처럼 사암에 알갱이처럼 박힌 채 나타나곤 한다. 어떤 암석이 쌓일 때(또는 용암이 분출할 때), 그 안에 자성을 띤 광물이 들어 있다면 그 광물들은 당시의 지자극 방향에 맞게 자화가 이루어질 것이다. 이 자화는 일종의 화석처럼 그것을 지닌 암석이 속한 지각판이 원래 있던 곳에서 멀리 움직여도 변하지 않고 원래 상태로 남아 있다. 비교적 단순한 측정값인 자기의 경사각과 편각을 알면, 자화 당시 지자극의 위치를 알아낼 수 있다. 지자극이 저쪽이라고 손가락으로 고발하듯이, 암석의 자기는 원래 위치를 폭로한다. 고대의 위도(고위도)는 이 방법으로 밝혀낼 수 있지만, 경도는 정확도가 떨어지기 때문에 해당 대륙의 위치를 정확히 파악할 수 없다. 하지만 이 자료들은 고대의 세계지리를 재구성하는 놀라운 출발점이 된다. 동료들은 고지자기학자(palaeomagnetician)를 흔히

'고마법사(palaeomagician)'라고 부르곤 한다. 빈정거림이 아주 약간 담겨 있긴 하지만. 그러나 과거로 더 올라갈수록 더 많은 문제가 발생하며, 삼엽충의 시대까지 가면 고지자극 측정값들 가운데 신뢰할 수 없는 것들이 많아진다. 한 예로 암석이 나중에 다시 자화되거나 신호가 변조되었을 수도 있다. 그것은 고마법사와 고생물학자 사이에 갈등을 불러일으킨다. 양쪽은 각자의 고대 지리 해석판을 들이대며 항변한다. 때로는 서로 고함치면서 맞싸움을 벌일 지경까지도 간다. 고마법사들은 자신들의 과학만이 '경성' 과학이라고 선언한다. 언젠가 나는 '고지자극 하나가 화석 1,000점의 가치가 있다'라는 말을 들은 적도 있다. 나는 그 과학자가 물리학자 한 명이 고생물학자 열두 명의 가치가 있다고 주장하지는 않을까 의구심이 든다. 남을 오도시키는 데 선수가 아닌가.

사라진 세계를 재구성할 때 화석을 이용하는 것은 오래되고 존중할 만한 전통이다. 아무튼 화석은 판게아의 실체를 놓고 벌어진 논쟁의 핵심요소였고, 많은 과학자들이 거대한 대륙이라는 개념을 받아들이기 전부터 그러했다. 페름기에 남아프리카, 남아메리카, 인도가 붙어 있지 않았다면, 그 대륙들의 동식물상이 어떻게 그토록 비슷할 수 있단 말인가? 삼엽충을 이용해서도 비슷한 논리를 반복할 수 있다. 다시 말해 우리는 고대 대륙들의 지도를 작성할 때 삼엽충을 이용할 수 있다. 삼엽충은 오르도비스기에 북아메리카 내륙까지 밀려들었던 얕은 바다에 우글거렸다. 또 곤드와나(그림 25 참조)의 추운 해안들에 밀려들던 바다에도 풍부했다. 또 그들은 현재 스웨덴 남부와 에스토니아 지역의 부드러운 개흙을 기어 다녔다. 삼엽충들은 우리의 정치적 장벽을 경멸한다. 그들은 오직 자신의 지리적 취향만 따른다. 현재 열대와 온대 위도에 사는 해양생물들이 서로 다르듯이, 이 얕은 바다에 사는 삼엽충들도 기후와 환경에 영향을 받았다. 해양생물들은 그 나름의 온도계를 갖고 있으며, 대부분 먹는 것, 사는 곳을 아주 까다롭게 고른다. 포식자들은 평범한 포도주에서 샤토 라피트를 골라내는 감정사처럼 세심하게 먹이를 고른다. 일부 동물들은 석회를 좋아한다. 일부는 모래를 피신처로 삼는다. 또 질척거리는 검은 개흙을 좋아하는 것들도 있다. 다시 말해 해양동물들은 장소감각이 있으며, 삼엽충도 예외가 아니었다.

오르도비스기의 대륙들이 전 세계의 바다에 흩어져 있을 때, 삼엽충들은 지각판마다 서로 다르게 발달했다. 특히 위도별 차이가 심했다. 각 대륙은 그 나름의 배역, 이를테면 자체적인 연극을 공연할 배우들을 얻었고, 삼엽충도 여러 배역을 맡았다. 삼엽충의 지도를 작성하면 대륙의 지도를 작성하는 셈이 된다. 고지자기의 도움을 받으면 각 삼엽충 집합이 적응한 위도대가 어디였는지는 정확히 파악할 수 있다. 또 위도별로 쌓이는 암석의 종류가 달라지는 경향이 있다. 암석들이 어떤 종류인지를 파악할 수 있다면, 그곳의 고대 환경이 어떠했는지 꽤 타당한 추측을 할 수 있다. 열대의 햇살 아래 쌓인 석회암은 아주 독특하다. 그런 암석은 아라고나이트라는 탄산칼슘으로 된 진흙이 굳어서 생긴 아주 두꺼운 지층을 형성할 때가 많다. 현재 바하마 같은 곳에 가면 그에 상응하는 암석을 발견할 수 있다. 고대 열대 석회암으로 이루어진 절벽에서 화석을 채집하다가는 절망에 빠질지도 모른다. 지질망치가 완강하게 버티는 표면에 부딪혀서 그냥 튕겨나오곤 하기 때문이다. 경험이 쌓이면 암석 표면을 훑어서 삼엽충이 살았음을 알려주는 작은 기호를 찾을 수 있다. 암석 표면에 약간 튀어나온 꼬리 파편 같은 것들이 그렇다. 소중한 표본이 박혀 있을 만한 암석 덩어리를 지레로 떼어내려고 하다보면, 석회암과 삼엽충이 같은 물질, 곧 방해석으로 이루어져 있다는 사실에 분노가 치민다. 나는 그 짓을 하다가 손톱 두 개를 잃었다. 하지만 석회암에 든 삼엽충은 대개 멋지게 보존되어 있다. 파낼 수만 있다면 말이다. 그 고대 세계의 반대편 끝은 극지방으로서 석회암이 전혀 없었다. 그런 곳에서는 대개 셰일에서 삼엽충이 나온다. 셰일에서는 등딱지를 온전히 채집하기가 쉽지만, 석회암에 있는 표본들에 비하면 그리 아름답지 않다. 따라서 퇴적암, 화석 종, 고지자기 측정값은 모두 삼엽충이 번성하던 시기에 그곳이 어디에 있었는지를 파악하는 데 도움을 준다.

자신이 2억 년 뒤, 인류의 부절제한 행동으로 대륙들이 오르도비스기처럼 불모지가 된 뒤에 이 행성을 찾은 외계인 지질탐사대의 일원이라고 상상해보라. 우리가 사라져도 지구조 엔진은 멈추지 않고 계속 돌아갈 것이다. 이제 판게아가 쪼개진 것과 같은 양상으로 호주 대륙이 세 개의 거대한 조각으로 쪼개져서, 각각 남극 대륙, 아프리카, 아시아로 흘러갔다고 상상해보자. 외계인 고생물학자는 과거의 호주 대륙을 어떻게 재구성할 수 있을까? 먼저 세 조각이 각각 지리적으로 통짜임을 알아차릴 것이다. 그다음 화석표본들을 통해 흩어진 대륙 조각들 사이에 긴밀한 관계가 있었음이 곧 드러날 것이다. 캥거루, 움바트, 주머니쥐, 코알라 같은 다양한 유대류는 세 조각이 공유한 **고유종**임을 알 수 있을 것이다. 조각들을 끼워 맞추면, 유대류는 닮았다는 사실에 부합되는 고향을 갖게 된다. 그 뒤의 지구조 활동으로 윤곽이 흐릿해지지 않았다면, 조각그림 퍼즐을 맞추듯이 세 조각을 끼워 맞출 수도 있을 것이다.

삼엽충을 갖고도 같은 일을 할 수 있다. 이번에는 **우리가 미래에서 온 방문객**이라고 하자. 우리는 낯선 세계를 여행하고 있다. 호주의 유대류가 육상동물이므로 바다를 가로질러 헤엄칠 수 있는 동물들보다 과거 대륙의 실체를 파악하는 데 더 낫다는 반박이 있을 수 있다. 그 말은 분명 옳다. 하지만 오르도비스기에는 바다가 지금보다 훨씬 더 대륙 안으로 밀려와 있었기 때문에 현재와 양상이 전혀 달랐다. 얕은 바다는 고유종을 빚어내는 진화적 요리냄비와 같았다. 바다가 현재 사막과 관목이 끝없이 펼쳐진 곳까지 밀려들어서 호주의 드넓은 평원을 잠기게 했다면 지금이나 상황이 별다를 바 없었을 것이다. 나는 호주의 그 중심지에서 삼엽충을 채집한 적이 있다. 딩고조차도 유순해서 나를 보고 가만가만 다가올 정도로 외진 곳이었다. 오르도비스기에 그곳은 지금과 마찬가지로 대륙 가장자리에서 멀리 떨어져 있었을 것이다. 바다가 아주 깊숙이 밀려들었을 뿐이다. 딩고는 내가 인류가 한 번도 본 적이 없는 삼엽충을 바라볼 때와 똑같은 호기심을 갖고 나를 쳐다보았다. 우리는 둘 다 서로에게 이방인이었다. 낮은 언덕 위에 있었기에 멀리 준평원이 한눈에 들어왔다. 이사야서에서 말하듯이, 침식이 자신의 일을 잘 해낸 곳이었다. "언덕과 산이 낮아지고…… 울퉁불퉁한 곳이 평탄해지리니." 이 황무지가 따뜻한 얕은 바다에 잠겨 있었다고 상상하기는 어렵지 않았으며, 나는 마음속에서 쉽게 삼엽충을 부활시킬 수 있었다. 생명으로 우글거리는 바다를 말이다. 그 암석에서 우리는 학계에 최초의 어류 중 하나라고 알려진 것의 증거도 찾아냈다. 또 다른 이방인이었다. 그곳의 삼엽충 중에는 캥거루처럼 독특한 것들도 있었다.

이제 오르도비스기의 세계지도, 나 자신의 가능한 세계, 4억 7,000만 년 전의 마파 문디를 그려보기로 하자. 일부 땅덩어리들은 거의 친숙해 보인다. 지금과 마찬가지로 당시에도 합쳐져 있던 로렌시아 대륙—북아메리카와 그린란드—이 보인다. 하지만 옆으로 누워 있는 모습이며 적도가 중앙을 가로지르고 있다. 동편(현재로 볼 때)도 다르다. 영국 제도의 서쪽 부분이 '뜯겨나갔다.' 스코틀랜드 북서부와 아일랜드 서부의 삼엽충들은 뉴펀들랜드 서부, 그린란드의 삼엽충과 똑같다. 바니 왕자 찰리가 달아났던 스카이 섬의 암석들은 열대의 이글거리는 태양 아래에서 쌓인 것과 똑같은 종류의 석회암이며, 뉴욕 주에서도 발견된다. 반면에 뉴펀들랜드는 서부만이, 다시 말해 캐나다에 인접한 그 섬의 옆으로 엄지손가락을 치켜 올린 양 삐죽 솟아오른 긴 그레이트노던 반도만이 로렌시아 대륙에 속한다. 그곳의 삼엽충들과 암석들은 네바다, 오클라호마와 연관성을 보인다.

19세기 중반의 선구적인 고생물학자 엘카나 빌링스Elkanah Billings는 그곳에서 나온 많은 화석들의 이름을 붙였다. 그의 바티우렐루스*Bathyurellus*와 페티구루스*Petigurus*는 바티우리드과(Bathyuridae)에 속한 삼엽충들이다. 바티우리드과는 호주의 캥거루처럼 오르도비스기 로렌시아의 열대지역에서 전형적인 동물이었다. 암석에서 이 동물들을 발견하면, 자신이 로렌시아의 일

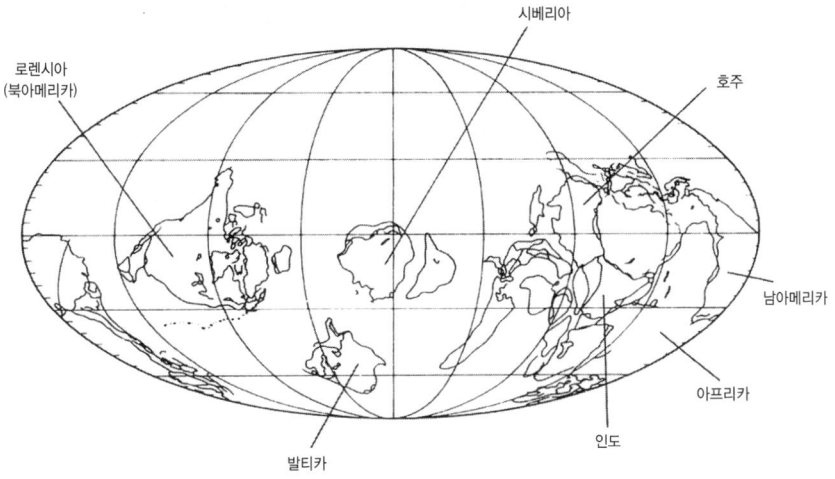

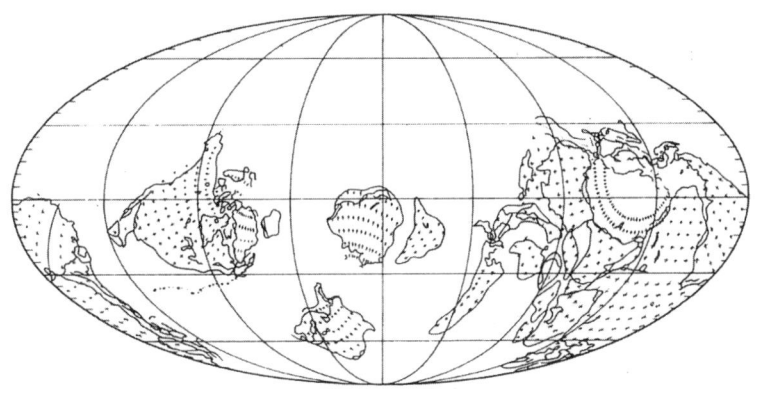

그림 25 삼엽충들이 보여주는 4억 8,500만 년 전 오르도비스기 초의 세계. 주요 대륙들이 표시되어 있다. 메르카토르 도법으로 그렸으며 고대 적도가 중앙을 가로지르고 있다. 위쪽은 현재의 대륙들이 오르도비스기에 어디에 있었는지 알기 쉽게 표시한 것이다. 아래 지도의 십자 표시들은 현재 지리에 해당하는 위도선들을 나타낸다.

부였던 곳에 있음을 알 수 있다. 뉴펀들랜드에서는 이 동물들이 서쪽에서만 발견된다. 동쪽에서는 전혀 다른 동물들이 발견된다. 그 섬의 양편을 사라진 대양(이아페투스 해)이 있었음을 나타내는 봉합선이 지나가고 있다. 오르도비스기 초에 뉴펀들랜드의 동쪽 해안과 서쪽 해안은 현재의 브라질과 나이지리아처럼 넓은 바다를 사이에 두고 떨어져 있었다. 지도로 보면 바티우리드과의 분포범위는 북쪽으로 스코틀랜드와 그린란드까지 뻗어 있다. 내 지질학적 요람인 스피츠베르겐도 로렌시아 대륙의 일부였다. 이 고자질쟁이 삼엽충들은 캐나다 북극권에 있는 엘스미어 섬과 알래스카, 캐나다 서부 전체, 그리고 그 아래로 죽 유타, 네바다, 아이다 호의 대분지까지 갔다가 텍사스를 가로질러 오클라호마를 지나 애팔래치아 산맥의 서쪽 가장자리를 따라 올라가서 뉴욕 주까지 분포해 있다. 뉴욕 주는 찰스 둘리틀 월컷이 처음으로 바티우루스를 기재한 곳이다. 수십 명의 고생물학자들이 갖은 고생을 하면서 잘못 알아볼 리가 없는 서명인 삼엽충들을 발견하여 그 대륙의 경계를 지도에 담아 왔다. 나는 뉴펀들랜드에서 몇 년 동안 일한 뒤에 네바다로 갔다. 그곳의 향긋한 피넌소나무 아래에서, 예전에 북극권에서 자기 둥지에 너무 가까이 다가왔다고 비난하는 제비갈매기의 울음소리를 들으며 단단한 석회암을 깼을 때 보았던 것과 똑같은 삼엽충들을 보았다. 이 놀라운 유사성은 오르도비스기에 적도가 북아메리카에 세로로 뻗어 있었음을, 다시 말해 그 대륙이 지금처럼 남북 방향으로 놓여 있지 않았음을 입증한다(이것이 고대 대륙들의 분포에 대한 가장 단순한 설명일 것이다).

기후상의 다른 극단은 곤드와나 대륙의 서쪽에 있었다. '곤드들의 땅'이라는 이름의 그 대륙은 판게아가 인정을 받기까지의 이야기에서 독특한 구실을 한다. 20세기로 들어올 무렵의 위대한 지질학자 에두아르트 쥐스는 남아메리카, 인도 반도, 아프리카의 지리가 서로 들어맞는다는 것을 나타내기 위해 곤드와나를 상정했다(지금은 남극 대륙도 거기에 속했다는 것이 알려져 있다). 그 대륙들은 페름기에 합쳐져 있었다가 그 뒤에 쪼개졌다. 그러나 곤드와나는 페름기보다 훨씬 이전부터 존재했다. 곤드와나는 지구의 집단무의식 중 가장 큰 부분에 속한다. 선캄브리아대 말에 합쳐진 곤드와나의 기반암은 나이가 지구 역사의 절반을 넘는다. 지각의 드넓은 영역에 영향을 끼친 여섯 번의 격변을 변함없이 굳게 버텨냈다. 내가 가진 교과서들은 그런 오래된 안정한 땅덩어리들을 방패라는 뜻의 '순상지楯狀地'라고 부르며(캐나다 순상지 등), 그 용어에 방패가 일종의 호신구, 다시 말해 공격을 막아주는 장비라는 의미가 담겨 있기 때문에 나는 그 용어를 좋아한다. 오르도비스기에 곤드와나의 서쪽 가장자리는 남극 근처에 있었다. 당시 남극은 아프리카 북부에 있었을 것이다. 그 거대한 대륙은 주로 남반구에 자리하고 있었지만, 너무나 넓어서 거의 남극에서 적도까지 뻗어 있었고, 적도는 호주를 가로지르고 있었다. 현재의 대륙은 그에 비하면 아주 작다. 로렌시아에 바티우리드과가 있었듯이, 곤드와나에도 특유의 삼엽충들이 있었다. 그 밖에 발티카라는 또 다른 대륙이 있었다. 발티카는 현재의 노르웨이, 스웨덴, 발트 제국—리투아니아, 에스토니아, 라트비아—를 포함한다. 발티카는 동쪽으로 러시아의 우랄 산맥이 있는 곳까지 해당했다. 이 산맥이 원래는 한 대륙의 가장자리였고, 아시아 대륙이 시베리아, 발티카와 충돌하여 봉합된 솔기에 해당한다는 말을 한 바 있다. 시베리아 자체는 오르도비스기에 별개의 지각판이었다. 당시 모든 대륙의 솔기들은 뜯겨나갔고, 모든 지퍼들은 풀린 상태였다. 나는 1975년에 스웨덴의 교사인 토르스텐 셰른비크Torsten Tjernvik와 함께 오르도비스기의 발티카 지층을 탐사한 바 있다. 그는 스웨덴 남부의 작은 석회암 채석장들이 있는 곳으로 안내했다. 그곳의 지층들은 수평으로 놓여 있었고 변형되지 않았다. 내가 방문하기 약 4억 5,000만 년 전에 쌓인 이래로 전혀 헝클어지지 않았다. 그토록 작은 암석에 그토록 긴 세월이 응결되어 있다니 정말 놀라웠다. 내게 익숙한 웨일스에서는 수백 미터 높이의 검은 진흙이 100만~200만 년에 걸쳐 쌓인 퇴적물들을 나타냈다. 스웨덴에서는 오르도비스기의 절반—약 3,000만 년—

을 한 채석장에서 살펴볼 수 있었다. 오르도비스기를 세분한 한 시대의 지층이 비스킷처럼 얇은 것도 있었다. 이 분야의 전문용어로 그 지층들은 압축되어 있었다(퇴적이 아주 느리게 진행된 것이다). 그러나 거기에도 삼엽충들은 많았고, 내가 뉴펀들랜드에서 채집한 것들과 종류가 다른 것들이었다. 메기스타스피스Megistaspis라는 삼엽충(오기기오카렐라의 먼 친척뻘인)의 커다란 꼬리들이 널려 있었다. 반면에 바티우리드류는 전혀 없었다. 셰른비크는 당시 80대의 노령이었다. 그의 영어는 아주 유창했다. 그가 쓰는 관용어 중에는 P. G. 우드하우스의 소설에서 배운 것들이 많았는데, 그 결과 시대에 걸맞지 않는 재미있는 사례들이 나타났다. 아주 멋진 메기스타스피스가 발견되면 그는 이렇게 말하곤 했다. "그것 참, 극상품이구려!" 어떤 중요한 정보를 알려주고자 할 때면, "당신의 조가비 같은(shell-like)* 것에 한마디해도 될까요?" 하루 일과가 끝나면, "여보게, 다음에 보세!"라고 했다. 내가 본 모든 것들은 발티카가 별개의 대륙이었음을 보여주었다. 암석과 삼엽충 둘 다(그리고 그 뒤에 고지자기도) 발티카가 오르도비스기 초에 로렌시아와 곤드와나의 중간인 온대 위도대에 있었다는 것을 시사했다. 그리고 그곳의 삼엽충들은 '더할 나위 없는 최고!' 였다.

    이름과 장소의 목록이 길어지면 좀 위협적인 느낌을 주며, 그런 세세한 목록을 기억하는 능력은 비범하지만 무의미한 백치천재의 능력을 떠올리게 할 듯하다. 대체 지난 몇 세기 동안 윤년에 2월 29일이 무슨 요일이었는지 알고 싶은 사람이 누가 있겠는가? 심지어 삼엽충의 명단은 지루하기까지 하다. 수십 군데의 지역에서 얻은 화석들의 목록을 끈기 있게 모아 정리한 자료는 분포도를 작성하는 데 핵심자료가 된다. 또 분포도는 옛 대륙의 경계를 알려준다. 이보다 중요한 정보는 없을 것이다. 오늘 목록에 불과한 것

---

* 우드하우스의 '조가비 같은 귀(shell-like ear)' 의 단축형이다. 원래 예쁜 여성에게 쓰이던 진부한 시적 표현이었다.

이 내일은 세계가 된다! 따라서 목록을 피한다는 내 규칙을 깨는 것이지만, 여기에 곤드와나 서부의 오르도비스기 초기 지층에서 발견되는, 오직 그곳에서만, 오르도비스기의 극지방에 가까운 찬물에서 살았던 삼엽충들 가운데 일부를 나열해보자. 네세우레투스Neseuretus, 젤리즈켈라Zeliszkella, 오르마톱스Ormathops, 오기기누스Ogyginus, 콜포코리페Colpocoryphe, 칼리메넬라Calymenella, 셀레노펠티스Selenopeltis, 프라도일라Pradoella, 플라코파리아Placoparia, 메를리니아Merlinia……. 혀를 꼬이게 하는 고전어들의 퍼레이드다. 원한다면 계속할 수도 있다. 이 동물들은 하나하나 독특하다. 다 모으면 한 생태계의 절반에 해당한다. 이 목록이 나를 과학적 위기에서 구해주었기 때문에 여기서 언급한다.

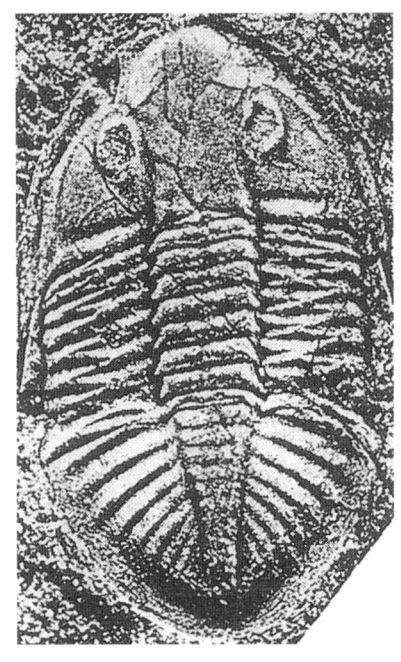

그림 26 오기기누스, 곤드와나 오르도비스기의 전형적인 삼엽충. 영국 슈롭셔, 실물 크기.

영국과 웨일스, 뉴펀들랜드 동부는 함께 아발로니아를 구성한다. 아서 왕 전설을 떠올리게 하는 이름이지만, 사실 세인트존스 성당이 있는 뉴펀들랜드 지역인 아발론 반도에서 따온 이름이다. 그 암석들은 뉴펀들랜드 동부와 웨일스가 예전에 하나였음을 말해준다. 반면에 뉴펀들랜드의 동부와 서부는 오르도비스기에 이아페투스 해를 사이에 두고 떨어져 있었다. 아발로니아는 로렌시아나 곤드와나 같은 큰 대륙들과 독립된 미소 대륙—비교적 작은 대륙 지각조각으로서 '표류'했을 수도 있다—이다. 아마 아서왕에 관한 의미를 함축하고 있어도 그리 부적절하지는 않을 듯하다. 아발로니아는 일종의 지질학적으로 대담한 짓을 홀로 감행했으며, 그 이야기는 이탈과 잦은 충돌로 가득하다. 1980년대에 곤드와나를 기준으로 아발로니아가 어디에 있었는지를 놓고 학계에서 논쟁이 벌어졌다. 내 오랜 친구인 완족류 전문가 로빈 콕스Robin Cocks와 나는 오르도비스기 초에 아발로니아가 아마 곤드와나의 일부였을 거라고 주장했다. 나는 웨일스와 슈롭셔의 곤드와나 삼엽충 목록을 증거로 제시했다. 네세우레투스, 칼리메넬라, 오르마톱스, 콜포코리페, 오기기누스, 플라코파리아, 메를리니아. 이제 이 목록이 왜 중요한지 명백할 것이다. 그런 목록을 갖춘 아발로니아가 달리 어디에 있을 수 있단 말인가? 그리고 발티카와도 공통점이 전혀 없었기에—같은 삼엽충은 전혀 없었고 완족류도 거의 그랬다—우리는 찬물에 둘러싸인 아발로니아가 온대 해역에 있는 발티카와 바다로 분리되어 있었던 것이 분명하다는 결론을 내렸다. 1982년 우리는 그 바다에 톤퀴스트 해(Tornquist's Sea)라는 이름을 붙였다(톤퀴스트는 그 중요한 지역에서 연구를 한 유명한 지질학자였다). 그것이 내가 한 사라진 바다에 이름을 붙인 과정이다. 오르도비스기의 더 나중에 삼엽충 동물군에 변화가 일어났다는 점으로 볼 때, 아발로니아는 곤드와나를 떠나 북쪽으로 톤퀴스트 해를 건너서 발티카와 충돌했을 것이다. 현재 5,000만 명이 사는 땅덩어리를 갖고 신과 놀이를 하는 듯한 흡족한 느낌을 약간 받았다는 고백을 해야겠다.

그런데 고지자기가 아발로니아를 우리가 제안한 위치보다 수천 킬로미터 더 발티카와 가까운 곳, 적도에 훨씬 더 가까운 곳에 있었다고 가리킴으로써 갈등이 빚어졌다. 그런 과학적 논쟁들이 으레 그렇듯이, 거의 즉시 양쪽의 입장은 확고해졌다. 우리는 고지자기 자료 하나가 삼엽충 1,000마리보다 더 가치가 있다는 말을 들어야 했다. 우리는 아발로니아와 발티카가 그 정도로 가까이 있었다면 모든 화석들이 어떻게 그렇게 다를 수 있냐면서 응수했다. 아발로니아의 화석들이 프랑스, 스페인, 북아프리카의 것들과는 그토록 비슷한 데 반해 말이다. 그것은 우리를 시험하는 사례로 부상했다. '연성' 과학 대 '경성' 과학, 화석 대 기계장치의 싸움이었다! 결국 화석이 승리했다. 메를리니아가 이겼다. 메를리니아가 아서왕의 마법사 멀린의 이름을 딴 것이기에, 아마도 아발론의 운명은 전적으로 비과학적인 이유들 때문에라도 명백했을지 모르겠다. 그 뒤에 고지자기 '측정'에 문제가 있었다는 것이 드러났고, 나중에 삼엽충 자료에 부합되는 더 정확한 측정이 이루어졌다. 현재 톤퀴스트 해는 모든 오르도비스기 지도에 기입되어 있다. 그것은 이론과 받아들여진 사실을 가르는 수수께끼의 선을 넘었다. 삼엽충은 승자가 되었다. 그러나 아발로니아가 곤드와나로부터 발티카로 나아갈 때, 톤퀴스트 해 자체도 섭입되어 사라지고 있었다. 그 대신에 아발로니아 뒤쪽에서 새로운 바다가 열리고 있었다. 지구조는 자신이 창조한 것을 파괴하기도 한다.

 그렇다면 드넓은 곤드와나 대륙의 동쪽에 있던 호주는 어떻게 되었을까? 퀸즐랜드의 서부와 노던테리토리를 비롯한 주변지역들도 밀려든 오르도비스기 바다에 잠겨 있었다. 존 셔골드John Shergold와 나는 이 오지로 답사에 나섰을 때 암석에 무엇이 있을지 거의 감조차 잡지 못한 상태였다. 이 지역은 유독 공허한 곳이다. 광활한 반사막에 강인한 유칼립투스들이 드문드문 서 있다. 바람에 깎인 우물구멍에서 나오는 물에 의지하여 얼마 안 되는 육우들이 살아갈 뿐이다. 우물은 마르기도 하고 독성을 띠기도 한다. 포장도로는 전혀 없다. 볼리아를 떠나 차를 몰고 가다보면 아무것도 없는 곳이 나오며, 풍화한 돌들이 널려 있는 자갈사막에 들어서면 어디가 길인지 거의 분간이 안 된다. 그곳에서는 길을 잃기 십상이며, 나는 지난번 답사기간에 사륜구동차(랜드로버)가 지나갔음을 시사하는 부러진 잔가지가 있는지 살펴보기 위해 차창 밖으로 몸을 내밀곤 했다. 이 황무지에는 인랜드타이판이라는 사나운 뱀이 산다. 세계에서 가장 맹독성을 지닌 뱀으로서 한 번 물 때 나오는 독액으로 실험쥐 수백 마리를 죽일 수 있다. 먹이가 부족한 지역이기에 포식자도 강인해질 필요가 있다는 점은 분명하지만, 왜 그렇게 지나치게 치명적일까? 아무튼 뱀은 캥거루를 먹지 않는다. 이 뱀은 자연의 '지나침'을 보여주는 가장 대표적인 사례다. 무자비한 열기가 가득하지만, 24시간 중 태양이 지평선에 걸리고 맥주깡통을 따고 불 위에서 고기가 지글거리는 30분 동안은 이곳에서 일하는 것이 과학자가 누릴 수 있는 가장 큰 특권이라고 맹세할 수 있다. 몇 년간의 가난한 연구생 시절과 그 뒤에 이어진 빈약한 봉급을 받는 연구원 생활이 갑자기 가치 있는 양 느껴진다. "이것으로 충분히 보상을 받은 거야." 당신은 그렇게 믿어지지 않는 말을 스스로에게 한다. 곧이어 추위가 찾아든다.

사막을 향한 내 열정에 누군가 찬물을 끼얹은 사례가 딱 한 번 있었다. 그 오지에는 극소수의 선술집이 있으며, 볼품없이 필요한 기능만 갖추고 있다. 평범한 바에 나무바닥, 뒤쪽에 붙은 여인숙 등. 공동경영자들은 몇 달 동안 돈을 모은 뒤 브리스번으로 가서 좀더 나은 생활을 할 생각을 품고 선술집을 시작한다. 하지만 그곳을 벗어나지 못한 채 주저앉고 마는 사람들이 많다. 돈을 벌기는커녕 외상장부만 늘어나고, 그들은 죽치고 앉아 술만 들이키게 된다. 서서 마실 때가 더 많지만. 한 주 두 주 이런 멍한 생활이 이어지다보면 저도 모르게 고약한 공격성이 뭉클 솟구친다. 퀭한 눈으로 권태로움을 술로 달래다보면 호주 사람들이 골칫덩어리라고 부르는, 툭하면 싸움을 벌이려는 부류가 된다. 영국 이민자 억양을 지닌 사람이 그런 주정뱅이 소굴로 들어가면 그들이 찾고 있던 불쏘시개가 제공되는 것이나 다름없다. "영국 놈이군. 도저히 못 참겠어." 그들은 주먹을 쥐었다 폈다 하면서 그렇게 선언할 것이다. 서부개척 시대의 분위기를 여전히 간직하고 있는 이 오지는 호주 대륙이라는 섬 속의 외딴 섬이다. 진짜 원한이든 상상한 원한이든, 그것을 푸는 방법은 싸움이다. 나처럼 겁쟁이로 타고난 사람에게는 정말 끔찍한 일이다. 그런 술주정뱅이와 처음 마주쳤을 때 나는 더는 이목을 끌지 않기 위해 세 시간 동안 중부 유럽의 억양을 꾸며내야 했다. 그들은 왈라키아에서 온 자를 어떻게 대해야 할지 판단을 내리지 못했다.

호주의 오르도비스기 열대 삼엽충들도 다르다는 것이 드러났다. 위도상으로 곤드와나 서부의 삼엽충들과 떨어져 있었고 바다를 통해 로렌시아의 삼엽충들과도 격리되어 있었기에, 그들은 그 나름의 특징을 진화시켰다. 겉으로 보면 데본기의 유명한 삼엽충인 파콥스와 비슷하게 머리방패에 온통 혹이 나 있는 기이한 종류들이 있었다. 그런데 자세히 살펴보자 르위드 박사의 오기기오카렐라와 아사푸스와 다소 연관이 있음이 드러났다. 우리는 아사푸스와 연관이 있는 종류에 노라사푸스 $Norasaphus$ 라는 이름을 붙였다. 이것은 비슷한 서식지에 사는 삼엽충들이 서로 얼마나 닮을 수 있는지를 보여주는 멋진 사례였다. 서로 다른 배우들이 같은 의상을 입고 같은 역을 연기하는 것처럼. 이 현상을 이체동형(homeomorphy)이라고 한다. 부드러운 석회질 사암에서 이 삼엽충들을 끄집어내던 곳에서, 우리는 똑같은 사례를 볼 수 있었다. 스피니펙스 덤불 아래에서 열기에 지쳐 꾸벅꾸벅 졸고 있는 유대류 '생쥐'는 모습과 습성이 생쥐와 비슷하지만, 왈라비나 코알라와 마찬가지로 진정한 유대류다. 자연은 그런 속임수를 무척 즐긴다. 셔골드와 나는 그 오지에서 오르도비스기 초기 암석을 쪼갰을 때 4억 년 이전에도 똑같은 속임수가 있었음을 보여주는 사례를 발견했다.

삼엽충이 오르도비스기를 둘러싼 논란의 몇 가지를 해결하는 데 핵심적인 구실을 했을지라도, 삼엽충만이 그 세계를 재구성하는 데 기여한 척하면 정직하지 못할 것이다. 다소 유감스럽긴 하지만, 내가 대륙들의 모양대로 자른 마분지 조각을 끼워 맞추면서 놀던 시대는 지났음을 인정하지 않을 수 없다. 지금은 그런 복잡한 일은 고지자기, 삼엽충, 퇴적물처럼 다양한 자료들에서 나오는 정보를 통합할 수 있는 컴퓨터를 통해 이루어진다. 컴퓨터는 결과를 이해하는 데 없어서는 안 될 투영과 축척 문제들을 다룰 수 있다. 자판 하나를 가볍게 두드림으로써 세계를 회전시킬 수 있다. 컴퓨터는 곤드와나 대륙이 세계의 바닥에 기이하게 짓눌려 있는 듯한 오르도비

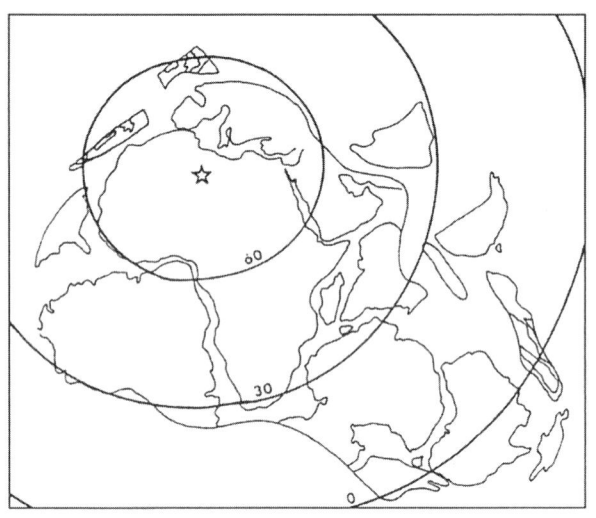

그림 27 극점에서 투영한 오르도비스기의 곤드와나. 아프리카가 중앙에 있고 인도 반도, 남아메리카, 남극 대륙이 한눈에 들어온다. 영국의 남부가 지도 맨 위쪽에 작은 갑처럼 보인다.

스기 메르카토르 도법 지도를 보여준다(현대의 많은 지도에서 그린란드가 삼각형으로 보이는 것도 그 도법 때문이다). 그림 27처럼 중앙에 있는 극점에서 투영을 하면 곤드와나가 실제로 어떻게 보이는지 파악할 수 있다. 컴퓨터는 그런 일들을 일상적으로 해낸다. 그러나 어떤 방법을 쓰든, 구를 평면에 투영하는 것은 언제나 어려우며, 대륙의 모양이 우리에게 낯설다면 더욱 그렇다. 컴퓨터로 재구성하는 일은 입력된 정보에 좌우된다. '하찮은 것이 들어가면 하찮은 것이 나온다' 라는 격언은 결혼정보업체뿐 아니라 여기에도 적용된다. 기계장치들은 대륙들이 결코 결혼에 성공할 수 없는 운명이라고, 서글프게 잘못 짝을 짓도록 배열해놓았다.

이 장에서 나는 3억 년에 걸친 삼엽충의 역사 가운데 수천 년에 해당하는 기간의 세계를 묘사했다. 시간적으로 보면 그 기간은 거의 스냅사진, 또는 얇게 자른 시간 한 조각에 불과하지만, 그것은 변하기 쉬운 세계의 역동적인 역사 가운데 오르도비스기라는 순간을 동결시킨 것에 해당한다. 대륙들은 지구여행을 결코 중단하지 않기 때문이다. 4,500만 년 뒤인 실루리아기가 되었을 때 발티카와 아발로니아를 로렌시아와 떼어놓고 있었던 바다, 다시 말해 이아페투스 해는 이미 섭입되어 사라진 상태였다. 뒤이은 대륙충돌로 애팔래치아 산맥에서 스코틀랜드까지, 거기에서 다시 노르웨이의 산세 험한 피요르드 지역까지 뻗어 있는 거대한 산계인 칼레도니아 산계가 생겼다. 그것은 2억 5,000만 년 뒤 알프스 산맥을 솟구치게 한 것에 못지않게 극적이고 복잡한 결합이었다. 서로 떨어져 살았던 삼엽충들도 억지결혼을 받아들여야 했다. 동물상은 지리와 조화를 이루어 변했다. 그로부터 오랜 세월이 흘러 판게아가 쪼개지면서 대서양이 다시 열렸을 때, 벌어진 부위는 데본기에 칼레도니아 조산운동을 일으키면서 닫혔던 바로 그 솔기 부위(대체로)였다. 그 결과 이전 대륙들의 파편들은 오르도비스기 때와 다른 위치로 흩어졌다. 이제 스코틀랜드 북부는 대서양을 사이에 두고 원래 속했던 로렌시아의 반대편에 놓여 있다. 반대로 뉴펀들랜드의 좌우 양쪽은 원래 멀리 떨어져 있었지만 지금은 하나로 합쳐져 있다. 이아페투스 해도 닫혔고, 유럽 중부와 그 동쪽을 가르는 또 다른 바다인 헤르시니아 해가 열렸다. 우리는 이 책의 초반부에서 이미 그 바다를 만난 바 있다. 하디의 삼엽충이 살았던(허구가 아니라고 했을 때) 곳이 바로 이 바다의 해안에 가까운 곳이었으니까. 그리고 콘월의 뒤틀린 절벽들과 장엄한 화강암은 그 바다가 다음번의 대규모 지구조 순환주기에 휘말려 사라지면서 남긴 유산이었다. 양심과 마찬가지로, 지구도 오래된 상처를 다시 헤집어 연다. 수천만 년이 지나면 우랄 산맥을 따라 아시아가 다시 쪼개질지 누가 알랴? 그 조각난 고향이 시키는 대로 새로운 동물들이 진화할지 누가 알랴?

그 대륙들 주위에 우글거렸던 삼엽충의 눈을 통해서 흩어진 대륙들의 이야기 전체를 하나로 모은다면 또 한 권의 책이 될 것이다. 5억 4,500만 년 전 캄브리아기 말부터 삼엽충이 궁극적으로 사라지기까지 거의 3억 년이라는 세월이 걸렸다. 그 사이에 세계는 두 번 재구성되었다. 그리고 지리가 재구성될 때마다 내 동물들도 조화를 부려서 새로운 기후와 때로 합쳐지기도 하고 떨어져서 멀어지기도 하는 해양체제에 적응했다. 지금도 이런저런 거대한 땅덩어리가 오르도비스기 말이나 실루리아기 초에 어디에 있었는지를 놓고 학계에서 논란이 벌어진다. 마파 문디의 최종판은 결코 없으며, 다른 세계들도 여전히 가능하다. 그러나 어떻게 지리와 진화가 뺨을 마주 대고 왈츠를 추었고, 삼엽충들이 그 춤에서 상대가 바뀐 증거를 어떻게 제공했는지를 여기서 충분히 보여주었을 것이다.

이제 드디어 삼엽충의 세계를 재구성하는 것이 가능해졌다. 우리는 마침내 그들이 결정 눈을 통해 본 바다를 관찰할 수 있다. 우리는 토머스 하디의 위기에 처한 주인공이 콘월 절벽 꼭대기의 그 다급한 순간에 삼엽충과 인간 사이에 지성의 번득임이 오갈 수 있었다면, 깊은 시간의 가면이 벗겨지는 짧은 순간에 펼쳐진 광경을 볼 수 있었다면 알아차렸을 만한 것이 무엇인지 이해할 수 있다. 오르도비스기에 삼엽충들은 산호동물들이 우리가 산호초라고 말하는 요새를 세우던 열대바다에서부터, 아직 식생이 자리를 잡지 못하고 폭풍우와 홍수의 습격에 침식되어 침전물을 담요처럼 바다로 쏟아내 우리 동물들의 등딱지를 지질망치에 비밀이 드러날 때까지 뒤덮고 있던 황량한 경관 일색의 추운 극지바다에 이르기까지 지구 전체에 우글거렸다. 우리는 오늘날 아무것도 존재하지 않는 드넓은 대양을 볼 수 있다. 그 대양을 헤엄쳐 건널 수 있었던 삼엽충은 거의 없었을 것이다. 다랑어처럼 대양의 먼 거리에 개의치 않고 용감하게 열대의 폭풍우를 뚫고 적도까지 퍼진 몇몇 왕눈이 종들을 빼고 말이다. 각각의 고대 대륙은 독특한 삼엽충들을 수백만 마리씩 싣고 다녔다. 바다는 이 대륙들 위로 밀려들기도 했고, 그럴 때 형성된 얕은 바다에서는 그 생태계에 맞게 분화한 삼엽충들이 마음껏 연회를 벌였다. 그 어떤 이질적인 무대에도 배역들, 다시 말해 생태

지위들이 있기 마련이며, 그 배역들은 현재 바다에도 있는 우리에게 친숙한 것들일 가능성이 높다(민물로 나아가는 모험을 감행한 삼엽충은 없었다. 만일 그들이 그랬다면 지금까지 살아남았을지도 모른다). 사실 이소텔루스처럼 국냄비만한 커다란 삼엽충들도 있었다. 그들은 작은 '벌레들'을 사냥했고, 그 때문에 몸집 작은 동물들은 황급히 달아나 숨거나 공처럼 몸을 말아야 했다. 이 상대적으로 거인인 존재들 중에는 튼튼한 부속지 기부로 먹이를 움켜쥔 뒤 히포스톰 뒤쪽 끝에 있는 갈퀴로 난도질을 하여 먹이를 조각내는 것들도 있었다. 일부 종은 걸맞게 팽창한 미간 아래 있는 팽창한 위장에 불행한 먹이를 가득 쑤셔 넣을 수 있었던 듯하다(별지화보 19, 크로탈로케팔루스*Crotalocephalus*). 몸집이 게만한 파콥스는 빛이 흐릿한 곳에서도 예리한 눈으로 먹이를 정확히 포착할 수 있었을 것이다. 개흙을 헤집고 다니는 삼엽충들도 원시적이고 엉성한 종류가 아니었다. 그들은 정밀공학을 자랑하는 파괴자들이었다. 위장하는 종류도, 잠복하는 종류도 있었다. 가시투성이 삼엽충들은 몸을 말면 규석처럼 단단해졌고, 그러니 식욕을 자극할 리도 없었다. 고생대 해저에 무성하게 자라고 있는 것들, 다시 말해 군체를 이루는 태형동물이나 자포동물 속에 몸을 숨기는 쪽을 택한 삼엽충들도 있었을 것이다. 부드러운 퇴적물 속에 몸을 파묻은 채 낮에는 눈자루에 달린 눈만 삐죽 내밀고 주위를 살피다가 밤이 되면 기어 나와서 바닷말 사이에서 먹이를 찾는 것들도 있었다. 껍데기가 꽤 두꺼운 삼엽충들도 있었다. 그들은 해안선 가까이에 살면서 밀물과 썰물에 맞추어 오락가락했다. 더듬이를 씰룩거리면서 먹이나 위험의 화학적 '냄새'를 찾고, 미미한 움직임까지 감지하기 위해 눈을 번득이면서. 삼엽충들은 우리가 결코 보지 못할 것들을 보았을 것이다. 우리에게 자신이 존재했음을 알려줄 화석을 전혀 남기지 못한 작은 동물들이나 흔적도 없이 썩어버리는 흔들리는 바닷말 같은 것들을 말이다. 우리는 모든 역사를 꿰뚫어볼 수는 없다.

해저가 부드럽고 유기물로 가득한 곳에는 진정한 뻘벌레들이 있었다. 캄브리아기의 엘라티아 Elrathia를 비롯한 이 작은 삼엽충들은 퇴적물을 끊임없이 헤집고 표면을 갈아엎으면서 먹이 알갱이들을 찾아다니는 수확자이자 청소부였다. 그들은 몇몇 장소에서 탐색하는 부속지들이 할퀴고 긁어댄 이랑들을 남겼다. 그 옆으로 볼침이 끌린 홈들이 나 있기도 했다. 모래해안에 찍힌 발자국처럼 이 자국들은 대부분 지워졌다. 오후의 흔적이 다음 날 아침 밀물에 지워지듯이. 하지만 딱 맞는 시점에 모래가 유입되면 흔적도 보존될 수 있다. 바위에 흔적이 동결되는 순간이자, 시간의 음악에 맞추어 춤을 춘 발자국이 남는 순간이다. 이 뻘벌레들 가운데 일부는 삼엽충판 두더지인 양, 퇴적물 안을 파헤치며 나아가면서 표면에 불룩한 고랑을 만들었을 것이다. 현재 새우처럼 생긴 1,000여 종이 같은 습성을 지니고 있다. 삼엽충 세계에는 몇몇 짧은 계절 동안 해저를 끊임없이 돌아다니는 보병, 다시 말해 룸펜 프롤레타리아도 있었다. 이런 습성을 지닌 삼엽충들은 대개 질퍽거리는 좀 보기 안 좋은 양분을 퍼 올리기 쉽도록 히포스톰이 머리 아래쪽에 꽉 고정되어 있지 않고 움직일 수 있도록 되어 있었다. 그들은 모두 겉모습이 비슷했고, 캄브리아기에서 석탄기까지 계속 살아왔으며, 미간이 비교적 작고 볼침을 지니며 가슴과 꼬리의 몸마디가 아주 적은 자그마한 삼엽충들이었다. 그들은 잡탕인 퇴적물에서 먹이를 골라내는 데 쓰이는 부속지를 지니고 있었다. 운 좋게 격전지를 피해 살아남은 훌륭한 군인 슈바이크처럼, 그들도 더 눈에 띄고 아마도 해양 먹이사슬에서 더 상위에 있었을 다른 삼엽충들이 오르도비스기 말과 데본기 말에 멸종할 때 살아남았다. 그들의 화석들 중에는 옆구리가 물려 뜯겨나간 것들도 있었다. 따라서 그들을 맛있게 먹은 포식자들이 있었던 것이 분명하다. 희망을 갖고 바닥을 기면서 살아남는 편이 더 낫다는 결론을 내려야 할 듯싶다.

그리고 여과섭식자들도 있었다. 그들은 몸집은 대체로 침전물을 파헤치는 벌레만했지만, 머리방패는 몸 뒤쪽보다 훨씬 더 불룩하게 팽창했다. 그럼으로써 머리 밑에 내실을 만들었다. 삼엽충 퍼레이드에 등장한 마상시합 때의 창처럼 앞으로 가시를 삐죽 내밀고 행진하는 크네미도피게와 이중구멍들이 나 있는 기이한 테두리를 지닌 트리누클레우스가 그들이다. 그들은 부속지로 침전물을 휘저어 미세한 현탁액을 머리 안의 내실로 빨아들여서 먹이 알갱이를 골라내 소화시켰다. 그릇에 가득한 국물을 휘저어서 면을 골라먹는 장면을 상상해보라. 이 개흙을 휘저으며 기어 다니는 삼엽충들은 먹이가 부족해졌을 때 한 지점에서 다른 지점으로 옮겨갈 수 있을 정도의 약한 근육을 지닌 행동이 굼뜬 종류였다. 그들은 썰매 모양의 볼침으로 몸을 지탱했다. 마치 포식자들에게 그다지 시달리지 않는 평온한 세계에 사는 양, 그들 중에는 눈먼 것들이 많았다. 그러나 위협을 받으면 그들은 둥근 모양의 머리 등딱지 밑으로 가슴과 꼬리를 말아 넣을 수 있었고, 부드러운 부속지를 안으로 넣은 채 위험이 지나갈 때까지 기다렸다.

포식자, 뻘벌레, 여과섭식자는 한 군집을 이루어 함께 생활했다. 이제 물에 잠긴 대륙이라는 중심부에서 그 주변의 심해에 이르기까지, 이런 동물들이 일련의 서로 다른 군집을 이루고 있다고 상상해보자. 수심이 점점 깊어지면서 서식지가 달라지고, 각 서식지를 차지한 삼엽충들은 사냥하고 청소하고 침전물을 파고 뒤졌으며, 개흙이 부드러운 곳에서는 휘저어서 현탁액을 만들었다. 산소농도가 낮은 더 깊은 곳은 3장에서 말한 트리아트루스 같은 전문가들이 차지했다. 그들은 풍요와 질식사 사이를 오락가락하는 서식지에서 다른 삼엽충들보다 유리했다. 해저 바로 위에서는 작은 아그노스티드가 움직이는 렌즈콩처럼 헤엄을 치고 있었다. 어두컴컴한 깊은 곳으로 내려가면 눈은 쓸모가 없어졌다. 그곳은 눈먼 자들의 세상이었다. 시각보다 촉각과 후각이 더 긴요한, 촉감과 미묘한 신호가 우세한 암흑세계였다. 고대의 지각판 주위에는 대륙붕이 펼쳐져 있었고, 거기에는 수심이 깊어짐에 따라 서로 다른 종류의 삼엽충들이 자리를 잡고 저마다 자기 일에 몰두했다. 이제 우리는 어떻게 그토록 많은 삼엽충 종들이 살 수 있었는지를 이해하기 시작한다. 서식지별로 나뉘고 다시 지리별로 나뉨으로써 삼엽충들은 자신들의 세계를 수많은 생태지위들로 쪼갰다. 바로 그렇게 해서 그들은 '고생대의 딱정벌레'가 되었다.

오르도비스기의 바다를 노를 저어 나아갈 수 있다면? 지금처럼 바다는 짰을 것이고 태양 아래 밝게 반짝거렸을 것이며 폭풍우에 휘저어졌을 것이다. 수평선에서 연기를 내뿜고 있는 화산은 이루 말할 수 없을 정도로 느리게, 보이지 않게, 무정하게 진행되는 지각판들의 움직임을 증언하고 있는 지도 모른다. 아마도 우리는 갈매기들의 날카로운 외침이나 물고기 떼가 빚어내는 은빛의 반짝임을 그리워할 것이다. 뱃전에서 트롤그물을 던졌다가 끌어올려 갑판에 펼치면 삼엽충들이 우왕좌왕 돌아다닐 것이다. 대형접시만한 괴물이 물 빠지는 구멍을 향해 허둥지둥 달아나려 애쓴다. 물 바깥의 밝은 빛에 눈이 부신 듯하다. 잡힌 삼엽충들은 대부분 딱정벌레만한 작은 것들이다. 일부는 몸이 뒤집혀서 무력하게 다리를 휘젓고 있다. 그물바닥에 구슬처럼 둥근 것들이 있다. 자세히 살펴보니 그들도 삼엽충이다. 혹시 부마스투스가 아닐까? 난리를 피하기 위해 몸을 단단히 만 것들이다. 그 보호자세는 마른땅에서는 그다지 도움이 안 되겠지만, 물에 던지면 그것은 돌멩이가 가라앉듯이 바닥으로 가라앉는다. 그 삼엽충은 물 바깥에 나갔어도 전혀 해를 입지 않은 채 기어간다. 퍼 올린 개흙에도 작은 삼엽충들이 우글거린다. 무당벌레처럼 작은 것들도 있다. 이 작은 눈먼 뻘벌레들은 동료들 중에서도 가장 작은 부류다. 그물에 엉킨 바닷말을 헤집자 그 안에 숨어 있던 환상적인 가시를 지닌 삼엽충이 나타난다. 오돈토플레우리드다. 아얏! 당신은 내밀었던 손가락을 재빨리 움츠린다.

아마 우리는 그물에서 삼엽충 말고 다른 것들도 볼 수 있을 것이다……. 남은 것들을 헤치니 꽤 익숙한 모습의 동물들이 몇몇 보인다. 쉽게 알아볼 수 있는 고둥 몇 종류와 10여 종의 조개들이 보인다. 새우 같은 동물들도 있고, 태형동물(이끼벌레, 바닷말에 군데군데 얼룩을 형성하는 군체성 동물)도 있으며, 현재 뉴질랜드 인근에 살고 있는 몇몇 종의 먼 친척을 비롯하여 완족동물처럼 생긴, 패각을 지닌 다양한 동물들도 보인다. 그러니 모두 다 우리에게 낯선 것은 아니다. 개흙을 더 깊이 헤집자 다양한 벌레들이 모습을 드러낸다. 다모류와 성구동물이다. 현미경으로 개흙 자체를 들여다본다면 유공충이라는 단세포 생물들과 선캄브리아대 이래로 바다의 폐기물을 처리해 온 세균들이 보일 것이다. 오르도비스기의 바다세계는 낯섦과 친숙함이 신기하게 혼합된 세계며, 어부인 우리는 어떤 것을 알고 모르는지 파악하려 애쓰면서 그물을 뒤적거리고 있다. 삼엽충은 절지동물처럼 친숙하면서도 특유의 낯선 속성들을 지니고 있는, 이도 저도 아닌 범주에 속해 있다. 이제 배를 수심이 더 깊은 곳으로 몰아서 다시 트롤그물을 던지자. 그러면 또 다른 경이로운 것들이, 몸부림치는 삼엽충 배우들이 걸려 올라올 것이고, 그중에 앞서 그물에 걸린 것들과 같은 삼엽충은 거의 없을 것이다. 그만큼 바다는 풍요롭다.

생물세계는 많은 작은 구성요소들로 이루어지지만, 그 모두가 대규모 생명의 춤에 맞추어 함께 움직인다. 가장 작은 생물도 만물의 체계 속에서 한 소임을 맡아왔다. 자연은 방탕할 정도로 많은 종을 빚어냈을지 모르겠지만, 모든 종은 만물의 관계 속에서 그 나름의 자기 자리를 갖고 있다. 삼엽충에 관한 사소한 진리들을 확장시키면 세계 전체와 연관지을 수 있다. 에드워드 윌슨Edward Wilson은 최근에 문화와 과학의 상호의존성을 주장하면서 지식의 통합사례를 제시했다. 그는 그것을 '통섭(consilience)'이라고 했다. 여기에 상술한 삼엽충 이야기는 더 작은 형태의 통섭을 보여준다. 종 목록조차도 지자기, 판구조론과 결합되면 사라진 지구의 초상화를 그려낼 수 있다는 것을 말이다. 과학의 아름다움은 아인슈타인, 존 내쉬, 하이젠베르크 같은 위대한 학자들 또는 수 이론가들, 기하학과 대수학의 창안자들의 일대기를 통해 유명해진 수학정리의 추상적 순수성에만 있는 것이 아니다. 명석한 환원론자들이 과학적 지성의 가장 위대한 위업들을 이룩했다는 데에는 의문의 여지가 없다. 하지만 종합도 분석 못지않게 중요할 수 있다. 기초방정식들이 유혹적인 이유는 그것들이 다른 모든 것, 혼란스럽고 어찌할 수 없을 정도로 복잡한 우리 세계까지도 유추해낼 수 있는 궁극적인 진리라는 희망을 제공하기 때문이다. 하지만 거꾸로 우리는 삼엽충을 따라서 서로 다른 지식 분야들의 생산적인 결합, 일종의 사유의 판게아를 지켜보아왔다. 또는 그것을 다양한 길들이 수렴되는 곳, 하디의 주인공들이 중요한 순간에 만나고 삼엽충의 길이 일그러진 셰일 속에서 드러난, 사라진 또 다른 바다의 흔적과 합류하는 콘월 절벽 위의 길 같은 것이라고 생각할 수도 있다. 나 자신의 발걸음, 그리고 이 장의 설명은 같은 길을 따라왔다. 우리는 삼엽충이 목격자이자 희생자인 과거를 탐사했다. 그리고 자신들의 시대와 가능한 세계를 재구성하는 데 증언을 하라고 삼엽충을 불러냈다. 그렇게 재구성된 세계는 상호해명이라는 관대한 과정을 통해 삼엽충에 관해 더 많은 것을 알아내는 데 도움을 준다. 나는 시적 이미지를 통해 재구성을 하는 길을 택한다 해도 잘못된 점이 없다고 본다. 통섭정신하에서는 모든 것이 세계의 모습을 정확히 묘사하는 데 기여할 수 있다. 톰 건의 시 〈몰리〉(1971)의 한 대목이 떠오른다.

앵무새, 나방, 상어, 늑대, 악어, 나귀, 벼룩.
무슨 세균들이, 무슨 밀치락달치락하는 폭도들이 내 안에 있다.

09

시간

캄브리아기는 5억 4,500만 년 전이었다. 데본기는 5,000만 년 동안 지속되었다. 이렇게 긴 기간들은 삼엽충의 시대에 어울릴 듯도 하다. 과거로 올라갈수록 시간의 정확도는 떨어지기 마련이며, 몇백만 년 정도 오차가 나는 것은 문제도 안 된다. 삼엽충이 볼 때, 인류가 지구를 지배한 기간은 자기들 중 한 종이 존속한 기간보다 짧다. 그렇긴 해도 삼엽충의 하루를 살펴보는 것도 가능하다. 먼 과거의 사건을 아주 작고 멀리 보이게끔 하는, 거꾸로 보는 시간이라는 망원경을 속임으로써 말이다.

우리 모두는 시간과 싸움을 벌인다. 죽음은 시간을 우리의 주인으로 만들지만, 그래도 우리는 의지로 시간을 굴복시킬 수 있는 척하는 태도를 고수한다. 우리는 무언가를 위해 시간을 내며, 사람들은 마치 우리 각자가 존재하는 기간이 있으며, 마치 파도를 타는 사람이 휘어지는 파도의 물마루에 성공적으로 올라타서 나아가듯이 그 기간과 완벽하게 일치해야 하는 양, 때 이른 죽음을 맞이했다는 말을 흔히 한다. 내 자식들은 이렇게 시작되는 질문을 하곤 한다. "아버지 시대에는요……?" 마치 내 시대가 어떤 식으로든 이미 지나갔다는 투다. 그것이 어제였던가? 그렇다면 왜 나는 알아차리지 못했을까? 고생물학자는 남들보다 시간을 깊이 생각할 만한 이유가 더 많다. 시간의 척도, 범위, 결과 따위를 말이다. 시간은 이제 원자의 진동을 통해 첨단기술만이 필요로 하는 정확한 수준까지 측정할 수 있다. 나노초 이하 단위는 우리 자신의 삶 그리고 생물학적 수명의 경과와 별 관계가 없다. 비록 대뇌피질의 뉴런 하나에 영향을 미치는 화학변화와는 밀접한 관계가 있을지 몰라도 말이다. 우리의 생각은 착상의 번득임이며, 번득임은 아주 짧은 순간이다. 하지만 하루는 아마도 우리에게 가장 자연스러운 생물학적 시간단위일 것이다. 스칼렛 오하라가 『바람과 함께 사라지다Gone with the Wind』에서 '내일은 또 다른 날이니까!' 라고 말할 때, 우리는 진부한 표현이라고 소리치지 않는다. 새 아침이 가져올 낙관적인 기분을 누구나 잘 이해하고 있으니까. 법정에 선 증인들은 하루를 회상하라는 요구를 받는다. 미국 변호사는 초 단위로 이야기를 하라고까지 요구할 것이다. 아르헨티나의 위대한 작가 호르헤 보르헤스의 단편소설 「기억의 천재 푸네스 Funes the Memorious」는 모든 것—거기에 연결되어 갈라져 뻗어가는 모든 것들도 함께—을 회상하는 불행한 인물이다. 그는 전신이 마비되는 순간에 시간을 지배하는 능력을 얻는다. 우리는 일종의 선택적 건망증 덕분에 제대로 살아갈 수 있다. 그렇다고 우리(특히 과학자들)가 진리를 말할 의무에서 해방되는 것은 아니다. 하지만 앞으로 살펴보겠지만 삼엽충학자들조차도 그 규칙을 깨곤 했다.

지금쯤 독자는 수억 년이라는 세월 앞에 태평스럽게 있거나 당혹스러움을 느끼거나 둘 중 하나일 것이다. 나는 손목을 슬쩍 휘둘러서 한 번에 1,000만 년씩 과거의 대륙들을 움직여왔다. 캄브리아기는 5억 4,500만 년 전이었다. 데본기는 5,000만 년 동안 지속되었다. 이렇게 긴 기간들은 삼엽충의 시대에 어울릴 듯도 하다. 과거로 올라갈수록 시간의 정확도는 떨어지기 마련이며, 몇백만 년 정도 오차가 나는 것은 문제도 안 된다. 삼엽충이 볼 때, 인류가 지구를 지배한 기간은 자기들 중 한 종이 존속한 기간보다 짧다. 그렇긴 해도 삼엽충의 하루를 살펴보는 것도 가능하다. 먼 과거의 사건을 아주 작고 멀리 보이게끔 하는, 거꾸로 보는 시간이라는 망원경을 속임으로써 말이다. 퇴적물 표면에는 단 하루가 보존되어 있을 수 있으며, 그것은 고생대 삶을 기록한 진정한 일기다. 그 하루가 충분히 급속하게 매몰되었다면, 지금이라도 고스란히 들추어낼 수 있다.

앞서 둥글게 몸을 만 삼엽충을 다룬 바 있다. 그것은 위협에 대처하는 순간적인 반응이 타임캡슐이 된, 다시 말해 순간의 공포가 굳어진 사례다. 또 나는 삼엽충이 허물벗기를 통해 성장하는 과정도 언급했다. 그들이 벗은 외골격은 낡은 외투를 벗고 새 옷을 해 입기 전의 순간을 증언한다. 때로는 십대 아이들이 침실바닥에 옷을 아무렇게나 벗어 던진 양 껍데기 조각들이 흩어져 있기도 하다. 삼엽충이 세심한 허물벗기 전략을 채택한 사례들도 있다. 아무튼 허물을 벗는 순간은 삼엽충의 삶에서 가장 취약한 시기며, 가장 주의를 요하는 때다. 그저 단단한 껍데기만 벗는 것이 아니었다. 부속지에 난 가장 섬세한 털까지도 함께 외투를 벗는다. 평온한 해저에서는 벗은 껍데기가 흐트러지지 않은 채 그대로 남아 허물 벗는 순간의 불안한 심정을 느낄 수 있게 해준다. 어떤 생물의 생애에서 몇몇 순간을 포착한다고 상상해보자. 그 생물의 생애는 종의 존속기간 중 한 조각이며, 종의 존속기간은 지질학적 시간으로 보면 짧은 순간에 불과하다. 우리는 그렇게 고대의 한 순간을 포착하는 특권을 누릴 수 있다.

허물벗기에 앞서 배 쪽의 큐티클을 부드럽게 만드는 특수한 호르몬이 분비되는 단계가 있다(별지화보 30 참조). 그다음 머리에 죽 뻗어 있는 봉합선이 헐거워질 것이다. 허물을 벗을 때가 되면, 많은 삼엽충들은 볼침을 이용하여 침전물을 파고 들어가서 머리부에서 유리볼을 떼어낸다(히포스톰도 동시에 벗겨진다). 대다수 삼엽충들은 눈 표면이 유리볼에 붙어 있으므로, 이 가장 민감한 부분도 초기 단계에서 기존 각막덮개를 떨어낸다. 원시적인 삼엽충들은 봉합선이 눈 위로 나 있기 때문에 눈 표면을 별도로 떼어낼 수 있었다. 유리볼이 벗겨지면 앞쪽에 틈새가 생기며, 삼엽충은 그 틈새로 꼼지락거리면서 외골격을 벗고 나올 수 있었다. 두개와 가슴부는 뒤에 남아 그 힘든 과정을 증언한다.

방금 묘사한 것처럼 일이 수월하게 진행되지 않을 때도 있었다. 가슴부가 꼬리부와 따로 발견되기도 하며, 두개가 머리에 들러붙어 떨어지지 않아 그대로 달고 돌아다니기도 했다. 머리에 꼭 끼어 벗겨지지 않는 끔찍한 웃옷을 그대로 둔 채 돌아다니는 셈이었다. 머리를 뒤집어서 두개를 문질러 벗겨내는 방식을 쓴 삼엽충도 있다. 그러면 양쪽의 볼은 그대로인 채 그 사이의 두개가 뒤집힌 허물이 생긴다. 말할 나위 없이 가슴부와 꼬리부도 뒤집히지 않은 상태로 있다. 머리에 봉합선이 없는 파콥스 같은 삼엽충들은 머리 전체를 뒤집곤 했으며, 심지어 몸을 뒤집은 채 허물을 벗었을 수도 있다. 보면 가장 개성적인 곡예처럼 느껴질지도 모르겠다. 현재의 많은 절지동물들처럼, 일부 삼엽충들은 '부드러운 껍데기' 단계에서 짝짓기를 했을지도 모른다. 그렇다면 더욱 위기감이 고조된 상태에서 전체과정이 진행되었을 것이다. 고생대 바다는 탈피 호르몬, 페로몬, 정자형성 호르몬 같은 온갖 호르몬에 잠겨 있었을 것이다. 새 등딱지가 단단해지기 전에 죽은, '부드러운 껍데기를 지닌' 삼엽충들의 화석도 몇 점 발견되었다. 그들은 마치 진짜 파콥스의 엷은 희미한 그림자, 일종의 유령처럼 보인다. 이

동물들 가운데 일부는 이 중요한 단계에 조용히 어딘가에 숨어 있었을 것이다. 내 동료인 브라이언 채터튼Brian Chatterton은 데본기의 부드러운 퇴적물에 난 한 굴(아마 다른 동물이 팠을 것이다) 속에 새 껍데기가 자라는 단계에 있는 삼엽충들이 가득 들어 있었다고 말해주었다. 그 굴은 그들을 보호하기는커녕 매장한 셈이었다. 그러나 그 짧은 비극 덕분에 그들은 화석으로서 더 오랜 기간 살아남을 수 있다.

7장에서 진화 메커니즘을 설명할 때 한 삼엽충 개체의 성장과정을 언급한 바 있다. 그런 성장은 삼엽충의 생애를 출생에서 사망에 이르기까지 가장 상세한 수준에서 보여준다. 우리는 그 삼엽충 개체의 삶의 궤적을 대단히 많이 알고 있는 셈이다. 삼엽충은 허물벗기를 하므로, 다시 말해 빳빳한 외골격을 벗고 좀더 큰 새 외골격을 입으므로, 좀더 작은 등딱지를 찾아내면 한 종의 생애를 시간적으로 역추적할 수 있다. 어린 개체들과 성체들이 온전히 암석에 함께 유폐되어 있는 특별한 장소를 찾아내기만 하면 된다. 삼엽충학계에서 가장 위대한 인물로 꼽을 수 있는 요아힘 바란데(1799~1883)는 보헤미아의 한 채석장에 있는 '배나무 밑'에서 바로 그런 장소를 발견했다. 현재 체코 공화국에 속한 그곳에는 고생대 지층이 놀라울 정도로 풍부하게 존재하며, 바란데는 그 지층들의 전기작가 소임을 맡았다. 런던자연사박물관의 희귀본 자료실을 출입할 특권을 지닌 방문객은 한 선반을 가득 채운 두꺼운 책들을 살펴볼 수 있다. 전화번호부보다 두꺼운 그 책들은 바란데의 평생에 걸친 노고의 결실이다. 총서 제목은 『보헤미아의 실루리아계Système Silurien de la Bohême』*다. 삼엽충 연구자에게 이 총서는 경전에 버금간다. 지금 보아도 눈이 즐거운 아름다운 석판화들이 가득하다. 바란데는 최고의 화가들에게 그림을 맡겼고, 그 그림들은 당대 사람들의 경

---

* 바란데의 시대에는 캄브리아기, 오르도비스기, 실루리아기의 구분이 없이 '실루리아계'라고 했다.

그림 28 캄브리아기의 큰 삼엽충인 파라독시데스의 허물. 뉴펀들랜드 동부 캄브리아기 중기 지층. 파라독시데스는 큰 것은 바닷가재만했다. 미간이 크고 가슴부의 가시들이 작은 꼬리 너머까지 길게 뻗어 있다. 삼엽충이 '낡은' 피부, 다시 말해 외골격을 벗고 앞으로 기어 나올 때 유리볼이 뒤집혀 몸 밑에 깔린 모습이다. 몸길이 약 15센티미터.

탄을 자아냈을 것이 분명하다(별지 화보 32는 그 가운데 하나다). 가장 정교한 현대 사진술이 그보다 더 나을 수 있을지 의심스럽다.

바란데는 삼엽충만 연구한 것이 아니었다. 그는 연체동물과 산호동물을 비롯한 다른 다양한 화석들도 기재했다. 하지만 그는 1852년부터 그 특별한 장소에서 나온 표본들을 살펴보면서 삼엽충에 유달리 관심을 쏟았다. 19세기 말에는 현재 샤르카와 크랄루프 드부르라고 불리는 그 지역들

그림 29 보헤미아의 위대한 고생물학자이자 삼엽충 전문가인 요아힘 바란데.

을 모르는 삼엽충 전문가가 없을 정도였다. 프라하 교외에는 바란도프라는 멋진 시가 있으며, 그곳에 들르면 '삼엽충 바'에서 한 잔 걸칠 수도 있다. 사실 이 아름다운 시의 거의 모든 것이 삼엽충과 깊은 관련을 맺고 있다. 바란데는 우연한 계기로 삼엽충 연구자가 되었다. 그는 어느 일요일에 산책을 나섰다가 즐링호프 교회 옆에서 오돈토킬레 루고사(*Odontochile rugosa*)라는 삼엽충의 꼬리 화석 두 점을 발견했다. 그는 그것들을 집에 들고 왔는데, 가정부인 바빈카*가 그만 내다버리고 말았다(예전이나 지금이나 주부들은 으레 그런다고 알려져 있다). 요아힘은 다시 주워오라고 했고 그로부터 그의 평생에 걸친 연구가 시작되었다. 이 두 표본은 그가 수집한 엄청난 양의 다른 표본들과 함께 나로드니박물관에 소장되어 있다. 박물관은 프라하의 벤체

---

* 나중에 바란데는 그녀를 기리기 위해―자신의 이름을 딴 조개가 있다는 것이 숨길 일이 아니라면―한 조개 화석에 바빈카라는 이름을 붙였다.

슬라스 광장이 내려다보이는 곳에 있는 장엄한 건물이다. 그곳에서 그 삼엽충 표본들은 성인의 유골에 못지않은 대접을 받고 있다. 방문한 과학자는 한 번에 두 점까지만 꺼내볼 수 있으며, 각 표본에는 그 위인이 적힌 라벨이 붙어 있다. 프라하의 데본기 산비탈에는 그를 기리는 거대한 기념비가 서 있다. 그가 사망한 이듬해에 세워진 것이다.

바란데의 책 한 권에는 현재 캄브리아기 중기 삼엽충이라고 부르는 것들이 실려 있다. 한 도판에는 내가 초창기에 웨일스 세인트데이비드의 절벽에서 처음 본 삼엽충인 파라독시데스 다비디스의 친척인 종류가 성장단계별로 그려져 있다. 보헤미아에서 바란데는 유생에서 성체에 이르기까지 성장단계별 화석들을 다 발견했다. 양식장이 보존된 셈이었다. 성체가 바닷가재만하다는 점을 생각하면 놀랍기 그지없다. 가장 작은 유생은 핀머리만 하니까 말이다. 사오 히르수타Sao hirsuta라는 종은 더 상세히 기재되어 있다. 나는 몇 년 전에 보헤미아의 스크리예 마을 근처에 있는 그 유명한 배나무를 본 적이 있다. 안타깝게도 잎 몇 개만 달려 있을 뿐 쇠약해진 상태였다. 바란데는 그렇게 되리라는 것을 알았을까. 나는 그 밑의 채석장에서 셰일에 갇힌 유생들을 몇 점 발견했다.

삼엽충은 성장하면서 모습이 변하지만, 가장 크게 변하는 시기는 몸집이 아주 작을 때다. 이 삼엽충은 핀머리만한 상태에서 허물벗기를 반복하면서 성장한다. 바란데는 삼엽충이 자기 종 특유의 가슴마디 수에 이를 때까지 가슴마디를 하나씩 늘리면서 성장한다는 것을 밝혀냈다. 르위드의 오기기오카렐라처럼 가슴마디가 8개라면, 유생은 가슴마디가 8개가 될 때까지 하나씩 추가하면서 성장을 계속한다. 8개에 도달한 뒤에는 허물벗기를 계속해도 가슴마디는 더 늘어나지 않고 몸집만 커진다. 삼엽충은 자연사 방송 프로그램에 흔히 나오는 허둥거리는 거북처럼 자신과 똑같은 모습의 새끼들을 낳는 것이 아니다. 삼엽충은 허물벗기를 할 때마다 미묘하게 모습이 변한다. 관절로 연결된 가슴마디가 최대 수에 도달하는 시기(홀라스피

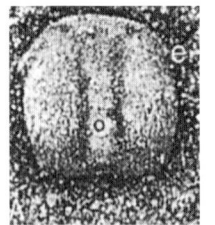

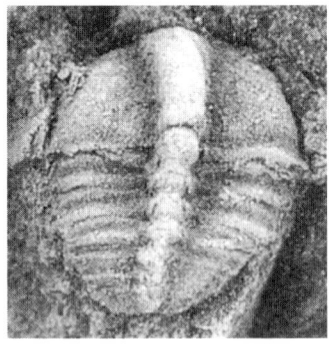
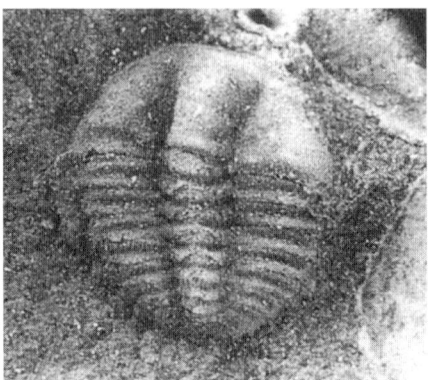
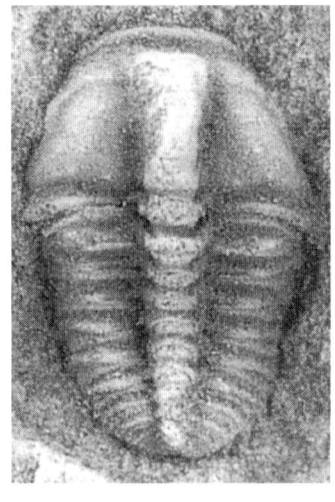

그림 30 보헤미아의 캄브리아기 지층에서 나온 삼엽충, 사오 히르수타의 성장과정. 왼쪽 위는 작은 유생인 프로스타피스다. 성장단계마다 가슴마디가 하나씩 늘어나서 성체단계의 개수에 도달한다. 가장 작은 두 단계에서는 몸길이가 약 1밀리미터다. 표본들은 가슴마디가 1, 3, 4, 6, 13개일 때의 모습이다. 6개일 때 몸길이는 2밀리미터를 약간 넘는 정도다. 첫 번째 사진의 e자는 눈이 있는 위치를 가리킨다.

스*holaspis* 단계)에 몸집은 아직 최대 크기보다 아주 작을 때가 종종 있었다. 홀라스피스 단계는 허물벗기를 반복하면서 가슴마디가 하나씩 '풀리면서' 도달하게 된다. 따라서 대체로 유생의 몸집이 작을수록 몸마디 수도 더 적다. 이 과정을 되감아서 맨 처음으로 가면, 자유롭게 움직이는 몸마디가 전혀 없는 길이가 1밀리미터에 불과한 유생이 있다. 이 단계에서는 중간에 몸마디가 전혀 없이 원시머리와 원시꼬리가 맞닿아 있다. 그보다 한 단계 더 이전인 최초의 유생단계는 방패 하나로 이루어져 있다. 머리와 꼬리가 합쳐져서 프로타스피스*protaspis*라는 작은 원반 모양을 하고 있다. 일부 종은 프로타스피스 유생의 크기가 1밀리미터도 채 안 된다. 프로타스피스가 알에서 부화되는 것은 분명하지만, 이른바 삼엽충의 알 화석들은 진위 여부를 놓고 논란이 벌어지고 있다. 프로타스피스가 틈새 하나 없이 중간 성장단계들을 거쳐서 매끄럽게 삼엽충 성체로 이어진다는 사실이 밝혀지지 않았더라면, 이 미세한 생물들은 삼엽충 유생이라고 인정을 받지 못했을 가능성이 높다. 바란데의 프로타스피스들은 대부분 그렇게 작은 상태에서도 삼엽충이라는 이름의 근원이 된 '3엽'의 흔적을 보여준다(그렇지 않은 종류들도 많다). 특히 미간의 윤곽을 보면 그렇다. 그러나 납작한 작은 원반에서 커다란 포식자인 파라독시데스로 전환하는 것은 사실상 일종의 탈바꿈이며, 지질학적으로 엄청난 세월이 흘렀음에도 암석은 그 이야기를 생생하게 들려준다. 그것은 우리에게 친숙한 쐐기벌레에서 나비로의 탈바꿈만큼이나 상세한 이야기다.

성장단계 초기에 많은 삼엽충들은 지금의 따개비나 새우 유생처럼 작은 식물이나 다른 유생을 먹으면서 플랑크톤 생활을 했다. 생활사의 좀 이른 어떤 단계에서 유생은 해저에 자리를 잡고 성체생활단계로 들어갔을 것이다. 규화한 삼엽충 화석들이 발견된 뒤 얼마 지나지 않아 체로 거른 '고운 입자들' 가운데 일부가 가장 아름다운 초기 유생들임이 드러났다. 그 유생들이 어느 성체로 이어지는지를 찾아내는 일은 알려진 종의 성장과정을 토

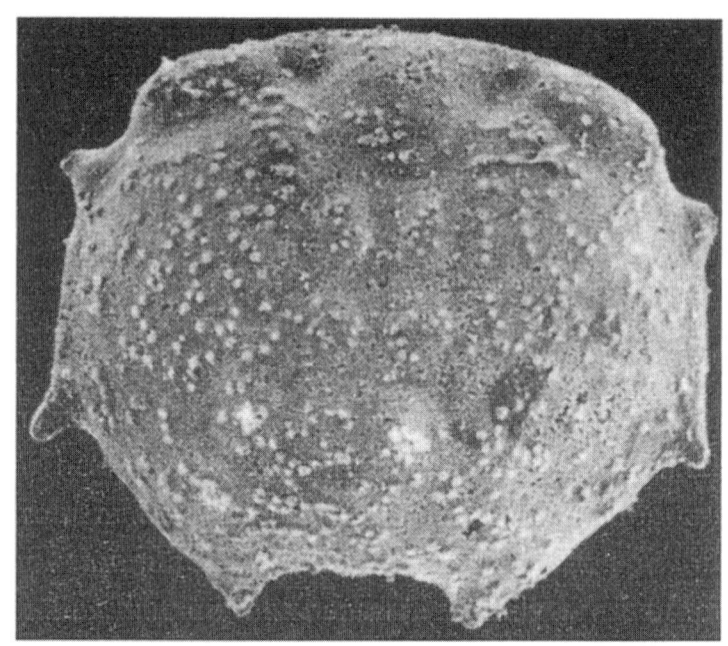

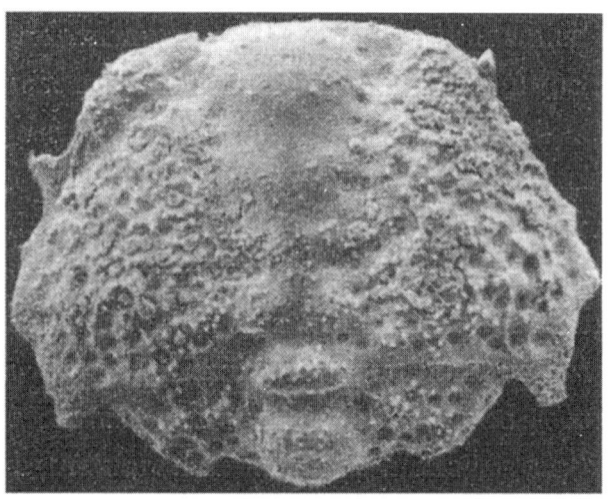

그림 31 스피츠베르겐의 오르도비스기 지층에서 나온 키벨루루스Cybelurus 프로타스피스 유생의 전자현미경 사진. 길이가 겨우 1밀리미터에 불과하지만, 세세한 부분까지 드러나 있다. 아래쪽 유생은 약간 더 크며 원시머리와 원시꼬리가 이미 구분되어 있다.

대로 탐정수사를 하는 것과 같았다. 나는 아주 운 좋게도 스피츠베르겐의 오르도비스기 암석에서 놀라운 프로타스피스 유생을 몇 점 발견했다. 전자현미경 사진에 찍힌 것들이 바로 그렇다. 이 유생들은 인산칼슘에 보존되어 있었다. 인산칼슘이 원래의 얇은 석회질 껍데기를 대체한 덕분에 수천분의 1밀리미터에 불과한 미세한 가시들까지 완벽하게 보존되었다. 작다고 해서 특색이 없는 것은 아니라는 점을 여실히 보여준다. 이 미세한 유생들 가운데 풍선처럼 생긴 표본이 한두 점 있었다. 하지만 양쪽에 뿔이 달린 풍선이었다. 해리 휘팅턴은 그들을 생김새가 전혀 다른 레모플레우리데스 *Remopleurides* 성체와 연결지었다. 우리의 옛 친구인 오기기오칼렐라와 유연 관계가 있는 삼엽충들은 다소 매끄러운 유생들을 갖고 있다. 사실 트리누클레우스도 그랬다. 그 삼엽충의 성체는 독특한 테두리를 갖고 있지만, 유생들에는 흔적조차 없다. 내 캐나다인 동료인 브라이언 채터튼은 이 작은 렌즈콩 같은 유생들이 몇 가지 방식으로 플랑크톤 생활에 맞게 분화했다고 본다. 그들의 밑면은 도리깨질을 하는 작은 부속지 세 쌍이 뻗어 나올 만한 구멍만 세 개 있을 뿐, 가시투성이 원시 히포스톰으로 거의 완전히 봉인되어 있었다. 우리는 연못에서 물풀 사이로 작은 '물벼룩들(지각류)'이 구름처럼 떼 지어 자동적으로 마구 발을 차대는 모습을 종종 본다. 아버지는 수족관 가게를 운영했는데, 물벼룩들을 가득 잡아서 물고기 먹이로 팔곤 하셨다. 오르도비스기 바다와 그 삼엽충 유생 플랑크톤을 생각할 때면 오후에 연못에서 뿌옇게 떼 지어 난리치는 동물성 플랑크톤들을 들여다보던 시절이 떠오른다. 물벼룩과 달리 벼룩처럼 생긴 삼엽충 유생은 성장하면서 대폭 변신하며, 몸집도 그 유생의 100배 정도로 커진다.

   삼엽충 유생이 있으니 당연히 교미도 있었을 것이다. 안타깝게도 우리는 삼엽충의 성생활에 관해 알고 싶은 정도만큼 알지 못한다. 그들이 현재의 여러 해양절지동물들과 비슷했다면, 암컷들이 알을 낳고 수컷들이 그 알을 수정시켰을 가능성이 높다. 거기에는 몇 가지 방법이 있는데, 가장 단순한 방법은 수컷이 정자를 낳은 알로 밀려가는 물에 방출하는 것이다. 삼엽충의 성별을 파악하기란 대단히 어렵다. 부드러운 해부구조가 보존된 화석에서도 생식기를 찾아낸 사람이 아무도 없다. 게다가 일부 새우류 수컷이 암컷을 붙드는 데 쓰는 '파악기' 같은 뚜렷한 2차 성징도 없다. 대다수 삼엽충들에게서 그 차이는 아주 미묘한 것임이 분명하다. 1998년 나는 동료인 나이절 휴즈Nigel Hughes와 함께 몇몇 삼엽충 종의 암컷이 아닐까 하는 것들을 제시했다. 그들은 한 가지 두드러진 특징을 지니고 있었다. 미간 앞쪽의 머리 중앙이 부풀어 있었다. 눈에 확 들어올 정도로 팽창한 개체들도 있었다. 현생절지동물 중에서도 그 부위가 팽창한 사례들을 볼 수 있는데, 그 부위는 알이나 유생을 담은 육아낭 기능을 한다. 아마 삼엽충의 그 부위도 휴대용 놀이방이 아니었을까? 그 설명을 내놓게 된 또 하나의 계기는 그 방의 위치였다.

몇 년 전 태국 남부의 한 해변식당에서 저녁을 먹었다. 그때 활어조에 있는 무언가가 내 시선을 사로잡았다. 식탁에 오를 만한 다양한 요리재료들이 거기에서 기어 다니고 있었다. 그중에 바로 투구게 또는 그것의 가까운 친척이 있었다. 그것은 더 맛있어 보이는 어류와 갑각류 사이에서 시무룩하게 기어 다니고 있었다. 나는 그것에 혹했다. 투구게는 현생생물 가운데 삼엽충의 가장 가까운 친척이다(그림 19 참조). 아마 육촌형제쯤 될 것이다. 투구게 유생은 한 세기 전부터 '삼엽충 유생'이라고 불려왔으며, 실제로 내 동물의 프로타스피스 단계와 그럭저럭 비슷하다. 따라서 그때가 삼엽충이 실제로 어떤 맛이었을지를 알아볼 가장 좋은 기회일 수 있었다! 나는 한 접시 주문했다. 요리가 나왔을 때 나는 투구게를 통째로 쪘다는 것을 알고 깜짝 놀랐다. 보니 입맛이 싹 달아날 정도였다. 나는 머리방패의 밑부분을 뒤집어 밖으로 까놓았다는 것을 알고 더 놀랐다. 삼엽충의 도블러라고 하는 부위를 말이다. 그리고 머리 안에 그 동물의 먹을 수 있는 부분이 있었다. 바로 아주 기름진 알들이었다. 새우를 비롯한 다른 갑각류들은 가슴 밑에 알을 품고 다니는 반면, 투구게는 머리에 알을 담고 있는 것이 명백했다. 삼엽충의 앞쪽에 불룩 팽창한 부위와 똑같은 위치였다. 말할 나위 없이 정황증거이긴 하지만, 증거가 아예 없는 것보다는 훨씬 나았다. 맛은 어떠했냐고? 면을 많이 넣고 비볐지만, 그래도 역겹고 강렬한 냄새가 났다. 삼엽충은 맛이 좀더 좋았을 거라고 생각하고 싶다.

프로타스피스에서 성체까지 이르는 궤적을 삼엽충의 개체발생이라고 한다. 모든 복잡한 동물들은 개체발생을 한다. 우리도 수정란에서 꼬부라진 배아와 태아단계를 거쳐 가장 친숙한 단계인 아기에 이르는 개체발생을 거친다. 삼엽충 개체발생을 상세히 연구하자 의외의 사실들이 드러났다. 앞서 발달시기를 조절함으로써 진화적 새로움을 도입하는 방식을 이야기한 바 있다. 성체의 크기가 작은 많은 삼엽충들은 성적으로 일찍 성숙하는 과정을 통해 더 정상적인 크기의 조상으로부터 진화했을 수 있다. 성장궤적에 대한 연구들은 그것이 가능함을 보여주었다. 초기 성장단계들이 파악되자 일부 삼엽충들이 비교적 구분되는 성체들을 보고서 추측했던 것보다 서로 아주 비슷한 유생을 지닌다는 점에서 훨씬 더 가깝다는 것이 드러났다. 유생은 계통의 뿌리를 드러낼 수 있다. 그렇다고 50년 전에 모든 동물학자들이 배웠던 '개체발생은 계통발생을 반복한다'라는 격언과 똑같은 의미는 아니다. 차라리 '그들의 새끼들을 보면 그들을 알게 된다'라는 표현이 더 나을지 모르겠다. 유생들은 칼리메네가 아마도 파콥스와 유연관계가 있을 것이라고 말하며, 엘라티아는 트리아르트루스의 친척이라고 말한다. 삼엽충학계는 아직까지 이 관계들을 밝혀내고 있는 중이다. 앞으로 아주 풍부한 목록의 새로운 분류체계가 나올지도 모른다. 트리누클레우스의 테두리가 발달하는 과정을 볼 수 있다는 것도 놀라운 일이다. 처음에는 한 줄로 난 구멍에서 시작한다. 그다음에 구멍들이 옆으로 더 늘어서며, 이윽고 구멍들이 점점이 대칭을 이루도록 줄들이 자체 배열된다. 우리는 거짓말을 할 때마다 피노키오의 코가 늘어나듯이, 암픽스의 가시가 개체발생을 거치면서 늘어나는 것

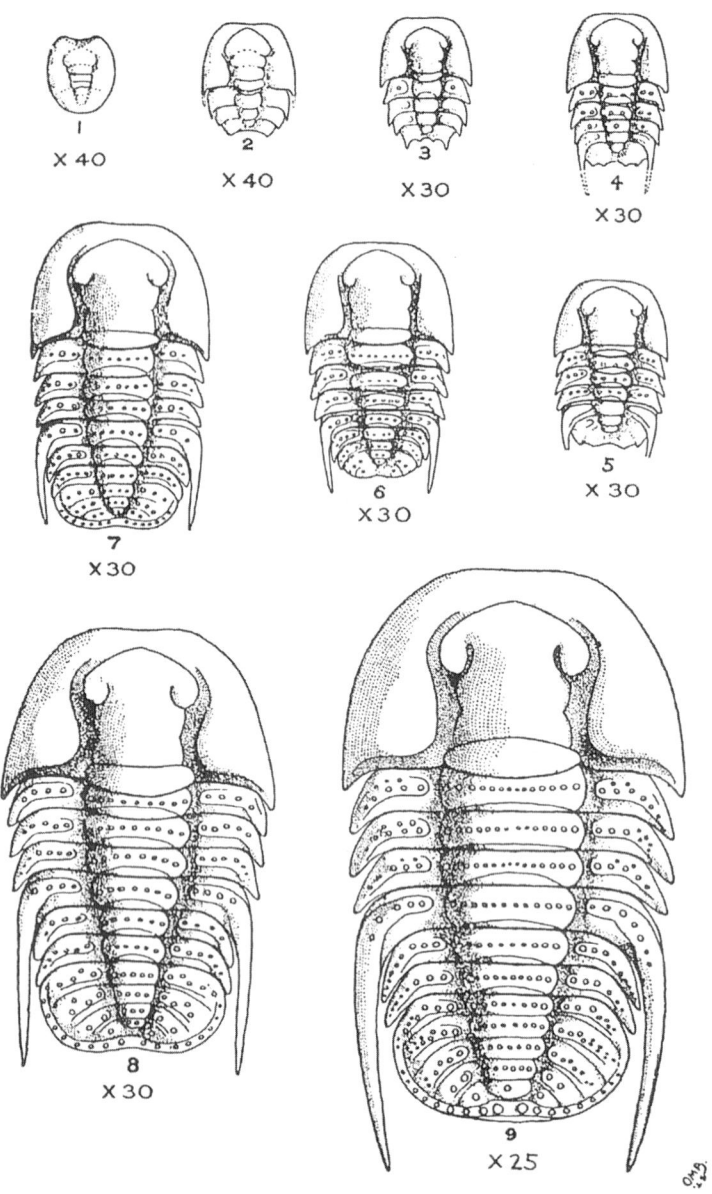

그림 32 슈마르디아의 개체발생. 1926년 제임스 스터블필드 경은 삼엽충이 꼬리 앞쪽에서 몸마디가 풀리면서 성장한다는 것을 보여주었다. 슈마르디아는 가장 큰 것도 몸길이가 몇 밀리미터에 불과하다.

을 볼 수 있다. 해리 휘팅턴은 프로타스피스 다음 단계인 메라스피스의 가장 첫 단계에서 가슴마디가 전혀 없는 상태에서도 암픽스가 몸을 말 수 있었다는 사실을 발견했다. 삼엽충은 아무리 작아도 보호가 필요함을 보여주는 듯하다. 오돈토플레우라와 그 친척들은 유생 때에도 가시가 나 있어서 처음부터 삼키기 어렵게 만든다. 가장 원시적인 삼엽충들은 프로타스피스 단계의 화석이 발견된 적이 없다. 올레넬루스와 아그노스투스는 그 단계가 아예 없었을지도 모른다. 석회화가 이루어지지 않은 게 아니라면 말이다. 그들의 성장궤적은 메라스피스 초기 단계에서 시작한다.

가슴마디가 가슴부로 풀리는 방식을 말할 때, 제임스 스터블필드 경이 1926년에 머리 뒤에서 풀리는 것이 아니라 꼬리 앞쪽에서 '싹트는' 식임을 보여주었다는 말을 한 바 있다. 그는 오르도비스기의 작은 삼엽충 슈마르디아의 성장단계들을 통해 그렇다는 것을 보여주었다. 슈마르디아는 성체의 가슴마디 6개 중 네 번째 것(대늑막)이 유달리 크다. 슈마르디아의 성장 방식은 다른 삼엽충들과 비슷하다. 다시 말해 아주 작은 프로타스피스 방패에서 시작한다. 그다음에 원시머리와 원시꼬리를 구분하는 경계선이 나타난다. 그 뒤에 허물벗기가 일어나면서 첫 번째 가슴마디가 자라고, 이어서 2, 3, 4, 5, 마지막 6개까지 가슴마디가 늘어난다. 이 발달과정 가운데 4마디 발달단계에서 마지막 네 번째 가슴마디는 커다란 대늑막이 된다. 5마디 단계에서 대늑막은 여전히 4번째 가슴마디로 남아 있으며, 그 뒤쪽으로 정상크기의 마디가 추가된다. 성체는 대늑막 뒤쪽에 정상크기의 몸마디가 둘 붙어 있다. 다시 말해 성년기에 도달하여 대늑막 뒤로 몸마디들이 추가되면서 가슴부가 늘어나는 것이다. 따라서 몸마디는 꼬리 앞에서 싹튼다. 나는 스터블필드의 논문이 발표된 지 64년 뒤에 그의 표본들을 재조사한 바 있는데, 그의 설명은 세세한 부분까지 거의 다 정확했다. 1926년 이래로 그의 관찰결과는 다른 많은 삼엽충들을 통해서도 입증되었다. 1999년* 이 책이 쓰여질 당시 그 자신의 개체발생은 거의 한 세기에 이르러 있었고,

'스터비'라는 애칭으로 불리고 있었다(그의 부인까지도 그렇게 불렀다). 삼엽충에 관한 선구적인 발견을 한 뒤, 그는 영국 지질조사국 내에서 승진을 거듭하여 국장이 되었고, 드디어 제임스 경이라는 칭호를 받았다. 그러니 가장 작은 삼엽충에 관한 가장 세세한 관찰을 함으로써 가장 높은 자리에 오른 삼엽충학자였던 셈이다. 1980년대 말에 나는 동료인 밥 오웬스와 반세기 전에 제임스 경이 채집을 했던 슈롭셔의 하천과 골짜기에서 화석채집에 나섰다. 중간에 제임스 경이 자신이 그 주제에 관해 1927년에 쓴 논문을 한 부 보냈다. 표지에는 손수 파란 잉크로 이렇게 적었다. "다소 뒤늦게 인사를 드리면서……."

그리고 삼엽충의 자취들, 아마도 평생에 한 번 남길 만한 순간의 각인들이 있다. 화석의 시간보다 더 무상한 것이 있을까? 특정한 흔적화석이 어떤 삼엽충의 것인지 알아내기란 여간 어려운 일이 아니다. 흔적들은 몸 화석이 드문 모래퇴적물에 보존되는 경향이 있다. 아무튼 모래해안에 죽 나 있는 발자국의 끝에서 주검을 발견한다면 무척 놀라울 것이다. 다른 절지동물들도 삼엽충의 것과 다소 비슷한 흔적들을 남길 수 있다. 그렇다면 범인을 어떻게 지목할 것인가? 몇 년 전 오만에서 당시까지 탐사된 적이 없는 약 4억 8,000만 년 전의 캄브리아기 후기 지층들을 조사한 적이 있다. 삼엽충은 파편들만 드문드문 나올 뿐이었지만, 아라비아 반도 전체에서 그 시대에 속한 유일한 삼엽충 화석들일 수도 있었으므로, 노력할 만한 가치는 분명 있었다. 그 지역 후크프는 있을 법하지 않은 나무 한 종류를 제외하고는 식생이 거의 없는 오지였다. 사암과 석회암이 낮은 절벽을 이루고 있어서, 한 층리면을 따라가다보면 온갖 할퀸 자국들과 발자국들이 보존된 캄브리아기 해저를 엉금엉금 기어 다니게 된다. 그 퇴적암들에 새겨진 모든

* 그는 이 책이 인쇄 중일 때 세상을 떠났다.

그림 33 1936년, 제임스 스터블필드 경(오른쪽 파이프를 든 사람)이 지질조사국의 동료들과 함께 셰틀랜드와 오크니를 답사할 때의 모습.

흔적들은 지층들이 아주 얕은 바다에서 쌓였음을 가리키고 있었다. 사실 물이 증발하여 소금이 형성되기 시작할 정도까지 이따금 바닷물이 밀려나가기도 했다. 그런 얕은 물에서 번성하는 삼엽충은 거의 없었다. 그런데 놀랍게도 아름다운 흔적화석들이 발견되었다. 가장 특이한 점은 흔적들이 있는 지층에 해안생활을 좋아한 것이 분명한 한 특이한 종의 껍데기 화석들이 들어 있었다는 것이다. 그렇다면 그 흔적들과 그것들을 남긴 동물을 연관지을 수 있지 않을까? 삼엽충이 그 흔적들을 만들었다면, 크기가 딱 들어맞아야 했다.

1994년 나는 흔적화석의 권위자인 독일의 위대한 고생물학자 아돌프 자일라허Adolf Seilacher와 함께 오만을 다시 찾았다. 우리는 며칠 동안 흔적들의 크기를 재고 삼엽충을 채집했다. 우리는 조심스럽게 석판을 뒤집곤 했다. 흔적들이 가장 잘 보존되어 있는 면이 아래쪽이었기 때문이다. 조심하는 편이 현명했다. 낮에는 접시만한 돌 밑에 전갈이 숨어 있곤 했으니까. 오만

사람들은 왕새우만한 커다란 검은 전갈은 크기가 절반쯤 되는 노란 전갈에 비하면 덜 무섭다고 했다. 노란 전갈은 침을 올가미처럼 좌우로 흔들면서 다니는데, 대개 돌 밑에 숨어 있다. 이 텅 빈 사막에서 나는 이 전갈들과 암석에 보존된 삼엽충이 가장 절묘하게 연결되어 있다는 것을 알아차렸다. 전갈은 거미와 진드기, 그 집단에서 가장 원시적인 현존생물이자 내가 운 좋게도 태국에서 그 알을 먹어보았던 동물인 투구게와 더불어 절지동물 중 큰 집단인 협각류에 속한다. 절지동물 전체의 진화를 연구한 현대 자료들은* 현생동물들 가운데 삼엽충의 가장 가까운 친척이 투구게며, 그다음이 전갈이라고 말한다. 따라서 오만의 이 먼 구석에서 전갈과 삼엽충이라는 고대의 친척들이 광대한 세월을 가로질러 서로 만나고 있다는 데 감탄이 절로 나온다. 사막의 이른 아침이면, 모래에 줄지어 나 있는 전갈들의 흔적을 볼 수 있다. 우리가 연구한 고대의 흔적화석들에서 겨우 몇 센티미터 떨어진 곳에서 말이다. 아돌프는 데본기의 암석에서도 비슷한 전갈의 흔적화석을 발견할 수 있다고 했다. 우리가 전갈임을 쉽게 알아볼 수 있는 동물들이 생존에 대단히 도움이 되는 치명적인 독을 이미 휘두르고 있던 그 시대에 삼엽충인 파콥스가 여전히 떼를 지어 살고 있었다고 생각해보라. 그 삼엽충들이 어떻게든 암석에서 빠져 나와 세월을 가로질러 현대로 올 수 있다면, 그들은 살아 있는 현생후손들 곁에서 익숙한 자취들을 남길 것이다. 한낮의 열기에 달아오른 후크프의 낮은 절벽 위에 앉아서 나는 과거와 현재와 시간에 대한 도전이 어떠한 것인지를 깊이 실감했다.

우리의 측정은 성공했다. 우리는 삼엽충들의 크기가 흔적들의 크기 범위

---

* 이 연구들은 5장에서 말한 분지론 분석을 토대로 한다. 현생·화석 절지동물들을 그렇게 분석하니 삼엽충이 갑각류와 가장 가깝다는 이전의 개념과 달리 삼엽충을 대규모 협각류 분기군에 포함시켜야 한다고 나왔다. 삼엽충은 더듬이를 갖고 있지만, 다른 협각류는 그것을 잃었다. 이 책을 탈고할 즈음에 나온 새로운 발생학적 연구결과는 더듬이가 실제로 현생협각류들이 지닌 특이한 앞쪽 부속지인 협각의 상동기관일 수 있다고 시사한다.

그림 34 삼엽충의 흔적들. 삼엽충이 남긴 이랑들이다. 오만의 캄브리아기 후기 지층에서 나온 크루지아나 세미플리카타. 지름이 가장 긴 것은 17센티미터다.

에 들어간다는 것을 알았다. 그리고 삼엽충 머리 가장자리에 있는 볼침들도 이랑의 양쪽에 난 홈들에 들어맞았다. 아돌프는 이 삼엽충이 창문닦이가 손으로 원을 그리면서 창문을 닦는 것과 다소 비슷하게 원을 그리면서 먹이를 찾아다닌 듯하다고 말했다. 그 흔적에는 크루지아나 세미플리카타 *Cruziana semiplicata*라는 이름까지 붙어 있다. 100여 년 전에 '영국의 바란데' 인 존 솔터가 붙인 이름이다. 이 흔적화석은 원래 북웨일스 메리오네스 근처의 캄브리아기 후기 지층에서 발견되었다. 후크프와는 상상할 수 있는

시간 273

가장 정반대 환경인 비가 많은 산지에서였다. 오만의 이 삼엽충이 솔터가 흔적화석을 발견한 북웨일스 지역에서 그리 멀지 않은 곳에서 최근에 발견되면서 우리 이론이 옳다는 심증은 확고히 굳어졌다. 우리는 삼엽충 시대의 어느 한 순간에 가까이 다가가고 있는 것인지도 모른다. 다리가 바닥을 긁는 순간, 털이 휙 움직이는 순간에 말이다.

그리고 지질학적 시간이 있다.

지질학적 시간의 단위는 대개 수백만 년이지만, 삼엽충으로 단위를 정할 수도 있다. 삼엽충은 급속히 진화했기 때문에 정밀한 시계가 될 수 있다. 그것은 삼엽충들의 개성을 토대로 한 시계다. 우리는 숙달된 화폐연구가가 새로 발굴된 동전에서 그다지 유명하지 않은 로마 황제들의 얼굴을 금방 알아보는 것과 똑같이 삼엽충의 얼굴을 알아본다.

삼엽충 한 종이 존속한 지질학적 기간은 역사시대에 투탕카멘 왕이 살았던 기간만큼 독특하다. 현실적으로 연구자는 한 종과 다른 종들을 비교·검토할 수 있도록 화석 동물군 전체를 발견하고 싶어한다. 나는 층서체계가 대단히 잘 작동하는 것을 볼 때마다 끊임없이 놀란다. 오만에서 조사를 시작한 지 몇 시간도 지나지 않아서 나는 암석이 캄브리아기 말의 것임을 알아냈다. 태국에 처음 답사를 갔을 때에도 나는 일부 삼엽충을 지닌 석회암이 오르도비스기의 것임을 수십 년 전에 중국에서 나온 종들과 비교함으로써 알 수 있었다. 태국 남부의 지질도에는 실루리아기라고 적혀 있었지만 말이다. 그런 일이 가능한 것은 덜 유명한 수백 명의 바란데들의 연구 덕분이다. 사실 태국에서 발견된 종 가운데에는 바란데의 체코 동료가 처음으로 이름을 붙인 것도 있다. 지식은 누적되며, 힘들게 얻는 것이다. 삼엽충 시대의 수많은 종들을 지질시대 순서에 따라 배열하여 일일이 이름을 적는다면 지루하기 짝이 없을 것이다. 삼엽충은 대단히 많으며, 계속 새로운 종이 발견되고 있다. 한 사람이 평생을 연구해도 다 알 수 없을 정도다.

나는 25년 동안 삼엽충을 연구했지만, 지금도 어떤 지질시대는 낯설다. 지질학자들과 고생물학자들은 지질시대를 더 정확히 파악하기 위해 계속 애쓰고 있지만, 그래도 삼엽충의 밀물과 썰물을 통해, 다시 말해 교체되는 과정을 통해 지질시대 전체를 훑어보는 것은 가능하다.

5억 4,000만 년 전 캄브리아기 전기에 다양한 삼엽충들이 꽤 급속히 출현했다. 길고 좁으면서 한쪽 끝으로 갈수록 좁아지는 형태의 미간을 지닌 것들이 대부분이었다. 북아메리카에서는 올레넬루스와 그 동료들이 많았다. 그들은 꼬리는 작고 가슴마디가 많아서 가슴부는 길었다. 가슴마디 하나가 아주 크고 그다음 마디부터는 아주 좁은 것들도 있었다. 눈은 길게 뻗어서 미간까지 이어졌지만, 머리 위쪽에 탈피를 돕는 안선은 없었다. 중국과 근동의 여러 지역에서는 전반적으로 서로 비슷한 삼엽충들이 발견되는데, 모두 안선을 지니고 있었다. 그중에 레들리키아*Redlichia*는 가장 널리 분포한 종류에 속한다. 나는 호주 퀸즐랜드의 뜨겁게 달아오른 한 바위 비탈에서 이 속의 파편들을 채집한 바 있다. 삼엽충을 구워먹어도 될 것 같다는 생각이 들 정도의 폭염 속에서였다. 중국 학자들은 다양한 삼엽충들을 지표로 삼아 지층들을 세분한다. 비슷한 시대의 지층에서 축소판 삼엽충들이 처음으로 등장한다. 내가 아그노스투스의 원시적인 친척이라고 보는 파게티아*Pagetia* 같은 것들이다. 대개 작은 쥐며느리만한 이 축소판 삼엽충들 중에는 눈이 뚜렷하지 않고 가슴마디가 3개인 것들이 있다. 아그노스티드처럼 눈이 멀고 가슴마디가 2개뿐인 것들도 있다. 그들은 캄브리아기 중기까지 존속했으며, 중기에도 눈먼 아그노스티드들은 가끔 번성하곤 했다. 이 작은 삼엽충들은 암석의 연대측정에 아주 유용하다. 분포범위가 아주 넓고 다른 종으로 급속히 진화한 것들이 있기 때문이다. 그들이 정말로 플랑크톤 생활을 했다면, 그렇게 널리 분포한 것도 설명이 된다. 그들은 아주 작은 시계며, 정밀공학의 산물 같다. 완벽한 작은 캡슐처럼 몸을 말 수 있고, 그런 보호자세를 취할 때 뼈대의 모든 부위가 협력하기 때문이다. 캄브리아기 중기 지층에서는 다양한 아그노스티드들과 함께 파라독시데스 같은 거인들도 나온다. 이 거인들은 유영하기보다는 해저를 기어 다녔을 것이 확실하다. 이런 종류의 삼엽충들도 유용한 시계가 된다. 파라독시데스가 나오면 캄브리아기 중기임을 알 수 있으니까. 그 시기에 보통 크기의 삼엽충들도 있었으며, 메네비엘라Meneviella처럼 눈먼 종류도 있었다. 100여 년 전의 요아힘 바란데도 이 눈먼 삼엽충들 가운데 몇 종류를 알고 있었으며, 프랑스, 웨일스, 스페인에서 발견된 그 화석들은 시간과 삼엽충이 긴밀한 관계에 있음을 보여주는 초기 증거였다. 다시 말해 그때 이미 그 삼엽충들은 암석의 연대측정에 활용할 수 있었다! 그들의 친척들은 정상적인 눈을 갖고 있었으므로, 이 삼엽충들은 원래 눈먼 상태에서 진화한 것이 아니라 나중에 눈이 멀었을 가능성이 높다. 그들은 깊은 바다나, 적어도 탁한 바다에서 살았을 것이다. 그들의 눈이 있는 친척 중에 프티코파리아 스트리아타Ptychoparia striata가 있다. 보헤미아에서 발견된 것 가운데 하나다. 이 종은 약간 작은 꼬리에, 한쪽 끝이 좁아지는 미간에, 중간 크기의 눈에, 꽤 많은 가슴마디를 지닌, 일종의 삼엽충판 표준인물이라고 할 수 있다. 다시 말해 몸에 과대팽창한 부위가 전혀 없었다. 캄브리아기 삼엽충 '화석상점'에서 가장 흔한 엘라티아 킹기Elrathia kingi는 그 삼엽충의 북아메리카 출신에 해당한다. 좀더 작고 폭이 넓지만 마찬가지로 중용을 지키고 있다. 대강 비슷한 삼엽충들은 수십 종류가 있으며, 가장 인내심 많은 전문가들조차도 그들의 이름을 나열할 때면 이를 갈게 된다. 어느 종인지 파악하려면 경험과 실력이 있어야 한다. 캄브리아기 중기와 후기 전체에서 비슷비슷한 종들이 많이 발견되기 때문이다.

캄브리아기 중기 동물군에 속한 가시투성이 삼엽충들을 분류하는 일은 훨씬 쉽다. 삼엽충 역사에서 바늘방석 같은 종류들은 그 시기에 처음 출현했다. 그 시기에 다소 큰 꼬리를 가진 삼엽충들도 흔해졌다. 그중에 코리넥소쿠스Corynexochus와 그 동료들(사진의 피엘다스피스Fieldaspis 참조)이 가장 눈에 띈다. 그들은 막자처럼 생긴 앞쪽으로 팽창한 긴 미간을 갖고 있으며, 가슴에 가시가 많고 특이한 히포스톰을 지닌 삼엽충 집단이다. 캄브리아기 중기는 삼엽충에게 풍요의 시기였으며, 버제스 셰일에 그 밖에도 다양한 종류의 절지동물들이 있었다는 점을 생각하면, 그 시기를 '절지동물의 시대'라고 부르는 것도 적절할 듯하다. 긁어대는 부속지들의 설계가 절정에 이르렀던 시기였을 것이다.

아그노스티드를 비롯한 많은 종류들은 캄브리아기 후기에도 존속했다. 다메셀라*Damesella*와 다소 유연관계가 있는 독특한 삼엽충들(드레파누라*Drepanura*, 그림 36 참

그림 35 피엘다스피스. 몸길이 6센티미터. 캐나다 브리티시컬럼비아 캄브리아기 중기의 전형적인 삼엽충.

조)이 중국의 이 시대 지층들에서 발견되었다. 모두 저마다 가시들이 독특하게 배열된 꼬리를 갖고 있다. 빗이나 기발한 농기구처럼 보인다. 그중 하나는 중국의학에서 먹는 돌인 '연석燕石'으로 쓰였다. 다시 말해 갈아서 약재로 썼다. 내가 접한 중국치료법은 대부분 노인에게 좋다는 식이었는데, 이 가장 오래된 약재가 공감주술의 한 사례로 쓰이는 것도 납득이 간다. 약재로 쓰이는 덕분에 드레파누라는 중국 삼엽충들 가운데 서양에 가장 먼저 알려졌다. 호주에도 친척 종들이 있으며, 에스토니아에서 망명한 저명한 알렉산데르 아르민 외피크가 퀸즐랜드 중부의 가시투성이 스피니펙스 덤불 속에서 그 독특한 삼엽충들을 찾아내 기재했다. 미국에서 그에 상응하

그림 36 엘라티아. 몸길이가 기껏해야 몇 센티미터에 불과하며, '화분 모양' 미간과 13개의 가슴마디와 좀 작은 꼬리를 지닌 캄브리아기 중기의 전형적인 삼엽충이다. 비슷비슷한 삼엽충들이 수백 종 있다. 미국 서부 유타 주. 오른쪽은 중국 산둥의 이른바 '연석'인 드레파누라의 꼬리.

는 인물은 앨리슨 파머Alison R. Palmer다. 삼엽충학자들 사이에서 '피트'라는 애칭으로 불리는 그는 늘 일에 몰두하는 사람에게 붙은 수식어인 '지칠 줄 모르는'이라는 말이 정말로 딱 어울리는 사람이다. 유타 주와 네바다 주의 드넓은 영역에 걸쳐 있는 대분지에서 그가 해낸 연구는 암석을 정복한 정신과 망치에 바치는 찬사라 할 수 있다. 나는 그가 올라갔던 산비탈 몇 곳을 기어 올라가 보았다. 숨이 턱턱 막힐 정도의 높이였다. 돌 부스러기로 가득한 비탈이라서 자칫 잘못하면 맨 아래까지 죽 미끄러질 수 있다. 공기에는 침엽수 향내가 배어 있다. 조심하지 않으면 부채선인장에 할퀴고 이따금 방울뱀의 소리가 들리기도 하지만, 텁긴 해도 대체로 양호한 환경이다. 피트의 비탈에 오르면 분지 곳곳에 자리한 세이지 덤불 숲과 점점이 흩어져서 풀을 뜯는 소들이 보인다. 가장 낮은 지대에서 하얗게 반짝거리는 것은 아마도 말라붙은 소금밭일 것이다. 피트는 산비탈에 드러난 암석들을 모조리 채집했다. 평탄하게 쌓인 석회암과 셰일에서 나온 수백 종의 삼엽충들은 캄브리아기 말의 또 다른 이야기를 들려주었다. 바로 진화적 방산放散과 국지적 멸종이라는 이야기다. 피트는 많은 미국 지성인들의 특징인 지치지 않는 열정을 갖고 이 동물들을 속속들이 파악했다.

북아메리카 대륙의 가장자리, 스칸디나비아, 웨일스의 캄브리아기 말 지층에서는 다른 종류, 올레니드과의 삼엽충들이 발견된다. 그 이야기는 이미 7장에서 한 바 있다. 그들은 산소농도가 낮은 특수한 서식지를 선호했다. 이런 삼엽충을 시계로 활용하면 50만 년이라는 아주 짧은 기간의 지질학적 사건들도 파악할 수 있다. 그 시기가 1931년 8월 15일 오전 4시 39분이라는 시각에 비하면 정확하지 않게 여겨지겠지만, 5억 년 전이라는 기간에 비추어보면 정확도는 1,000분의 1인 셈이다. 시간에서 정확도는 상대적이다.

오르도비스기는 아마 삼엽충들이 대다수의 해역에서 가장 다양한 생태 지위들을 차지하고 있었던 시기일 것이다. 그들은 가장 얕은 곳에 있는 모래밭에서 가장 깊은 곳에 있는 셰일에 이르기까지 모든 곳에서 살았다. 햇살이 비치는 산호초에서도, 어두컴컴한 심연에서도 살았다. 올레니드과와 아그노스티드과처럼 캄브리아기 때부터 있던 과들도 있었지만, 오르도비스기에 특색을 부여한 것은 차후의 삼엽충 집단 전체의 토대를 형성한 삼엽충들의 출현이었다. 케이루리드, 오돈토플레우리드, 프로이티드, 칼리메니드, 엔크리누리드, 리키드, 파코피드, 달마나티드 등. 그들이 오르도비스기와 그 이후의 연표에서도 등장하지 않았더라면 이렇게 과들을 죽 나열한 데 대해 사과해야 했을 것이다(이 과들의 대표적인 속들은 이미 본문에 언급되어 있다). 이 가운데 수십 종을 잘 알면 시대를 파악하는 데 도움이 된다. 다시 말해 그들은 대륙들이 쪼개지거나 최초의 전갈이 출현한 시기를 알려주는 연표가 된다. 그들의 이름 자체는 실제로 중요한 구실을 한다. 오르도비스기 지층인지를 알아내는 데 주로 쓰이는 특징은 실루리아기까지 살아남지 못한 삼엽충들이다. 키클로피게와 카롤리니테스 같은 자유유영 삼엽충들도 거기에 포함된다. 그 시기에 해저에서는 르워드의 오기기오카렐라의 친척인 다양한 아사피드가 아름다운 트리누클레이드, 창을 꽂고 있는 암픽스의 친척 무리와 함께 번성했다. 고슴도치처럼 가시투성이 삼엽충도, 삶은 달걀처럼 매끈한 삼엽충도 있었다. 바닷가재보다 큰 것도, 각다귀보다 작은 것도 있었다. 당시 대륙들이 흩어져 있었기에 삼엽충들도 대륙마다 달랐다. 그리고 각 대륙의 삼엽충들은 그 나름의 시대 이야기를 간직한다. 이제 그들 모두를 알아내겠다고 달려든 연구자가 그 연구의 엄청난 규모에 어떤 기분을 느낄지 감을 잡을 수도 있을지 모르겠다.

오르도비스기 말에 생명의 역사상 가장 중요한 사건 가운데 하나인 대멸종이 일어났다. 당시 북아프리카를 중심으로 형성된 대규모 빙하가 오르도비스기 말의 기온을 급격히 떨어뜨렸고, 아마 그것이 동물군 위기의 주된 원인이었을 것이다. 아프리카를 비롯한 세계 각지에서 빙하기와 관련된 퇴적물을 찾을 수 있다. 그리고 놀랍게도 그 주위에는 삼엽충들도 있다. 몇몇 종들은 추위를 견딜 수 있었다. 그중 하나인 무크로나스피스는 그 추운 시기에 아주 널리 퍼져 있었다. 나는 태국에서 그 삼엽충도 채집했는데, 그것이 원래 스칸디나비아에서 발견되어 기재된 종이었다는 사실을 알고서 여간 놀란 것이 아니었다. 삼엽충 시계는 정말로 전 세계에서 통용된다! 오르도비스기 말에 많은 삼엽충 과들이 사라졌고, 아그노스티드처럼 캄브리아기 때부터 있던 종류들도 일부 전멸했다. 내가 애호하는 삼엽충들도 일부 사라졌다. 트리누클레우스도, 이소텔루스도 더는 볼 수 없었다. 나는 자유유영을 하는 종들이 다시 출현했을지 의심스럽다. 오르도비스기 이후의 삼엽충 세계는 다른 세계였다. 하지만 생존자들은 곧 다시 불어났고, 실루리아기 중기 무렵이 되자 남은 과들은 대단히 다양하게 분화했다. 약간의 실습을 거치면 학생들은 실루리아기의 발리조마*Balizoma*, 칼리메네, 프로이투스, 크테노우라*Ktenoura*를 알아볼 수 있다. 그 삼엽충들은 여전히 유용한 시계 구실을 할 수 있을 정도로 수가 많았다.

캄브리아기와 오르도비스기, 오르도비스기와 실루리아기에 비해 데본기 초와 실루리아기의 삼엽충들은 훨씬 구분하기가 어렵다. 데본기는 파콥스와 그 친척들의 전성기였다. 잠시나마 집합복안이 지배한 시기였다. 가시투성이 삼엽충들도 놀라울 정도로 다양했다. 일부 지역, 특히 현재의 모로코 지역의 데본기 삼엽충들은 거의 모두 가시와 침으로 뒤덮여 있었던 듯하다. 이 부분을 쓰기 한 주 전에 미간에 커다란 삼지창이 달려 있는, 아직 이름이 붙여지지 않은 삼엽충을 보았다. 해석하기 불가능한 독특한 적응양상이다(그림 38 참조). 만일 현장에서 그 삼엽충을 발견한다면 당신이 어느 지질시대를 살펴보고 있는지 정확히 알 수 있을 것이다. 그 삼엽충은 다른 면에서는 그다지 특이하지 않다. 그저 달마니테스의 여러 친척 가운데 하나일 뿐이다. 또 그림 37처럼 목에 산양의 뿔 같은, 커다란 굽은 가시가 달린 것도 있고, 위협적으로 가시들이 위로 곧게 솟아오른 삼엽충도 있다. 리카스의 친척인 몇몇 삼엽충들은 중세교황처럼 화려한 장식을 달고 있었다. 오르도비스기에서 유래한, 가시로 뒤덮인 또 다른 오돈토플레우리드는 바늘더미나 다름없는 모습으로 변했다. 자연의 신기한 것들을 수십 년 동안 지켜보면서 감정이 무디어진 동물학자도 이런 동물을 처음 접하면 감탄사가 절로 나온다. 그런 갑옷이 보호용이었다는 것은 분명하다. 그렇게 온몸을 가시로 감싸도록 자극한 새로운 위협이 있었던 것일까? 혹시 그 무렵에 출현한 턱이 있는 물고기와 관련이 있을까? 그렇게 겉으로는 온갖 상관관계가 있어 보이지만, 어느 특정한 관찰사례가 정말로 확실하게 옳은 것인지 판단하기란 아주 어렵다. 대개는 대안에 해당하는 설명들이 대기하고 있다. 어느 시대인지 파악하고자 할 때, 우리는 그 삼엽충이 왜 그렇게 생겼는지 굳이 이유까지 알 필요는 없다. 우리는 기이한 삼엽충들을 사라진 문명의 신기한 조각상이나 토템으로 취급할 수도 있기 때문이다. 그들은 특정한 시기를 상징하며, 과거를 확정짓는다.

환상적인 모습의 삼엽충들은 거의 다 데본기에 살아남지 못했다. 그 시

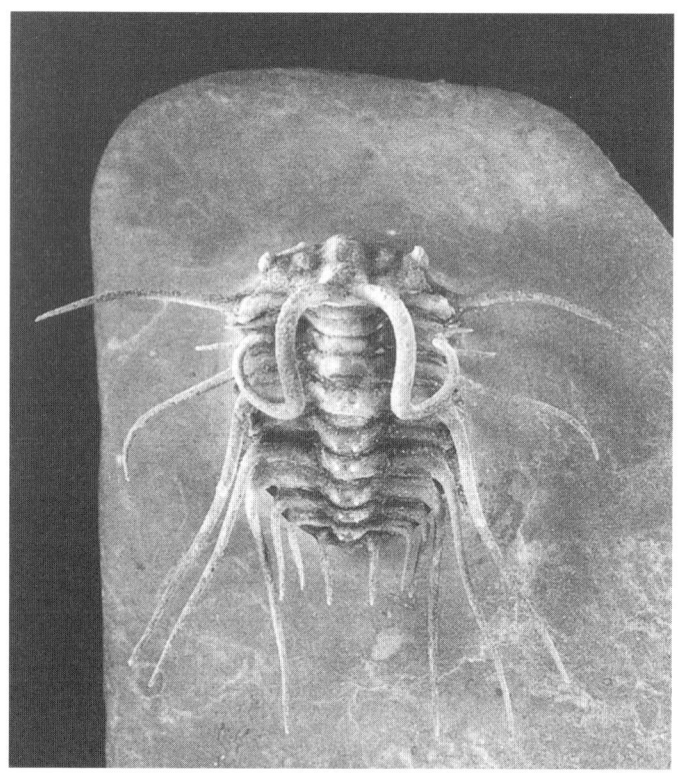

그림 37 디크라누루스. 오돈토플레우라의 친척으로서 모로코 데본기 지층에서 나왔다. 실물 크기.

대 말에 삼엽충 과들이 하나하나 숨이지는 일련의 멸종사건들이 이어졌기 때문이다. 이 사건들 가운데 가장 규모가 컸던 것은 맨 마지막의 프라슨-파멘 사건이었다. 그 사건 때 살아남은 삼엽충은 거의 없었다. 파코피드도 사라졌다. 살아남은 것들은 모두 데본기 삼엽충 집단 가운데 다소 밋밋한 한 종류—프로이투스—와 그 친척들이었다. 작고 치밀했던 그들은 온갖 가시로 치장하기 바빴던 동료들을 흉내내지 않았다. 일부는 혹투성이 머리를 갖고 있었지만, 그것은 그들이 석탄기 이전에 획득한 모험적인 시도에 해당했다. 석탄기 무렵에는 다양한 프로이토이드가 등장했다. 내 친구인 밥 오웬스라면 그들의 미묘하게 다양한 모습에 찬사를 보낼 것이다. 독일의 교수 부부인 게르하르트 한Gerhard Hahn과 레나테 한Renate Hahn은 이 삼엽충들을 속속들이 잘 알고 있다. 그리고 석탄기보다 더 이전에 유럽의 상당 지역이 열대바다에 잠겨 있을 때, 프로이토이드는 다양한 설계안을 내놓았다. 그중 일부는 더 이전 시대의 삼엽충들과 비슷했다. 아마 비슷한 생활습성을 채택했기 때문일 것이다. 심해에 사는 눈먼 종류도 있었다. 결정질 석회암에는 언뜻 보면 파콥스로 착각할 수 있는 동물들이 들어 있다. 심지어 오르도비스기의 하르페스Harpes와 비슷한 것들도 있다. 하지만 가장 흔한 것은 그리피티데스처럼 눈이 크고 몸집은 작은 편인 단단하고 치밀해 보이는 삼엽충들이었다. 나는 당시 삼엽충들이 쇠퇴하기는커녕 창조적인 능력을 계속 보유하고 있으면서 기존 서식지로 다시 진출하고 심해로 다시 퍼져나갔다고 믿는다. 새로운 형태들이 아주 빠르게 진화했기에, 그들은 여전히 지질시대를 정의하는 데 유용하다. 비록 실루리아기처럼 석탄기의 암석에도 흔하다고 주장하려면 낙관주의자가 되어야겠지만 말이다. 하디의 주인공은 오르도비스기의 절벽에 매달렸을 때 삼엽충과 마주칠 가능성이 훨씬 높았을 것이다. 분명히 그들의 세계는 축소되고 있었다. 그리고 그 뒤의 페름기에는 더욱 그러했다. 시칠리아와 티모르의 몇몇 유명한 지역들에는 우리가 2억 5,000만 년 전에 얕은 바다를 돌아다녔다면 우글거리는 삼엽충들과 마주쳤을 곳들이 남아 있었다. 새로운 속들도 여전히 출현하고 있었다. 따라서 삼엽충은 종말이 가까워지는 순간에도 여전히 지질학적 시간을 재는 시계구실을 할 수 있었다. 하지만 그 뒤, 공룡의 존속기간보다 세 배나 더 긴 기간을 재던 삼엽충 시계는 마침내 멈추었다.

내가 마치 하나의 거대한 연속된 지층이 있어서 삼엽충이 순서대로 발굴되는 양, 이 장엄한 시간의 이야기를 쉽게 읽어나갈 수 있다는 인상을 심어주었다면 잘못된 것이다. 그렇게 단순하게 읽어나갈 수 있는 지역은 거의 없다. 그것은 여기저기서 이야기의 단편들을 모아 엮는 일에 가깝다. 때로는 실수도 나타나고 논쟁도 벌어지며, 그것들은 몹시 해로운 영향을 미치기도 한다. 심지어 위대한 찰스 둘리틀 월컷도 실수를 저지른 바 있다. 1883년에 그는 예의 무미건조한 어조로 이렇게 썼다. "포츠담 사암(네바다의 지층) 아래에는 독특한 동물군이 있는데, 삼엽충 올레넬루스속이 상당히 발달해 있다는 점이 특징이다. 그 속은 몇몇 종의 배아발생단계로 볼 때 파라독시데스과에서 진화했으며, 따라서 더 나중의 것임이 드러난다." 우리는 파라독시데스가 캄브리아기 중기의 안내자며, 올레넬루스는 캄브리아기 전기의 지표라는 말을 한 바 있다. 그는 둘을 반대로 생각했다. 월컷은 내가 이 장에서 살펴본 시간의 두 가지 범주를 혼동한 것이 분명하다. 개체의 발생시간과 지질학적 시간을 말이다. 그는 자그마한 올레넬루스가 파라독시데스와 다소 비슷하다는 점을 관찰한 끝에 그렇게 생각했지만, 현재 우리는 이시성—발생시기의 조절—을 통해 다른 설명이 가능하다는 것을 안다. 그 유사점들은 궁극적으로 공통조상을 지니고 있기에 나온 결과일 뿐이다. 시간에 관해 가정을 할 때는 조심할 것. 암석이 당신의 생각을 바로잡을 테니까. 몇 년 뒤 월컷에게 바로 그런 일이 벌어졌다. 스칸디나비아의 지질학자 W. C. 브뢰거Brøgger가 노르웨이에서 올레넬루스형 동물이 있는 암석 위에 파라독시데스가 있는 암석이 놓여 있음을 입증하면서였다. 그는 교란되지 않은 지층들에서 그들이 이야기책의 연속된 쪽들처럼 보존되어 있음을 발견했다. 증거가 혼란스러운 뉴브런즈윅의 습곡지층을 연구한 동료인 G. F. 매튜Mattew처럼 월컷도 증거를 재검토해야 했고, 훌륭한 과학자였기에 그는 사실에 부합되게 자신의 견해를 수정했다. 그는 자신의 선입견에 맞게 시간을 왜곡하려는 시도를 하지 않았다.

  시대에 관한 논쟁은 앞으로도 끊이지 않을 것이다. 지식이 늘어남에 따라 논쟁의 초점은 점점 더 세세한 기간에 맞추어진다. 나는 학계에 있으면서 캄브리아기와 오르도비스기의 경계를 어떻게 정의할 것인지를 놓고 서서히 국제적인 합의가 이루어지는 광경을 목격해왔다. 거기에는 삼엽충 시계들이 어느 정도 몫을 했다. 이 문제가 좀 비의적인 분위기를 풍기는 듯하지만, 나는 생명의 역사 전체로 보면 몇 밀리초를 옮기는 것에 불과한 문제를 놓고 다 큰 사람들이 얼굴이 새빨개지도록 격분하는 모습을 보아왔다. 구체적으로는 지층 단면의 한 지점에다가 이 시대 경계를 설정해야 하는데, 어느 지역의 지층을 기준으로 할 것인지를 놓고 뉴펀들랜드, 유타, 중국, 노르웨이 등 여러 곳이 후보지로 제시되어왔다. 나는 그곳들을 모두 가보았다.

중국의 장샨江山이라는 작은 마을 근처에서 나는 시간의 또 다른 발현형태와 대면했다. 우리 연구진은 그 논란이 분분한 경계를 포함한 한 지층 단면을 조사하고 있었다. 종달새처럼 즐겁게(아마 그보다 더 즐거웠을 것이다) 따뜻한 산허리에 앉아서 그 중요한 시대의 삼엽충들을 채집하면서 말이다. 이따금 무언가 커다란 것들이 윙윙거리며 주위를 날아다녔지만, 채집에 너무 열중하느라 거의 관심을 두지 않았다. 그런데 갑자기 옆구리가 타는 듯이 아파왔다. 그 커다란 곤충 한 마리가 내 재킷 속으로 기어 들어왔다가 내가 격렬하게 망치를 휘두를 때 쏠려서 화가 났던 것이 분명했다. 나는 펄쩍 뛰었고, 내 평생 본 것 중 가장 큰 호박벌이 땅으로 떨어졌다. 그렇게 엄청나게 크고 독액을 가득 담은 동물이 날아다닌다는 것, 아니 땅에서 날아오를 수 있다는 것 자체가 수수께끼였다. 통증이 심해지자 나는 통역자에게 위급함을 알리고자 했다. 그녀가 '호박벌'이라는 영어단어를 몰랐기에, 나는 윙윙 소리를 내며 양손을 펄럭거렸고, 그러면서 옆구리가 몹시 아프다고 가리켰다. "아하! 벌!" 그녀는 빙긋 웃으면서 말했다. "별로 안 위험해요!" 이때쯤 내 눈앞에서 논들이 빙빙 돌고 있었다. 다행히 친구인 데이비드 브러튼이 모든 상황을 지켜보고 있다가, 중국인 학자들에게 내 옆구리를 찌른 것이 날아다니는 괴물이라는 것을 알리는 데 성공했다. 곧바로 아주 힘이 센 짐 밀러라는 미국인이 나를 조심스럽게 업고서 비좁은 논두렁을 나아갔다. 논두렁은 엇비슷하게 직사각형을 이루면서 이리저리 굽어 있었다. 도로까지 무사히 빠져나오는 것도 일종의 지능검사다. 짐의 등에서 잠시 정신을 차렸을 때 마름이 가득한 작은 연못을 바라보면서 이렇게 생각했다. "내 시간이 다했구나." 나를 비롯한 10여 명이 관심을 가진 문제를 조사하기 위해 중국에 와 있는 동안 나 자신의 개인적 시간이 다한 것이 분명했다. 그렇게 나는 내가 찾는 4억 8,900만 년 전의 또 다른 순간과 이어졌다. 한순간 나는 지질학적 시간 앞에서 내가 하찮다는 것을 이해했다.

다행히 나는 답사차량까지 갈 수 있었고, 차는 재빨리 나를 장산으로 이송했다. 1980년대 초에 이 외진 마을에 서양인이 출현했다는 것은 큰 사건이었다. 마을사람들이 다 나와서 내가 축 처진 모습으로 '병원'으로 실려 가는 광경을 지켜보았다. 병원은 창유리 하나 없이 창틀만 있는 단순한 건물이었다. 수십 명이 창틀 너머에서 서로 보겠다고 머리를 들이밀었다. 그들은 자기 삶에서 신나는 순간을 맞이하고 있었다. 기억나는 것이 거의 없지만, 소독한 칼로 크게 부풀어 오른 부위를 짼 뒤 선명한 피가 나올 때까지 계속 짜냈다는 말을 들었다. 그런 다음 상처 부위에 약초를 으깨어 붙였다. 의사는 자신 있게 고개를 끄덕이더니 통역사를 통해 말했다. "여기서는 중국 전통의학과 서양의학을 조합해 씁니다." 나는 아스피린(그것이 서양 의학이었다)과 약초로 만든 환약들이 든 커다란 약병(중국 전통의학)을 처방받았다. 그 처방은 효과가 있었다. 이틀 만에 회복되었으니 말이다. 묘하게도 그 사건으로 내 체면은 약간 구겨졌다. 내가 회복되었을 때 중국의 유명한 노교수 루 옌하오가 말했다. "이 곤충들을 무수히 보았지만, 물린 사람은 당신이 처음이오." 그는 잠시 생각하더니 덧붙였다. "아마 농민들 중에는 몇 명 있겠지만요." 런던으로 돌아와서 국립자연사박물관의 호박벌 전문가에게 그 이야기를 했다. "그 흡혈호박벌을 갖고 오지 그랬어요. 우리 표본 중에 없는 것 같아서요."

과학은 정직한 보고에 의존한다. 앞서 한 이야기에서 어느 항목이 과장되었다거나 설명 가운데 어느 부분이 독자에게 재미를 주기 위해 꾸며낸 것이라고 해도, 그것은 그다지 큰 문제가 안 될 것이다. 가능한 한 명확하게 모든 사실들을 떠올리기 위해 최선을 다했다는 말을 해야 하겠지만. 그러나 어떤 과학자도 해서는 안 되는 일이 있다. 의도적으로 오도시키는 행위다. 그 속임수가 사익을 위한 것이라면 더욱 그렇다. '데프라 사건'이 바로 그랬다.

자크 데프라Jacpues Deprat는 20세기 초에 인도차이나 지질조사국 소속의 젊은 지질학자였고, 당시 프랑스의 식민지인 베트남에서 일했다. 당시는 지질탐사의 영웅시대였다. 이미 과학적 조사방법을 통해 알프스 산맥과 히말라야 산맥의 복잡한 사항들이 많이 밝혀져 있었고, 용맹무쌍한 정신의 소유자라면 지구의 전체구조를 얼마든지 파악할 수 있을 것 같은 시대였다. 아직까지 알려지지 않은 미지의 영역을 탐험하는 것이 당시 탐사의 핵심과제였다. 자크 데프라가 재능과 용기가 넘치는 활력 있는 지질학자라는 데에는 의심의 여지가 없었다. 그는 접근 불가능한 봉우리를 정복하여 정보를 모으는 데 열중하는 뛰어난 산악인이었다. 또 복잡한 지층구조를 3차원으로 재구성하는 재능을 지닌 종합가이자 어느 정도 실력을 갖춘 고생물학자이기도 했다. 이런 유형의 팔방미인은 오늘날에는 거의 찾아보기 어렵다. 또 그는 그저 그런 중산계급에서 출발하여 재능과 노력을 통해 자수성가한 인물이었다. 우리 시대의 영웅이라는 말이 딱 맞는 인물이었다. 계급의식과 엘리트주의가 팽배했던 당시의 프랑스에서 그것은 결코 하찮은 성취가 아니었다. 데프라는 명성을 쌓기 위해 프랑스 제국의 변두리에서 일자리를 찾아야 했다. 당연히 그곳에도 이미 확고한 입지를 굳히고 있는 인물들이 있었고, 그들은 아웃사이더를 경멸했다. 프랑스 엘리트 교육체제의 산물이면서 데프라의 천적이자 상관인 오노레 란테누아Honoré Lantenois가 그러했다. 하지만 1912년에 이미 데프라는 세계적인 명성을 얻은 상태였다.

그는 지친 기색 없이 열정적으로 야외조사를 다니면서 유럽에서 파악된 구조들이 인도차이나의 습곡과 충상으로 뒤틀린 복잡한 지층에 적용될 수 있음을 보여주었다. 그리고 가장 눈에 띄는 업적은 그 먼 곳에서도 삼엽충 화석들을 통해 오르도비스기 지층들의 연대를 믿을 만하게 추정할 수 있음을 밝혀낸 점이었다. 거기에는 요아힘 바란데가 프라하의 지층에서 처음 발견한 종들의 이름도 들어 있었다. 가장 위대한 시계기록자가 기재한 종들보다 더 확실한 증거가 어디 있겠는가? 이 종들은 현재 데아나스피스 골드푸시Deanaspis goldfussi, 달마니티나 소시알리스Dalmanitina socialis, 디오니데 포르모사Dionide formosa라고 불린다. 앞의 두 종은 보헤미아의 오르도비스기 말기 레트나 층군에서 많이 발견된다. 그곳에서 아주 흔한 것들이다. 서랍 뒤쪽을 뒤지면 아주 오래전에 채집된 그 표본들이 쏟아져 나올 정도다. 디오니데 포르모사는 비니체 층군에서 나오는 좀더 드문 종류지만, 그래도 잘 알려져 있다. 따라서 이 신뢰할 수 있는 잘 연구된 삼엽충 시계들은 널리 분포했던 것이 분명했다. 데프라의 베트남 표본들은 동료인 고생물학자 헨리 만수이Henri Mansuy가 정식으로 기재하여 1912년과 1913년에 지질조사국을 통해 논문으로 발표했다. 데프라의 명성은 이제 난공불락처럼 보였다.

그런데 그때 의심이 제기되기 시작했다. 만수이는 데프라의 자료들을 살펴볼 때 신중을 기하기 시작했다. 란테누아는 더했다. 그는 골드푸시와 소시알리스 화석들이 그 시대의 것이긴 하지만, 그것들이 인도차이나 빈 근처 누이느가마에서 나온 것이 아니라 사실은 보헤미아에서 온 것이기 때문에 그렇다고 주장했다. 다시 말해 몰래 '파묻은' 것, 속임수, 사기라는 것이었다. 1994년에 장 루이 앙리Jean-Louis Henry가 그 사건을 설명할 때 썼던 세심한 단어를 쓰자면, 그 표본들은 적어도 '출처가 의심스러운' 것들이었다. 그렇다고 드러난다면 그것은 정직한 과학이라는 황금률을 어기는 셈이었다. 데프라는 자신을 적극 옹호했고, 비난을 중상모략이라고 치부했다. 그는 능력은 떨어지지만 인맥은 더 좋은 오노레 란테누아가 지질학계에서 벼락출세한 자신을 안 좋게 보고 있다는 점을 알아차렸을 것이다. 아무튼 인도차이나의 지질조사국을 확고한 과학적 기반 위에 올려놓은 사람은 란테누아였다. 그런데 데프라가 그 영예의 상당 부분을 빼앗아갔다. 분노의 힘을 과소평가하지 말라. 하지만 정식조사에 이어 재판이 벌어지고, 프랑스 지질학회가 개입하고, 당대의 석학들이 견해를 표명하기 시작하면서, 상황은 점점 더 데프라에게 불리한 쪽으로 흘러갔다. 그가 표본들을 발견했던 곳에서 같은 표본을 채집하기 위해 공식탐사단이 누이느가마로 왔지만, 뚜렷한 결론을 내리지 못했다. 데프라는 조사위원회에 자신의 야장을 제출하기를 거부했다. 그것은 유죄를 자인하는 짓이나 다름없었다. 당시 수많은 프랑스 젊은이들이 참호에서 죽어가는 상황이기도 해서, 프랑스에서 진행되는 재판은 유달리 느렸다. 인도차이나라는 식민지는 다른 시대에 속해 있었기 때문이다. 편지가 배편으로 도착하려면 여러 주가 걸렸고, 모국의 최신 재판소식이 전달되는 데도 그랬다. 죽어가는 사람에게는 시간이 빠르게 흘렀겠지만, 란테누아는 멀리서 아주 느리게 데프라를 몰아내려는 시도를 계속했다. 결국 자크 데프라는 한때 그를 추켜세웠던 지질학자들에게 모욕을 당하고 밀려났다. 파리 지질학회의 원로인 테르미에 교수가 마음 내키지 않지만 그를 몰락시키는 집행인 역을 맡았다. 유명한 프랑스 지질학회의 전원위원회는 누이느가마의 삼엽충들이 출처가 의심스럽다는 쪽으로 합의를 보았다. 한때 젊은 데프라에게 찬사를 보냈던 사람들이 이제 그를 매장하는 사람들이 되었다. 1920년 11월, 그는 해고되었다. 삼엽충에 관해서는, 그리고 시간에 관해서는 거짓말을 하면 안 된다. 거짓말은 언젠가 들통 날 것이다.

하지만 그의 명성은 사라지지 않았다. 자크 데프라는 물러나서 마음을 추스른 뒤에 그 사건을 다룬 책을 썼다. 그는 그 사건을 『짖어대는 사냥개들Les Chiens abouient』이라는 제목의 실화소설로 썼고, 자신이 베트남에 도착했을 때의 일화, 란테누아와 만수이와의 관계, 자신의 몰락과정을 거의 각

색하지 않은 채 기술했다. 두말할 나위 없이 그것은 편파적인 설명이었지만, 거기에는 일말의 진실이 담겨 있다. 현대의 독자가 특권적인 편협한 기존 체제에 편입되지 않은 아웃사이더에게 공감하는 것은 어쩌면 당연한 일이다. 1990년에 뒤랑델가M. Durand-Delga는 프랑스 지질학회의 임시회의에서 데프라를 복권시키려는 대담한 시도를 했다. 그의 명성을 시기한 사람들이 그를 '공격했다'는 개념을 받아들인 것이다. 그것은 데프라 자신이 채택한 (몇 번 마음을 바꾼 뒤에) 최종방어책이기도 했다. 왠지 한 편의 탁월한 최신 심리소설 같다. 데프라가 지질학의 다른 분야들에서 실제로 업적을 남겼다는 데에는 의심의 여지가 없다. 그리고 그렇게 비난을 받은 과학자 가운데 소설가로서 남다른 재능을 발휘할 사람이 과연 또 있을까?

그러나 그가 사기를 쳤느냐 아니냐 하는 문제는 여전히 남아 있다. 다른 모든 면에서는 고생물학자의 모범이라고 할 헨리 만수이가 분노에 사로잡혀 이 사례에서만큼은 자신의 청렴결백한 기준을 느슨하게 했을 가능성은 희박해 보인다. 게다가 1913년에 실린 논란 많은 데아나스피스 골드푸시의 머리뼈 사진을 찍은 사람은 바로 데프라 자신이었다. 그리고 만일 그가 결백했다면 왜 야장을 보여주기를 거부함으로써 적들의 의심을 부추기는 짓을 한 것일까? 한편으로 경력이 상승세를 타고 있는데 왜 그렇게 어리석은 속임수를 저지름으로써 스스로를 위험에 빠뜨리는 짓을 했는지 의아해할 사람도 있을 것이다. 그는 자신이 박식하다는 자만심에 빠졌던 것일까? 진실을 윤색해서 더 호소력 있게 보이도록 하고 싶을 정도로 불안함을 느꼈던 것일까? 답이 무엇이든, 데프라는 지질학자로서는 몰락했다.

몇 년 뒤 데프라는 허버트 와일드라는 새로운 이름을 지닌 소설가가 되어 다시 등장했다. 『짖어대는 사냥개들』은 그 이름으로 발표되었고, 실상을 아는 사람이라면 와일드와 데프라를 쉽게 연관지을 수 있었을지도 모른다. 그가 그 뒤에 낸 소설 몇 편도 호평을 받았고, 한 편은 공쿠르상 후보에 오르기도 했다. 그는 펜으로 가족의 생계를 충분히 유지할 만한 돈을 벌었다. 또 그는 자신의 첫사랑인 산을 다시 찾기 시작했고, 산악인으로서 비중 있는 인물이 되었으며, 피레네 산맥을 속속들이 파악했고, 몇몇 더 험난한 봉우리를 처음으로 오르기도 했다. 우리가 아는 한, 그는 두 번 다시 지질학에 관한 글은 쓰지 않았다. 그러다가 결국 1935년 3월에 그는 산에서 목숨을 잃었다. 신기하게도 자신이 소설에서 상세히 기술한 추락상황을 그대로 재연했다. 와일드와 데프라의 관계가 세상에 알려진 것은 그가 사망한 뒤였다.

이 이야기와 이 책의 초반부에 언급한 이야기, 다시 말해『푸른 눈동자』의 한 일화 사이에는 흥미로운 대칭관계가 있다. 둘 다 허구의 삼엽충과 관련이 있다. 하디의 매달린 주인공은 삼엽충의 눈에 반영된 죽음과 대면했다. 데프라는 삼엽충을 통해 몰락한 뒤 추락하여 생을 마감했다. 하디의 소설에서는 콘월의 석탄기 삼엽충이라는 그럴듯한 허구의 동물이 극적인 효과를 도모하기 위해 쓰였다. 당시부터 지금까지 죽 명성이 높은 소설가가 꾸며낸 허구였다. 단지 그 삼엽충이 그의 상상의 산물이라는 이유로 그의 명성을 깎아내려야 한다고 주장할 사람은 아마 없을 것이다. 그런 허구적인 것들을 꾸며내는 것이 소설가의 일이니까. 데프라는 다른 규약이 적용되는 분야에서 허구적인 것을 꾸며냈기에 몰락했다. 과학적 방법이라는 규칙을 따라야 하는 분야에서 말이다. 명석한 자의 몰락이라는 비극에 공감하든 그를 박해한 란테누아의 앙심에 움찔하든, 우리는 과학탐구 활동이 데프라가 했다고 하는 그런 행위를 하지 않는 데 달려 있음을 알고 있다. 이 원칙에는 어떤 타협도 불가능하다. 당대의 진리 가운데 78퍼센트를 말하는 과학자는 신뢰를 받지 못한다. 그렇게 흠이 있는 진리를 어떻게 인정한단 말인가? 절묘한 운명의 전환을 통해 데프라는 소설가가 되었고, 그는 토머스 하디의 작품을 좋아했을지도 모른다. 허버트 와일드로서 그가 삼엽충에게 허구적인 배역을 맡겼다면, 아마 아무런 지적도 받지 않고 넘어갔을 것이다. 이 '두 삼엽충 이야기' 보다 과학과 예술의 창조적 구실의 차이를 가장 잘 드러내는 사례는 없을 것이다. 그 차이란 이것이다. 모든 예술가들이 그렇듯이 하디는 자신의 시대를 창조했다. 독자가 책을 읽을 때 자발적으로 들어가는 자체 경계를 지닌 소설의 영역을 말이다. 그 삼엽충이 정확한지 여부는 지엽적인 것이다. 하디가 그 생물을 돌이 된 갑각류라고 생각했다는 사실이 전혀 중요하지 않은 것처럼 말이다. 대조적으로 데프라가 어떤 시대라고 공언한 것은 프랜시스 베이컨이 『신기관 Novum Organum』(1620)에서 명확히 밝힌 첫 번째 신조를 받아들인다는 맹세였다.

> 하지만 누군가 기존의 것에 안주하거나 그것을 이용하는 데 그치지 않고 새로운 발견을 하고자 열망하는 사람이 있다면, 논객으로서 적대적인 비판자를 이기려 하기보다는 연구자가 되어 자연을 이기고자 하는 사람이 있다면, 매혹적이고 그럴듯한 이론이 아니라 명약관화한 지식을 얻고자 하는 사람이 있다면, 우리는 그를 진정한 과학의 아들로 여기고 우리와 함께하자고 초청하련다.

속임수를 동원하여 '명약관화한 지식'에 대한 요구를 욕보이는 사람은 결코 '과학의 진정한 아들'이 아니다. 상상력은 예술적·과학적 재능이 흘러나오는 원천을 제공할 수 있지만, 예술가는 무언가를 꾸며냈을 때 기쁨을 느끼고 과학자는 발견을 했을 때 그에 상응하는 기쁨을 맛본다. 시간은 예술가가 품은 전망의 질을 시험할 뿐 아니라, 과학적 발견의 내구성도 시험한다.

눈이 있는 자, 보라!

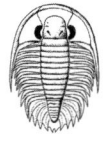

우리는 결코 이런 말을 할 수 없다. 됐다, 이제 충분히 알았다. 우리는 공룡 12종을 안다. 13종을 알아야 필요가 있나? 세계에 삼엽충은 이제 충분하지 않나? 거기에 나는 이렇게 답하련다. 탐구에 끝이란 없으며, 우리는 다음 절벽 뒤나 다음 셰일 조각 안에 무엇이 숨어 있는지 결코 알 수 없다고. 내 삼지창 삼엽충은 하나의 꿈, 존재해서는 안 되는 키메라였다. 하지만 그것은 존재했다. 나는 그렇게 실제로 존재하는, 전율을 불러일으킬 것들이 더 많이 발견되리라고 예견한다.

대다수의 과학자들은 작은 분야에서 일한다. 과학적 발견을 대중에게 설명하는 글들을 보면, 모든 과학자가 하얀 실험복을 입고 통일장 같은 문제들을 풀거나 암의 유전적 토대를 파악하거나 의식의 신경학 이론을 구축하기 위해 몰두하는 양 여겨질 것이다. 하지만 과학에는 적어도 1,000가지 분야가 있으며, 그중에 이룩한 혁신과 그 시기가 딱 맞아 떨어져서 노벨상을 받는(왕립학회의 한 저명한 회원은 그것을 '스톡홀름으로 가는 여행'이라고 표현했다) 사람은 극히 드물다. 하지만 과학연구는 서로 연결되어 있다. 거미집처럼 전체 구조 가운데 어느 한 부분의 움직임에 민감하게 반응하며, 서로 연결된 가닥들이 구조를 튼튼하게 유지한다. 삼엽충도 더 큰 과학적 쟁점들과 연결된다. 종이 어떻게 생겨나고 죽는지, 캄브리아기의 '폭발'은 어떤 것인지(또는 그것이 과연 있었는지), 우리가 아는 생물세계가 어떻게 생겨났는지, 고대의 대륙들이 어떻게 놓여 있었는지 같은 것들 말이다. 한 연구자가 오로지 학문에 대한 애정으로 수십 년에 걸쳐 연구를 계속했어도 그를 아는 동료가 10여 명에 불과할 수도 있다. 그러다가 어떤 연결이 이루어지면서 그의 연구가 갑자기 최첨단에 서게 되고, 동료 수상자들의 박수소리를 들으면서 상을 받을 수도 있다. 우화(삼엽충은 등장하지 않는)에 나오듯이, 눈이 있는 자는 볼 것이다. 미국 동부 해안의 한 작은 대학에 재직하는 생물학자 루스Ruth와 빌 듀웰Bill Dewel 부부는 절지동물의 조상과 가까울 수도 있는, 이끼 더미 밑에 흔하고 다리가 짤막한 작은 완보류를 열심히 연구해왔다. 그러다가 캄브리아기 초기의 몇몇 화석들이 머리의 몇 가지 중요한 특징들을 볼 때 완보류와 관련이 있을 수 있음이 알려지고, 분자생물학 분석기법이 발달하면서 그들의 진화적 관계가 파악되자, 이 작은 생물들은 변두리에서 중앙으로 진출했다. 듀웰 부부의 장기간에 걸친 끈기 있는 연구가 갑자기 가장 많은 종을 지닌 동물군인 절지동물의 진화에 관한 모든 큰 문제들과 관련을 맺게 되었다. 과학자 생활의 묘미는 모든 정직한 연구자가 지식의 체계에 각자 영구적인 기여를 할 수 있다는 것이다. 오직 그들의 지적 후계

자 몇몇만이 그들을 기억할 수도 있겠지만, 그들이 한 공헌은 가치가 있다. 설령 그들의 이름은 잊혀진다고 해도 말이다.

유명한 극소수의 인물에 포함되어야만 영구적인 영향을 미칠 수 있는 것은 아니다. 내가 알기로는 보헤미아의 위대한 고생물학자이자 삼엽충학계에서는 대단히 중요한 인물인 요아힘 바란데의 이름을 들어본 사람이 프라하 바깥에서 만 명당 한 명도 안 될 것이다. 하지만 그것은 전혀 중요하지 않다. 그의 기념비적 업적은 고국의 지질도와 지질시대라는 체계 자체에 살아남았으니까. 그 분야의 학자는 조금만 깊이 연구를 하면 중요한 화석 100여 종의 학명에 바란데의 이름이 붙어 있음을 알아차리게 된다. 또 바란데도 실수를 저질렀고, 잘못 연결한 지층을 근거로 삼아 고향인 보헤미아 동물들의 기원순서에 대해 잘못된 이론을 내놓았다는 사실도 알아차릴 것이다. 하지만 그것은 전혀 중요하지 않다. 그런 오류들은 지식의 체계에 통합되지 않으니까. 오히려 그것들은 역사가들이 곱씹을 재료가 된다. 그것들은 어떤 개념이 구상단계에서 수용단계에 이르는 복잡한 과정을 추적할 수 있도록 해준다. 결국 그 연구자는 요아힘 바란데가 보헤미아의 고생대 지층에서 나온 다양한 생물들을 세상에 알리는 데 평생을 헌신한 꼼꼼한 완벽주의자이자, 한 조개 화석에 자기 가정부의 이름을 붙인 사람이기도 하다는 사실을 알게 될 것이다. 신경쇠약에 따른 강박증을 걸작이자 가장 긴 장편소설과 접목시킨 마르셀 프루스트처럼, 바란데도 평생을 자신의 원대한 목표를 이루고자 헌신했다. 바란데도 프루스트처럼 의지가 강한 하인의 도움을 받으면서 도시의 아파트에 살았다. 과학은 근본적으로 인간의 모든 나약함과 기벽이 배어 있는 인간활동 가운데 하나다. 과학자의 인생 이야기나 다른 사람들의 인생 이야기나 다를 바 없으며, 똑같이 재미있는 사소한 일화들로 가득하다. 하지만 지식의 체계라는 관점에서 볼 때는 바란데가 정직한 인물인 한, 그가 성인이든 범죄자든 의상도착증환자든 화체론자化體論者든 그것은 중요하지 않다.

과학이 지식인들에게 평생에 걸쳐 추구할 만한 매력적인 것으로 보이는 이유는 그런 독특한 불멸성을 획득할 수 있다는 점 때문일지 모른다. 이 세속적인 시대에 죽음 뒤의 삶에 관한 약속들은 설득력을 잃어왔다. 도덕적 가치가 보상을 하리라는 약속을 남발해왔다면, 과학적 가치는 영속성이라는 한 가지 보상을 약속한다는 점에서 다르다. 가장 눈에 드러나는 형태의 영속성은 한 발견이나 개념에 발견자의 이름을 영구히 결합시키는 명칭이다. 크로이츠펠트야콥병, 아스퍼거증후군, 하이젠베르크의 불확정성 원리, 핼리혜성 따위가 그렇다. 생물학이나 고생물학에서는 저자의 이름이 그가 처음으로 이름을 붙이고 기재한 종에 영구히 따라붙는다. 일라이누스 카체리 바란데*Illaenus katzeri* Barrande, 발니바르비 에루가타 포티*Balnibarbi erugata* Fortey 같은 학명은 그런 불멸성을 사소한 형태로나마 맛보게 해준다. 더 미묘하긴 하지만 다른 과학 분야들도 그런 보상을 한다. 죽음은 피할 수 없지만, 자신이 전성기 때 한 발견들은 썩어 사라지는 몸보다 오래 살아남을 것이다.

내가 보기에는 삼엽충을 척도로 삼으면 과학적 과정의 창조적인 부분을 조금 더 명확히 설명할 수 있을 듯하다. 핵물리학이나 생리학 분야에서는 수천 명의 과학자들이 일을 한다. 그런 분야에서는 정기적으로 인식의 혁신이 일어나면서 발전이 이루어진다. 그런 분야들의 학술지에 실린 논문들은 거의 다 10년도 채 지나기 전에 낡은 것이 된다. 연구자들은 과거의 연구를 다 파악할 수 있기는커녕 현재의 발견속도를 따라가기도 어렵다. 역사는 짐을 계속 들고 다니기보다는 버리는 쪽을 택하는 경향이 있다. 또 해당 분야의 한 작은 영역에 초점을 맞출 필요가 있다. 중요 현안들은 고도로 전문적이고 아주 경쟁이 심한 영역에서 나타나는 경향이 있기 때문이다. 잠시 공에서 눈을 떼면 누군가 그것을 채갈 것이다! 그와 대조적으로 삼엽충 분야에서는 역사 전체를 살펴볼 여유를 누릴 수 있다. 우리는 17세기의 르위드 박사, 18세기의 린네와 동시대 인물들, 19세기의 월컷이나 바란데와 이어지는 끈을 쉽게 찾을 수 있다. 지난 100년간의 발견들은 더 이전의 과거와 이어져 있다. 솔기가 없지는 않다. 진보는 거의 항상 멈추었다 출발했다 하는 식으로 이루어지니까. 그러나 해리 휘팅턴의 삼엽충 유생 발견은 분명히 제임스 스터블필드나 비처 교수 같은 선배들의 발견을 기반으로 한다. 우리는 끊임없이 과거와 접촉하고 있다. 그리고 도서관은 우리보다 앞서 연구한 사람들을 기리는 장소다. 우리의 문헌들은 결코 시대에 뒤떨어지는 낡은 것이 되지 않는다. 삼엽충들이 과학지식이라는 그물의 한쪽 구석에 놓여 있을지 몰라도, 그들도 중앙에 가까이 있는 과학 분야들과 똑같은 움직임을 느끼며 똑같은 자극에 반응한다. 이 역사는 과거도 바뀔 수 있음을 보여준다. 그리고 새로운 발견이 이루어졌을 때 우리는 역사적 '사실'을 고쳐 쓴다. 고생물학자의 일은 과거를 재창조하는 것이다. 이 분야보다 과학적 상상력을 요구하는 곳은 없을 것이다.

일부에서는 아직도 과학과 예술이 다소 상반된다고 믿고 있다. 과학은 분석적이고 예술은 창조적이라고 말이다. 1950년대에 소설가이자 고위 공무원인 C. P. 스노가 창안한 '두 문화'라는 유명한 말은 이런 태도를 간결하게 포착하고 있다. 스노의 생각은 더 이전부터 내려온 것이다. 적어도 신비주의자이자 시인이자 화가인 윌리엄 블레이크, 그리고 18세기에 영국 왕립학회와 서구세계의 과학학회들이 주창한 실험적 접근방법에 반대한 사람들에게까지 이어진다. 거기에는 나비의 날개를 떼어내서 나비의 비밀을 파헤치려 하는 강박적인 환원론자보다 예술가가 상상의 날개를 펴서 더 심오한 진리를 파헤칠 수 있다는 의미가 담겨 있다. 에드거 앨런 포의 다음과 같은 구절은 그런 비판적인 태도를 여실히 보여준다.

    과학이여! 너는 정말로 옛 시간의 딸이로다!
    네 응시하는 눈으로 모든 것을 바꾸는구나.
    너는 왜 그렇게 시인의 심장을 파먹는가?

지루한 현실의 날개를 가진 독수리여.

고생물학은 '옛 시간의 딸'이다. 달리 무엇이겠는가. 그리고 이 책에서 나는 줄곧 삼엽충의 '응시하는 눈'을 그들의 세계를 이해하는 열쇠로 삼아왔다. 그 이미지를 화석생물을 부활시키고 싶어하는 과학자들의 관찰과 의도적으로 연결지으면서 말이다. 깜박임 없이 눈을 응시하는 눈의 이미지다. 우리는 응시하며, 그럼으로써 배운다. 그러나 나는 내가 기술한 모든 것이 시인을 위한 자료라고 본다. 가장 사소한 과학적 발견조차도 기쁨의 원천이 될 수 있으며, 발굴된 진리는 열대의 호랑나비처럼 화려한 무지갯빛을 발한다.

그렇다면 왜 그토록 많은 사람들이 과학과 과학자에게 양가감정을 갖고 있는 것일까? 과학자의 몇 가지 이미지가 떠오른다. 우선 텔레비전 광고를 통해 널리 퍼진 진부한 유형이 있다. 나는 그런 유형을 '머리가 돈 과학자'라고 부른다. 귀 위쪽에만 머리가 나 있는 대머리에 말파리가 못 앉을 정도로 씰룩거리는 얼굴을 내밀고 그는 자신의 최신 발견을 대단히 흥분한 어조로 떠들어댄다. 때로 심오한 목적을 갖다 붙이면서 말이다. 그의 재킷 가슴주머니는 나사돌리개들이 꽂혀 있어서 불룩하다. 그는 언제나 두꺼운 안경을 쓰고 있다. 근시는 필수요소다. 사실 근시와 지능 사이에는 통계적 연관성이 있다. 체구는 예외 없이 좀 허약한 모습이다. 뇌가 발달하는 만큼 근육은 덜 발달한다는 신기한 가정이 있다. 뇌를 몸의 나머지 부위들에서 양분을 빨아먹는 일종의 기생충인 양 간주하는 것이다. 머리뼈가 커질수록 이두박근과 가슴근은 위축된다는 것이다. 나는 그런 인물의 완성형태는 계산기를 머리에 인, 대벌레처럼 호리호리한 팔다리에 거대한 뇌가 붙어 있는 사람이 아닐까 생각해본다. 소년탐정 틴틴이 주인공인 소설에 등장하는 캘큘러스 교수는 그런 과학자의 전형적인 사례다. 명석하지만 늘 어딘가 나사가 빠진 것 같으며, 일을 잘 해내는 데 필요한 기초상식이 부족한 사람 말이다. 그의 발명품은 언제나 제대로 작동하지 못한다. 하지만 캘큘러스 교수의 심장이 오른쪽에 있다는 것을 의심한 사람은 없었을 것이다. 어쨌든 그의 발명품들은 남들의 행복에 전혀 피해를 끼치지 않으며, 늘 약간은 마술적인 요소를 간직하고 있다. 다시 말해 불가능한 과정을 통해 탄생한 듯밖의 장치다. 지금은 아마 될 대로 되라는 식으로 제멋대로 쳐대는 피아노 협주자처럼 자신의 컴퓨터를 갖고 장난하는 컴퓨터 전문가가 머리가 돈 과학자에 더 걸맞은 인물일 듯하다. 이 전자세계의 지배자에게서 무엇이 나올까? 아름다운 안드로이드? 타임머신?

하지만 포*의 과학자는 냉혹하게 무고한 동물을 해부하는 자이거나 유전공학자, 또는 『모로 박사의 섬The Island of Dr. Moreau』에 나오는, 해부구조를 마구 뜯어고치는 땜장이 같은 더 사악한 존재다. H. G. 웰스의 그 소설은 영화로도 몇 차례 만들어졌다. 모로 박사는 섬뜩한 종간이식을 통해서 자기 섬의 주민들을 만들어냈다. 웰스가 한 것 같은 괴팍한 상상처럼 보이던 것이 지금은 거의 가능해지고, 조금은 덜 사악해진 듯하다. 우리는 더는 돼지의 심장을 이식받은 사람이 돼지처럼 된다고 믿지 않는다. 그러나 기술이 윤리적 책임과 분리되었을 때 벌어질 수 있는 일을 지적함으로써 과학자가 사악하다는 인상을 심어주는 데 기여했을지도 모른다. 아무튼 우리는 20세기 중반에 웰스의 가장 음침한 악몽을 초월한 나치 시대의 과학자들을 알고 있다. 그런 비정상적인 짓을 한 자들이 포가 말한 '지루한 현실의 날개를 지닌 독수리'일 리가 없다. 기회주의적인 독수리보다 훨씬 더 적극적으로 악의를 표출했으니 말이다. 이렇게 과학자가 온화한 이미지와 위협적인 이미지를 지닌 탓에 일반인들은 과학자에게 양가감정을 느낀다. 한편으로, 많은 사람들은 과학자를 매주 새로운 돌파구를 마련하는 자, 만능해결

---

* 에드거 앨런 포는 천문학과 생물학 쪽으로 몇 가지 과학적 개념을 내놓았지만 무시당했다. 그가 지닌 과학자에 대한 편견이 그렇게 쓴맛을 본 경험과 전혀 무관하지는 않을 듯하다.

사로 본다. 다른 한편으로, 바로 그렇게 맡은 과제를 완수하는 모습과 그들이 쓰는 난해한 용어들 덕분에 우리는 그들이 우리를 마음대로 조종한다는 소외감을 갖게 된다. 우리는 스탠리 큐브릭 영화의 스트레인지러브 박사 같은 인물을 본다. 또는 제임스 본드가 우리 모두를 위해 파괴하는 실험실이 떠오른다.

하지만 삼엽충은 그 모든 비난과 무관하다. 나는 고생물학자의 이미지가 스트레인지러브 박사보다는 캘큘러스 교수에 더 가깝지 않을까 생각한다. 나는 아무리 애써도 삼엽충학이 인간을 억압하는 전체주의 체제에 동원되는 시나리오를 짜내지 못하겠다. "아, 본드 씨! 삼엽충의 승리와 인류의 종말을 목격할 시점에 딱 맞게 오셨군요." 나는 과학탐구의 80퍼센트는 삼엽충처럼 도덕과 무관한 것이 아닐까 추측한다. 기이하게도 바로 그런 무해함 때문에 그런 연구는 연구비를 따내기가 더 어렵다. 연구비를 따내기 위해 애쓸 필요가 없는 과학 분야는 군사적·의학적 의미를 함축한 분야다.

우리 시대의 역겨운 모든 에드거 앨런 포들! 그들이 말하는 진정으로 지루한 현실은 회계사들이 전자계산기를 두드려서 셈하는 기간, 다시 말해 12개월 안에 상품화할 수 있는 결과를 내놓지 못하는 연구에 지원을 해야 하는가 하는 문제다. 그러나 진정으로 가치 있는 것이 무엇인지를 판단하려면 더 장기적인 관점을 취할 필요가 있다. 사람들이 공룡에 관심을 보인다는 점과 그 환상적인 동물들의 파편들을 맨 처음 이어 붙인 대단히 헌신적이고 근면한 과학자들이 있었다는 점을 생각해보라. 한 마리를 짜 맞추는 데 10년이 걸리기도 했다. 파내고 다듬고 파편들을 이어 붙이고 마침내 뼈에 살을 붙이는 데까지. 티라노사우루스가 알려지지 않았다면, 아이들의 삶이 얼마나 지루해졌을지 상상해보라. 결국 꼼꼼한 과학적 연구조차도 경제적 보상을 받았다. 공룡영화와 책, 덜 인기가 있는 수많은 파생상품들까지 고려한다면 말이다.

나는 그림 38에 나와 있는 삼지창을 지닌 삼엽충이 언젠가는 한 아이에

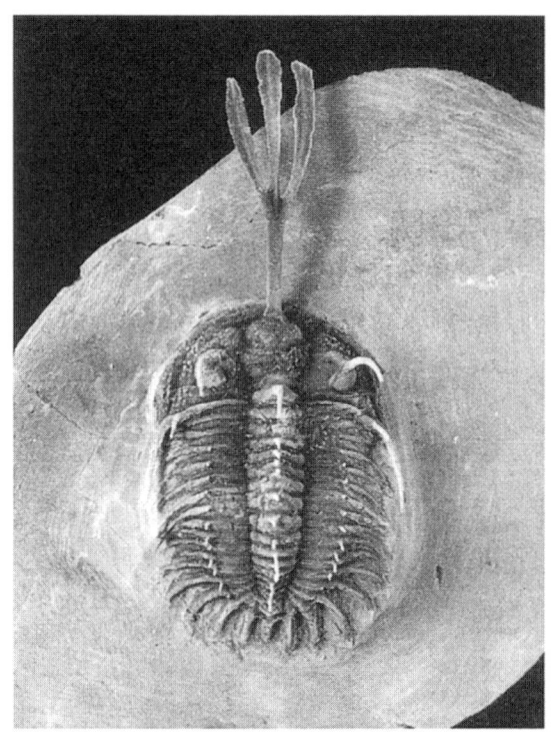

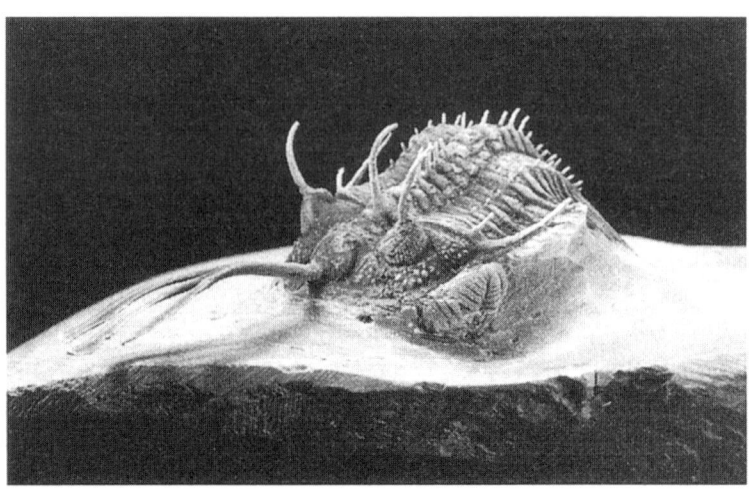

그림 38 모로코 데본기 지층에서 나온 삼지창을 지닌 삼엽충. 아직 이름이 붙여지지 않았다.

게 경이로움을 불러일으키고, 발견되기를 기다리는 경이로운 것들에 매료된 그 아이가 장차 과학자가 될 결심을 하게 되리라고 추측해본다. 또는 어떤 시인에게 상상의 여행을 떠나도록 영감을 불어넣을 수도 있다. 포의 이미지를 뒤집고, 수월하게 하늘로 날아올라 멋진 비행을 하는 독수리가 되도록 말이다.

우리는 결코 이런 말을 할 수 없다. 됐다, 이제 충분히 알았다. 우리는 공룡 12종을 안다. 13종을 알아야 필요가 있나? 세계에 삼엽충은 이제 충분하지 않나? 거기에 나는 이렇게 답하련다. 탐구에 끝이란 없으며, 우리는 다음 절벽 뒤나 다음 셰일 조각 안에 무엇이 숨어 있는지 결코 알 수 없다고. 내 삼지창 삼엽충은 하나의 꿈, 존재해서는 안 되는 키메라였다. 하지만 그것은 존재했다. 그것이 발견되지 않았더라면 세계는 더 메마른 곳이 되었을 것이다. 나는 그렇게 실제로 존재하는, 전율을 불러일으킬 것들이 더 많이 발견되리라고 예견한다. 아마 어떤 운 좋은 연구자가 삼엽충 유생의 부속지를 발견하여 성체와 비교해본 뒤 그 유생이 어떤 삶을 살았을지 알려줄 것이다. 누군가가 우아한 자태를 유지한 채 보존된 선캄브리아대 말의 삼엽충 조상을 발견할 수도 있지 않을까? 월컷이 삼엽충 부속지의 수수께끼를 풀었던 것처럼, 그 혁신의 시대가 지닌 수수께끼들을 설명할 수 있는 날이 오지 않을까? 그런 것들은 절대로 냉혹한 사실들, '지루한 현실'이 아니다. 그것들은 상상의 비행에 쓰일 소중한 날개다. 나는 충분히 알 수 있을 만큼 살고 싶다. 하지만 설령 그랬을 때에도 나는 결코 '충분해'라고 외치지 않을 것이다.

앞으로 지식의 그물에 어떤 연결이 이루어질지 헤아리기는 더 어렵다. 그것은 다른 10여 개 과학 분야의 발전에 의존하기 때문이다. 나는 연결이 계속 이루어질 거라고 확신하며, 그것은 앞서 그런 일이 계속되었기 때문이다. 비록 주식시장에서 흔히 말하듯이, '과거의 실적이 미래의 수익을 보장하지 못할' 수도 있지만, 그 주식들이 한 세기 넘게 꾸준히 수익을 안겨주었고, 눈치 빠른 돈들이 아직 그 주식들에 몰려 있다는 것도 사실이다. 나는 물리학자들이 삼엽충의 광학을 연구하여 삼엽충이 어떤 식으로 보았는지를 더 상세히 알 날이 올 거라고도 상상할 수 있다. 그들의 눈은 예전처럼 선명하게 사라진 세계를 응시하리라. 우리는 분자연구에 힘입어 삼엽충의 현생친척들을 전부 다 비교하는 법을 알게 될 것이다. 그들의 해부구조에 관해 어떤 질문을 해야 할지 알게 될 테고, 삼엽충이 등딱지를 어떻게 만들었는지 더 상세히 알게 될 것이다. 이미 전자현미경을 통해 가장 미세한 결정까지 자세히 탐색하는 연구가 진행 중이다. 아마 우리는 생체조직에 든 오염물질을 찾아내어 분석하는 것처럼 삼엽충 껍데기에서 사라진 바다의 감시기 구실을 했을 미량의 희귀원소들을 수십억 분의 1에 해당하는 양까지 분석하는 첨단기술의 도움으로 찾아내어 분석할 수 있을 것이다. 또한 역사시대보다 더 상세하게 지질시대를 세분할 수 있게 되리라고 본다. 삼엽충을 시계로 이용하는 대신에 더 짧은 단위까지 재는 시계를 이용하여 삼엽충의 진화적 변화를 조사하게 될 것이다. 그럼으로써 루돌프 카우프만이 그토록 관심을 보였던 진화 메커니즘을 새롭게 파악할 수 있게 되리라. 삼엽충은 생명의 역사를 살펴볼 실험대상, 다시 말해 고생대의 초파리로서 다시금 부각

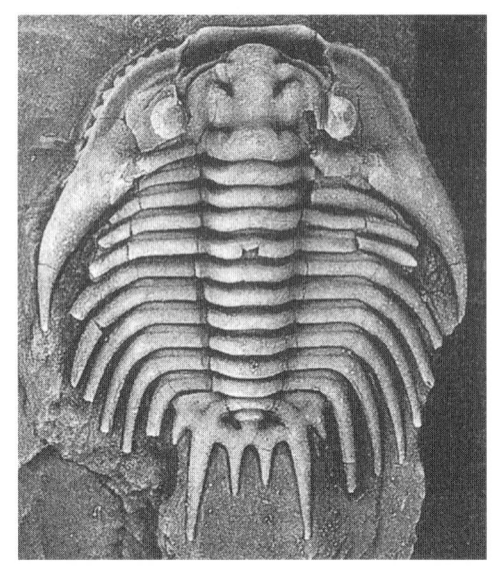

그림 39 영국 우스터서 더들리에서 나온 가시 달린 실루리아기 삼엽충, 케트네라스피스. 몸길이는 약 2센티미터다.

될지 모른다.

  이런 것들은 가능성들을 꿈꾼 것이다. 하지만 나는 그런 꿈들을 추구하는 것만큼 가치 있는 일은 없다고 본다. 진실을 알고자 하는 의지는 인간의 바람직한 본성 가운데 하나다. 그리고 삼엽충은 돈보다 더 가치 있고 명성보다 더 현실적인 통화로 연구자에게 보상을 할 것이다.

감사의 말

나를 삼엽충 연구자의 길로 인도했고, 삼엽충 사진까지 아낌없이 제공해준 삼엽충학계의 원로 해리 휘팅턴 교수께 먼저 감사를 드린다. 자연사박물관의 윈프리드 하스, 브라이언 채터튼, 유언 클락슨, 리카르도 레비세티, 데렉 시베터, 밥 오웬스, 엘리스 요첼슨, 에이드리언 러시튼 등 이 책을 돋보이게 한 사진들을 제공한 여러분들께도 감사한다. 비판가이자 지지자 구실을 해준 해더 고드윈에게도 고맙다는 말을 전한다. 이 책 전체가 그녀에게 빚을 지고 있다. 초고를 읽고 개선할 만한 사항들을 제시한 로빈 콕스에게도 감사한다. 꼼꼼히 읽고 교정을 보아준 아내에게도 고마움을 전한다. 전문적인 내용들에서 도움을 준 클레어 멜리시에게도 감사한다. 팜 하누스와 니콜라 웹은 독일어를 번역해주었다. 하퍼콜린스 출판사의 애러벨라 파이크와 마이클 피시윅은 늘 용기를 불어넣어주었다. 애러벨라는 많은 사소한 오류들을 찾아내 고쳐주었고, 언제나 웃음을 잃지 않고 출간에 따른 온갖 잡다한 문제들을 해결해주었다. 헨리온테임스에서 8시 2분 열차를 타고 함께 출근하면서 내가 울적할 때 즐겁게 해준 분들에게도 감사한다. 그리고 전 세계에 흩어져 있는 삼엽충학계 동료들의 도움이 없었다면 이 책은 나오지 못했을 것이다. 일일이 다 이름을 언급할 수 없어서 안타깝다.

옮긴이의 말

박물관에서 삼엽충 화석을 스쳐 지나가듯 본 기억이 나긴 하지만, 실제로 자세히 들여다본 적은 없다. 하지만 삼엽충이 현재 살아서 돌아다닌다면 좀 징그러울 듯도 하다. 쥐며느리만한 것쯤이야 장난감으로 갖고 놀 법도 하지만, 바닷가재만한 것은 좀 섬뜩한 느낌을 줄 것 같다. 요리로 나온다면 식도락가들이야 반길 테지만.

지은이 리처드 포티는 그런 삼엽충을 30년 넘게 연구해온 학자다. 포티는 자신이 세계 경제나 정치에 별 기여를 하지 못하는 취미생활거리로 밥벌이까지 하고 있으니 행운아라고 말한다. 삼엽충 화석을 찾아 추운 극지방에서 뜨거운 사막에 이르기까지 험난한 곳을 다 돌아다녔겠지만, 자신이 좋아하는 일을 해서 그런지 지은이의 글에는 그런 고생담은 거의 나오지 않는다. 중국에서 아주 큰 호박벌에 쏘이는 바람에 죽을 뻔했다고 호들갑을 떨기는 하지만, 그보다는 뜨거운 사막에서 열심히 일한 뒤 석양이 질 무렵에 맛보는 평온하고 뿌듯한 느낌 같은 것에 더 큰 비중을 둔다. 이 맛에 일하는 것이라는 투의 그 말에는 야외에서 일하는 과학자의 자부심이 묻어난다.

과학자 하면 으레 대통일 이론을 연구하거나 실험복을 입고 암을 연구하는 사람들을 떠올리지만, 지은이는 모든 과학이 서로 연관되어 상호영향을 끼칠 수 있다는 점을 강조한다. 수십 년 동안 아무도 주목하지 않는 작은 벌레를 연구하던 학자가 그런 연관성을 통해 어느 순간 학계 관심사의 중심에 설 수도 있다고 하면서. 포티는 세상사와 동떨어져 있는 듯한 삼엽충 연구도 그럴 수 있다고 말하면서 사례를 든다. 고대 대륙의 모습을 두고 고지자기를 측정하는 기계장치가 말하는 내용과 삼엽충들이 말하는 내용이 서로 달라서 논쟁이 벌어졌을 때, 결국 삼엽충들이 이겼다는 것이다. 삼엽충들은 고대의 대륙과 바다가 어떻게 분포했고 어떻게 움직였으며, 고대의 기후와 서식환경이 어떠했고 하는, 더 큰 규모의 과학적 질문들과 관련을 맺는다. 더 나아가 종이 어떻게 형성되고 사라지는가 하는 의문들과도 이어진다.

포티는 그런 이야기들을 어렵지 않게 차근차근 이야기한다. 문외한의 눈에는 삼엽충이 다 비슷비슷해 보이지만, 사실 지금까지 발견된 삼엽충 화석은 적어도 1만 5,000종이 넘는다. 그 종들에 학명 대신 부르기 쉬운 이름이 다 붙어 있을 리가 없으니, 골치 아픈 문제가 생긴다. 긴 학명을 줄줄이 나열한다면, 지은이도 독자도 지루해질 테니까. 그래서 포티는 이 책에 등장하는 삼엽충의 수를 최소한으로 줄인다. 수십 년을 연구한 전문가답게 그는 그렇게 적은 수의 삼엽충만을 갖고도 3억 년에 걸친 삼엽충의 역사를 술술 풀어나간다. 삼엽충을 연구하면서 겪은 개인적인 일화들을 적절히 끼워 넣으면서.

포티는 삼엽충을 통해 고대 세계의 모습을 그리고 싶어한다. 삼엽충의 눈에 보인 세계는 어떠했을지 상상하면서, 10년이면 기존 논문이 시대에 뒤떨어진 것이 되고 마는 첨단과학 분야들과 달리 고생물학 분야는 과거와 오늘이 죽 하나로 이어진다는 연속성을 역설한다. 현재 새로운 발견이 이루어지면 그에 따라 우리가 추정한 과거의 모습도 얼마든지 바뀔 수 있으며, 그렇게 가능한 세계들을 상상하고 추정하는 것이 고생물학자의 일이라고 말한다.

　본문의 화석사진을 보고 있자니, 교정에 있던 넓적한 바위가 생각난다. 식당 옆에 놓인 그 바위에 앉아서 커피를 마시면서 수다도 떨곤 했는데, 어느 날 그 옆에 안내판이 하나 생겼다. 그냥 돌덩어리가 아니라 화석이니 주의해달라는 것이다. 자세히 보니 정말로 군데군데 화석들이 보였다. 아는 만큼 보인다는 말이 딱 맞는 사례다. 아마 우리나라 곳곳에는 그런 화석들이 많이 있을 것이다. 삼엽충 화석을 다룬 이 책이 그렇게 못 보고 지나친 것을 발견하는 기쁨을 누리는 계기가 될 수도 있지 않을까?
　사족을 하나 더 달면, 본문 끝부분에 머리에 삼지창을 꽂고 있는 이름 없는 삼엽충이 나온다. 지금은 그 삼엽충에 이름이 붙어 있다. 왈리세롭스 트리푸르카투스 Walliserops trifurcatus다. 별명은 삼지창 코무라(Trident comura)다.

　　　　　　　　　　　　　　　　　　　　　　　　　이한음

더 읽을거리

Kaiser, Reinhard, *Kønigskinder*, Fischer Taschenbuch Verlag, 1998.

Kowalski, H., *Der Trilobiten*, Goldschneck-Verlag Korb. German book, 데본기 종들이 상세히 설명되어 있다.

Levi-Setti, Riccardo, *Trilobites*, University of Chicago Press, 2nd ed., 1984. 흥미로운 다양한 동물들을 아름다운 도판, 지도와 함께 보여준다.

Osborne, Roger, *The Deprat Affair*, Pimlico, London, 1999.

Sñajdr M., *Bohemian Trilobites*, National Museum, Prague. 보헤미아 지역의 유명한 삼엽충 사진들이 수록되어 있다.

Whittington, H. B., *Trilobites: Fossils Illustrated*, vol. 2, Boydell Press, 1992. 이 분야의 권위자가 쓴 책으로서, 120장의 멋진 도판이 실려 있다.

Whittington, H. B. and others 1997. 'Treatise on Invetebrate Paleontology', Part O *Trilobita 1*(revised), University of Kansas Press and Geological Society of America. 이 분야의 교과서라 할 학술서.

찾아보기

【ㄱ】

갑각류 29, 67, 74, 81~82, 132, 135, 140, 153, 162~163, 171, 266, 272, 292

개체발생 207~209, 211~212, 267~269

거미 67, 81, 117, 132, 153, 272

고생대 28, 38, 93, 98, 102, 138, 153, 170, 213, 220, 229, 247, 250, 256~258, 296, 304

고지자기 232, 238, 240~241, 243

곤드와나 220, 231, 236~241, 243~244, 별지화보 29

공룡 21, 26, 36, 145, 161, 165, 175, 218, 220, 228, 283, 301, 303

굴드, 스티븐 J. 131, 148~149, 155, 157, 161, 163, 166~171, 197~198, 211

그리피티데스 101, 283, 별지화보 23

그린란드 148, 234, 236, 244

극피동물 114, 147, 150

【ㄴ】

남극 대륙 180~181, 233, 236, 244

노바야젬랴 63, 229

뉴펀들랜드 146, 163, 165, 234, 236, 238~239, 245, 259, 285

늑막엽 47, 86, 98, 100, 133

【ㄷ】

다메셀라 277

다양성 44, 141, 148~149, 167, 177, 180~181, 185, 214

다윈, 찰스 150~151, 153, 156, 162, 171, 181, 191

단속평형설 193, 196, 203

달마니테스 101, 281, 별지화보 5

달마니티나 소시알리스 288

대분지 236, 278

더듬이 83~85, 87, 93, 107, 122, 151, 155, 192, 198, 247, 272

데본기 28, 91~92, 100, 125, 131, 158, 191, 194~195, 217~219, 243, 245, 248, 256~258, 261, 272, 281~282, 302, 별지화보 4, 6, 18~19, 21~22, 34

데아나스피스 골드푸시 288, 290

데프라, 자크 287~292

도블러 49, 55, 57, 137, 266

도킨스, 리처드 166, 170~171

뒤랑델가, M. 290

듀웰, 루스 295

듀웰, 빌 295

드레파누라 277~278

디오니데 포르모사 288

디크라누루스 100, 282

딱정벌레 67, 81, 93, 153, 177, 205, 250

【ㄹ】

라디아스피스 99~100, 별지화보 4

라이엘, 찰스 150

란데일로 43, 64~66, 96, 204, 별지화보 1

란테누아, 오노레 287~289, 291

랩워스, 찰스 209
러시튼, 에이드리언 186, 208, 307
레들리키아 275
레모플레우리데스 265
레비세티, 리카르도 129~131, 307
로렌시아 63, 228, 234~239, 243, 245
루소피쿠스 154
르원틴, 리처드 C. 169
르위드, 에드워드 43, 64~66, 84, 96, 204, 220, 243, 261, 280, 297, 별지화보 1
리보솜 112
리스터, 마틴 43, 64
리카스 101, 281, 별지화보 20
린네우스, 카롤루스 67, 180, 297

【ㅁ】

마이어, 에른스트 195
마파 문디 226~228, 234, 246
만수이, 헨리 288~290
망누손, 잉게보리 200~203
매커믹, 팀 136
매튜, G. F. 284
매튜, W. D. 83
맥나마라, 켄 208~211
맥메너민, 다이애나 166~167
맥메너민, 마크 166~167
머치슨, 로더릭 66, 71, 97, 137
메기스타스피스 238
메네비엘라 276
메라스피스 269
메를리니아 239~241
무크로나스피스 215~216, 280
미간 48, 52~53, 57, 79, 85, 94~96, 98~102, 137, 141, 184~185, 205, 210, 219~220, 247~248, 259, 263, 266, 275~278, 281, 별지화보 2~3, 18~20, 22, 26, 31

【ㅂ】

바란데, 요아힘 73, 97, 258, 260~261, 263, 267, 273~274, 276, 288, 296~297, 별지화보 26, 32
바티우렐루스 234
바티우루스 236
바티우리드과 234, 236~237
발톱벌레 163
발티카 235, 237~238, 240~241, 245
방사성 동위원소 24
방해석 43, 49, 57~58, 80, 115~121, 128~131, 141, 152, 193~194, 232
백악기 26
버드, 그레이엄 163
버제스 셰일 76, 148, 151~152, 154~155, 158~161, 163, 166, 168, 277, 별지화보 7
베르게로니엘루스 162
보드민 23~24, 33
보스캐슬 17, 20~21, 26, 33
보헤미아 73, 97, 140, 258, 261~262, 276, 288, 296, 별지화보 26, 31~32
부마스투스 98, 250, 별지화보 3
분지론 157~158, 163, 272
브러튼, 데이비드 60, 155, 285
브롱니아르, 알렉상드르 66, 96
브뢰거, W. C. 284
브루니히, M. T. 65
브리티시컬럼비아 76, 148, 277, 별지화보 28
브릭스, 데렉 87, 154~157

찾아보기 313

비니 절벽 17, 28~29, 31~33, 102
비처 교수 83~87, 90, 298
빌링스, 엘카나 234
빙하기 38, 147, 215~216, 280

【ㅅ】

사암 34, 216, 230, 243, 270, 284
사오 히르수타 261~262, 별지화보 31
산크타카리스 156
산호 99, 119
석영 19~21, 23, 30
석탄기 21, 24~25, 28, 31, 91, 102, 218, 248, 282~283, 291, 별지화보 23
선캄브리아대 28, 108, 111~113, 150, 154, 161, 164~165, 167, 228, 237, 251, 303
섭입 228~229, 241, 245
세롤리스 181
세지윅, 애덤 59, 71, 137
셀우드, E. B. 23
셔골드, 존 241, 243
셰른비크, 토르스텐 237~238
셸던, 피터 204~205
솔터, 존 72, 103, 206, 273~274
슈뢰터, J. S. 73
슈마르디아 72, 101, 141, 208, 268~269
슈튀르머, 빌헬름 91
스워포드, 데이비드 159
스쿠텔룸 101, 별지화보 21
스터블필드 경, 제임스 208, 268~269, 271, 298
스티븐슨, 로버트 루이스 38, 185
스피츠베르겐 50~51, 60, 62~63, 68, 88, 132, 135, 184, 215, 236, 264~265

실루리아기 28, 71, 75, 98, 153, 186, 191, 217~218, 245~246, 258, 274, 279~281, 283, 304, 별지화보 3, 5, 16~17, 27
심피수루스 74, 219

【ㅇ】

아가미 81, 86, 89~90, 93, 151, 별지화보 6
아그노스투스 49, 95~96, 269, 275
아그노스투스 피시포르미스 95, 184, 별지화보 11
아그노스티드 184, 214, 249, 275~277, 279~280, 별지화보 28
아라고나이트 232
아먼드, 존 85~86, 91
아발로니아 239~241, 245
아사푸스 243
아사피드 204, 280
아칸토플레우렐라 208
안드라룸 199
안선 53, 85, 94, 139, 275, 별지화보 30
알룸 셰일 198
암픽스 72, 267, 269, 280, 별지화보 25
암픽스 살테리 힉스 72
앙리, 장 루이 288
야누손, 발다르 202
에디아카라 동물군 150, 167
에스토니아 75, 202, 231, 237, 277
에오레들리키아 162
에지콤, 그렉 161
엔크리누리드 217, 279
엘드리지, 나일스 193, 205
엘라티아 248, 267, 278
엘라티아 킹기 276

여과섭식자 248~249
오기기누스 239~240
오기기오카렐라 66, 96, 204~207, 215, 220, 238, 243, 261, 265, 280, 별지화보 12
오기기오카렐라 데부키 64~66, 206, 별지화보 1
오기기오카렐라 앙구스티시마 206
오돈토킬레 루고사 260
오돈토플레우라 269, 282
오돈토플레우리드 250, 279, 281, 별지화보 32
오르도비스기 28, 51, 54~57, 62~63, 65, 68, 75, 78, 85, 87~88, 96~98, 100, 132~141, 151, 184, 186, 191, 204, 206, 208~209, 214~215, 219, 225, 227~232, 234~241, 243~246, 248, 250~251, 258, 264~265, 269, 274, 279~281, 283~284, 288, 별지화보 1, 2, 8~9, 12~15, 24, 26, 29
오웬스, 밥 72, 139
오이노넬라 183
오클리, 케니스 153
오피페우테르 (인코니부스) 62, 133~136
올레넬로이데스 210
올레넬루스 94~95, 146~147, 152, 191, 199, 209~211, 269, 284, 별지화보 10
올레넬루스 랍오르티 209~210, 212
올레넬루스 아르마투스 212
올레노이데스 151~152, 159, 210, 별지화보 7
올레누스 89
올레니드(과) 88~90, 198, 201, 215, 279, 별지화보 8~9
올레니드 해 198~199
와일드, 허버트 290~291
완보류 295

완족류 25, 78, 167, 216, 240
왈코타스피스 183
왕립학회 64~65, 295, 298
외골격 58, 124, 148, 152, 217, 256~259
외피크, 알렉산데르 아르민 202, 277
요각류 165
우티카 셰일 83, 90~91
월컷, 찰스 둘리틀 75~84, 86, 90, 103, 151~154, 163, 236, 284, 297, 303
웬록 석회암 98, 별지화보 27
웰스, 허버트 G. 300
위더스, T. H. 177
윌스, 매튜 160
윌슨, 에드워드 O. 251
유공충 193, 251
유리볼 47, 53~56, 62, 85, 97, 99, 133, 257, 259, 별지화보 30
유형진화 211
이소적 종 분화 195~196, 199, 206
이소텔루스 96, 215, 247, 280, 별지화보 12
이시성 207~209, 211, 284
이아페투스 해 236, 239, 245
인도차이나 287~289
일라이누스 98, 297

【ㅈ】
자일라허, 아돌프 271
자철석 230
장샨 285~286
전갈 67~68, 81, 153, 163, 271~272, 279
절지동물 58, 62, 67, 74, 81, 83, 86, 91, 93, 99, 109, 111, 114, 116, 118, 120, 125, 131, 136, 147~148, 150~161, 163~165, 167, 171,

180, 192, 214, 251, 257, 265~266, 270, 272, 277, 295

점진주의 197, 206~207

쥐며느리 181, 275

쥐스, 에두아르트 135, 236

집합복안 126~128, 130, 191, 194, 218, 281

【ㅊ】

창조론자 191, 197

채터튼, 브라이언 258, 265, 307

체코 139, 183, 199, 258, 274, 별지화보 26, 29, 31

초파리 108~109, 192~193, 207, 304

【ㅋ】

카나다스피스 156

카롤리니테스 135~136, 279

카우프만, 루돌프 103, 198~204, 212, 304

카이저, 라인하르트 200, 203

칼레도니아 245

칼리메네 47, 80, 98~99, 205, 267, 280, 별지화보 16~17

칼리메네 블루멘바키 99

칼리메네 세나리아 80

캄브리아기 28, 34, 36~37, 47, 49, 59, 71~72, 76, 88~89, 94~95, 111, 146~157, 159~163, 165~168, 191, 198, 208~211, 214~215, 217, 245, 247~248, 256, 258~259, 261~262, 270, 273~281, 284, 295, 별지화보 7, 10~11, 26, 28, 31, 33

케라우루스 플레우렉산테무스 78

케이루루스 217

코리넥소쿠스 276

코무라 101, 310, 별지화보 34

콕스, 로빈 240, 307

콘웨이 모리스, 사이먼 148, 154~155, 168~171

크네미도피게 205~206, 249, 별지화보 25

크로스, 프랭크 72

크로탈로케팔루스 101, 247, 별지화보 19

크루지아나 154

크루지아나 세미플리카타 273

클락슨, 유언 122, 129, 131, 199, 307

클로아카스피스 89

키벨루루스 264

키클로피게 97~98, 135~137, 279

키틴 73

【ㅌ】

태국 215~216, 266, 272, 274, 280

토, 케네스 128~129

톤퀴스트 해 240~241

투구게 83, 162~163, 171, 187, 211, 266~267, 272

트리누클레우스 97~98, 139, 249, 265, 267, 280, 별지화보 14

트리누클레우스 핌브리아투스 72

트리누클레이드(류) 205, 215, 280

트리아르트루스 82~86, 88~89, 92, 135, 151, 198, 249, 267

【ㅍ】

파게티아 275, 별지화보 28

파라독시데스 36~37, 49, 94~96, 184, 259, 263, 276, 284

파라독시데스 다비디스 261

파라독시데스 오일란디쿠스 184
파라독시데스 파라독시무스 49
파라독시데스 힉시 솔터 72
파라바란디아 137~139
파라필레키아 자쿠엘리나이 포티 184
파라하르페스 별지화보 24
파머, 앨리슨 278
파코피드 217, 279, 282
파콥스 92, 100, 125~133, 194~198, 206, 218, 243, 247, 257, 267, 272, 281, 283, 별지화보 6, 18
파콥스 라나 101, 194
판게아 227~229, 231, 233, 236, 245, 252
팔로타스피스 111
페름기 28, 102, 219~220, 227, 231, 236~237, 283
페티구루스 234
편형동물 110, 112
포르테이옵스 183
포스틀스웨이트, J. 186~187
푸크시안슈이아 111
프라슨-파멘 사건 218, 282
프로이토이드 283
프로이투스 217~218, 280, 282
프로타스피스 263~267, 269
프로토키스티테스 왈코티 147
프로팔로타스피스 146
프리키클로피케 127, 136, 별지화보 15
프티코파리아 스트리아타 276
피엘다스피스 276~277
필, 존 148
필립스, 존 101
필립시아 101~102

[ㅎ]

하드윅, 데이비드 137
하르페스 283
한, 게르하르트 283
한, 레나테 283
할데인, J. B. S. 225
할루키게니아 149, 163
할키에리아 148
헤닝스모엔, 군나르 60
헤르시니아 산계 23, 25
헤르시니아 조산운동 91
헤르시니아 해 245
협각류 162, 272
호박 165, 192
혹스 유전자 108~109, 156, 192
홀, 제임스 72, 94, 137
홀라스피스 단계 263
홀테달, 올라프 63, 229
화강암 23~26, 33, 38, 245
황세균 90, 198
훈스뤼크 점판암 90~92
휘팅턴, 해리 B. 50, 54~55, 57~60, 86~87, 151, 154~155, 165, 269, 298, 307 별지화보 2, 7
휘팅토니아 183
휴즈, 나이절 266
휴즈, 크리스 155
히르난티아 216
히포스톰 57~58, 85, 152, 247~248, 257, 265, 277, 별지화보 2, 8
힉스, 헨리 72

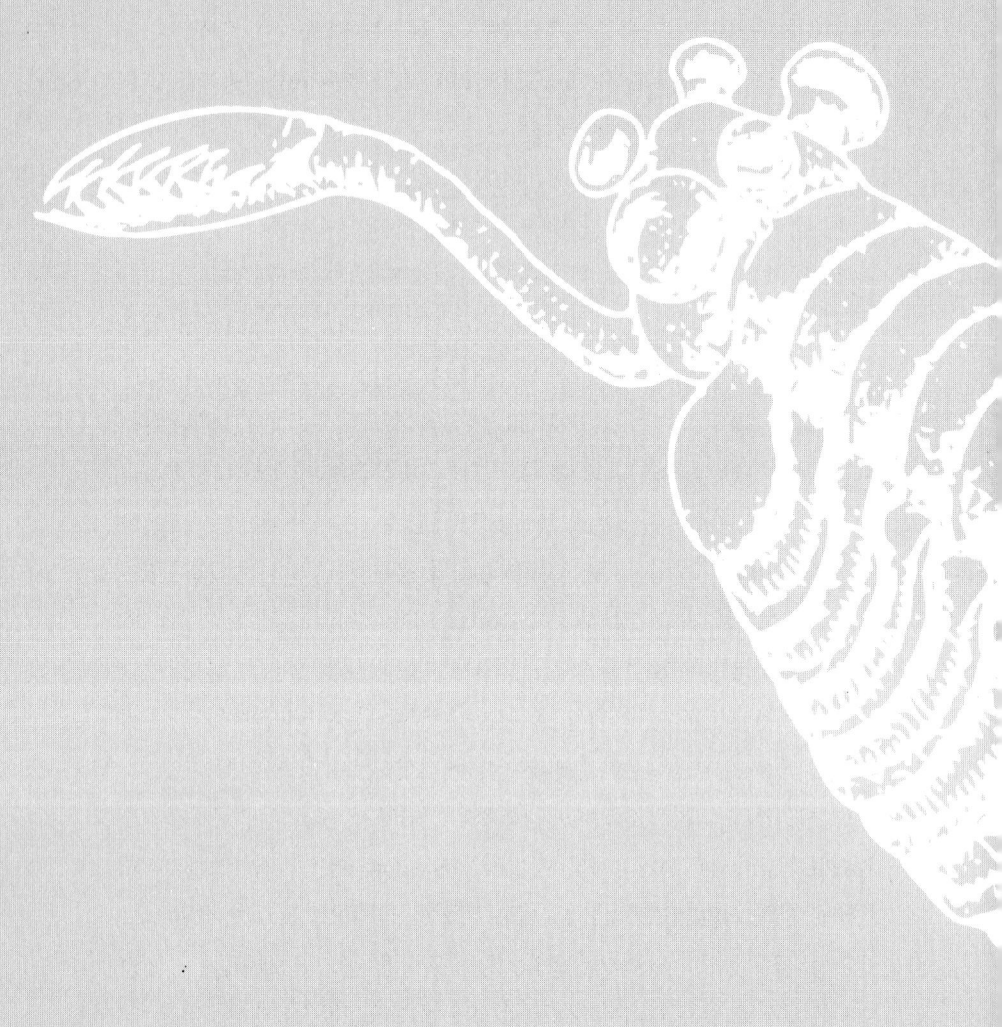

〈뿌리와이파리 오파비니아〉를 내며

지금부터 5억 년 전, 생물의 온갖 가능성이 활짝 열린 시대가 있었다. 우리는 그것을 캄브리아기 대폭발이라 부른다. 우리가 아는 대부분의 생물은 그때 열린 문들을 통해 진화의 길을 걸어 오늘에 이르렀다.

그러나 그보다 많은 문들이 곧 닫혀버렸고, 많은 생물들이 그렇게 진화의 뒤안길로 사라졌다. 흙을 잔뜩 묻힌 화석으로 발견된 그 생물들은 우리의 세상을 기고 걷고 날고 헤엄치는 생물들과 겹치지 않는 전혀 다른 무리였다. 학자들은 자신의 '구둣주걱'으로 그 생물들을 기존의 '신발'에 밀어 넣으려고 안간힘을 썼지만, 그 구둣주걱은 부러지고 말았다.

오파비니아. 눈 다섯에 머리 앞쪽으로 소화기처럼 기다란 노즐이 달린, 마치 공상과학영화의 외계생명체처럼 보이는 이 생물이 구둣주걱을 부러뜨린 주역이었다.

뿌리와이파리는 '우주와 지구와 인간의 진화사'에서 굵직굵직한 계기들을 짚어보면서 그것이 현재를 살아가는 우리에게 어떤 뜻을 지니고 어떻게 영향을 미치고 있는지를 살피는 시리즈를 연다. 하지만 우리는 익숙한 세계와 안이한 사고의 틀에 갇혀 그런 계기들에 섣불리 구둣주걱을 들이밀려고 하지는 않을 것이다. 기나긴 진화사의 한 장을 차지했던, 그러나 지금은 멸종한 생물인 오파비니아를 불러내는 까닭이 여기에 있다.

진화의 역사에서 중요한 매듭이 지어진 그 '활짝 열린 가능성의 시대'란 곧 익숙한 세계와 낯선 세계가 갈라지기 전에 존재했던, 상상력과 역동성이 폭발하는 순간이 아니었을까? 〈뿌리와이파리 오파비니아〉는 두 개의 눈과 단정한 입술이 아니라 오파비니아의 다섯 개의 눈과 기상천외한 입을 빌려 우리의 오늘에 대한 균형 잡힌 이해에 더해 열린 사고와 상상력까지를 담아내고자 한다.

상상력을 자극하는 흥미로운 과학의 세계로! 〈뿌리와이파리 오파비니아〉

생명 최초의 30억 년 – 지구에 새겨진 진화의 발자취

오스트랄로피테쿠스, 공룡, 삼엽충……. 이러한 화석들은 사라진 생물로 가득한 잃어버린 세계의 이미지를 불러내는 존재들이다. 하지만 생명의 전체 역사를 이야기할 때, 사라져버린 옛 동물들은, 삼엽충까지 포함한다 하더라도 장장 40억 년에 걸친 생명사의 고작 5억 년에 불과하다. CNN과 『타임』 지가 선정한 '미국 최고의 고생물학자' 앤드루 놀은 갓 태어난 지구에서 탄생한 생명의 씨앗에서부터 캄브리아기 대폭발에 이르기까지 생명의 기나긴 역사를 탐구하면서, 다양한 생명의 출현에 대한 새롭고도 흥미진진한 설명을 제공한다. 과학기술부 인증 우수과학도서!

앤드루 H. 놀 지음 | 김명주 옮김

눈의 탄생 – 캄브리아기 폭발의 수수께끼를 풀다

동물 진화의 빅뱅으로 불리는 캄브리아기 대폭발! 이 엄청난 사건의 '실체'와 '시기'에 관해서는 그동안 잘 알려져 있었으나 그 '원인'에 관해서는 지금까지 수많은 가설과 억측이 난무했다. 왜 그때에 진화의 '빅뱅'이 일어났던 걸까? 무엇이 그 사건을 촉발시켰을까? 앤드루 파커가 제시하는 놀라운 설명에 따르면, 바로 이 시기에 눈이 진화해서 적극적인 포식이 시작되었다는 것. 이 책은 영향력을 넓히면서 더욱 인정받아가는 그 이론을 본격적으로 탐사하며 소개한다. 생물학, 역사학, 지질학, 미술 등 다양한 분야를 포괄한 과학적 탐정소설 형식의 『눈의 탄생』은 대중과학서의 고전으로 자리잡기에 손색없다. 한국출판인회의 선정 이달의 책! 과학기술부 인증 우수과학도서!

앤드루 파커 지음 | 오숙은 옮김

대멸종 — 페름기 말을 뒤흔든 진화사 최대의 도전

지금부터 2억 5,100만 년 전, 고생대의 마지막 시기인 페름기 말에 대격변이 일어났다. 육지와 바다를 막론하고 무려 90퍼센트가 넘는 동물종이 감쪽같이 사라지고 말았다. 지금은 희미한 화석으로만 겨우 알아볼 수 있는 갖가지 동물군들이 펼쳐냈던 장엄한 페름기의 생태계가 순식간에 몰락해버렸다. 생명의 역사상 그처럼 엄청난 대멸종의 회오리를 일으킬 만한 것이 대체 무엇이었을까? 운석이 충돌했던 것일까? 초대륙 판게아에서 대규모로 화산활동이 일어났던 것일까? 이러한 숱한 궁금증들을 풍부한 정보와 함께 치밀하게 그려낸 책. **과학기술부 인증 우수과학도서!**

마이클 벤턴 지음 | 류운 옮김

최초의 인류 (The First Human)

인간은 어디서 왔을까? 최초의 인류는 언제, 어디서 생겨났을까? 다윈 이후 인간의 기원을 찾기 위한 탐색은 화석인류의 발견으로 이어졌다. 최초의 조상인류로서 영광을 누리던 화석들은 머지않아 더 오래된 화석의 발견으로 그 지위에서 쫓겨나기를 반복했다.『사이언스』지 진화 담당 기자였던 앤 기번스는 이 책에서 인류의 기원을 밝히기 위한 과학자들의 노력과 연구, 인간적인 협력과 경쟁관계를 매우 사실적이고 공정하게 추적한다. 자바원인의 발견부터, 세계적인 고인류학 탐사대 4개 팀을 중심으로 한 최근의 발견 이야기까지, 기번스는 학자의 저서에서는 보기 힘든 객관적인 관점과 능숙한 솜씨로 최초의 인류를 둘러싼 과학자들의 휴먼 스토리를 생생하게 들려준다.

앤 기번스 지음 | 오숙은 옮김

*출간 시 책 제목은 바뀔 수 있습니다.

삼엽충
고생대 3억 년을 누빈 진화의 산증인

2007년 12월 21일 초판 1쇄 펴냄
2022년 11월 28일 초판 5쇄 펴냄

지은이 리처드 포티
옮긴이 이한음

펴낸이 정종주
편집주간 박윤선
편집 김동석
마케팅 김창덕
디자인 조용진·이선희

펴낸곳 도서출판 뿌리와이파리
등록번호 제10-2201호(2001년 8월 21일)
주소 서울시 마포구 월드컵로 128-4 (월드빌딩 2층)
전화 02)324-2142~3
전송 02)324-2150
전자우편 puripari@hanmail.net

종이 화인페이퍼
인쇄 및 제본 영신사
라미네이팅 금성산업

값 22,000원
ISBN 978-89-90024-76-3 (03450)